シリサイド系半導体の科学と技術

―資源・環境時代の新しい半導体と関連物質―

九州工業大学教授
博士（工学）

前田 佳均 編著

裳華房

SCIENCE AND TECHNOLOGY OF SEMICONDUCTING SILICIDES AND RELATED MATERIALS

Edited by

Yoshihito MAEDA, Ph. D.

SHOKABO

TOKYO

は じ め に

　シリサイド系半導体（semiconducting silicide）は，これまで LSI 用電極材料として研究され利用されてきた金属シリサイド（metallic silicide）とは異なり，その名の通り，その「半導体としての特性」を生かして，将来の電子デバイスや光エレクトロニクス，フォトニクスの機能材料への応用を目指して研究されている「新しい半導体」である．なお，本書のシリサイド系半導体とは，シリサイド半導体と広く関連した半導体を意味している．

　さて，シリサイド系半導体の研究については，これまで，主に米国や欧州の研究成果を収録した解説[1]，会議予稿論文集[2]や専門書[3]が出版されて，世界中の研究者に広く利用されてきた．これらに収録されている研究は2000 年以前のもので，それらの価値は今も変わらない研究が多い．しかし，1995 年から急速に増加した日本人研究者による研究成果やそれまでの知見が修正されたものについては，残念ながらほとんど収録・言及されていない．

　我が国では，III-V 族化合物半導体に依存してきた光エレクトロニクスを環境や資源の視点から見直し，それらが抱える課題を解決して持続可能な新しい光半導体材料を研究しようとする動きが，1995 年ごろから活発になった[4]．特に，光通信波長帯で発光する**鉄シリサイド**（**斜方晶 β-FeSi$_2$**）の基礎研究や，シリコンテクノロジーとの調和を意図した発光・受光素子の開発など，シリコン光エレクトロニクスを指向した研究が加速された．

　こうした動向を受けて組織的な研究活動を支援するために，応用物理学会に専門の研究会「シリサイド系半導体と関連物質研究会」[5]が 2000 年 11 月に発足した．その後，応用物理学会学術講演会「半導体 B, 14.1 探索的材料物性」，シリサイド系半導体研究会（年 2 回），シリサイド系半導体・夏の学校，シリサイド系半導体国際会議（APAC-SILICIDE）が定期的に開催

され，シリサイド系半導体関連の材料や応用研究の進展に大きく役立ってきた．これらの会議で得られた多数の知見は Thin Solid Films 特集号[6-9]，国際会議予稿集[10,11]，解説記事[12-15]などの出版事業を通じて，世界に向けて発信されてきた．

一方で，ここ十年余りの最新の知見を整理・集約し，それらの基礎や研究の最前線を研究者や学生・院生が勉学できるような教科書・参考書の必要性がますます高まってきた．こうした状況を受けて，研究会では我が国において得られた研究成果を中心に，各分野の専門家が分担執筆した教科書が企画されることとなり，研究会記念事業として本書が出版されることになった．

本書は，まずはこれから研究を始めようとする研究者，学生・院生のための教科書・参考書として役立つことを念頭に執筆されたものである．そのために，半導体の初等的で平易な解説や多数の文献引用を執筆者にお願いしている．執筆者各々の工夫がなされているが，紙面や時間の制限のためにそれが十分であるとはいいがたい結果となった．読者諸氏には，半導体の基礎について書かれた教科書を併読しながら，半導体の一般的な知見を補足することをお願いしたい．

また，本書は，シリサイド系半導体の専門的な研究成果を伝えるために，これまでに学会や専門研究会でその妥当性が十分に検討されている内容を中心に，記述を執筆者にお願いしている．しかしながら，研究が現在進行形である以上，その成果の理解や解釈が流動的であるものや，現状では議論の余地があるものも含まれている．この点については，編者の責任において，あえて本書に整理して収録することとした．読者諸氏は注意深くその内容を吟味し，または結果に疑問を持ち，読者自身が研究の出発点を探す契機として，それらを捉えてもらえれば，編者の意図するところである．

さて，本書には，シリサイド系半導体の基礎（シリサイド系半導体の電子構造と物性，鉄シリサイド系半導体），結晶成長と素材技術（溶液からの結晶成長，気相からの結晶成長，高純度素材の開発），薄膜形成技術（反応性

はじめに　v

エピタキシャル成長法，分子線エピタキシャル成長法，有機金属気相成長法，パルスレーザ堆積法，スパッタリング成膜法，イオンビームスパッタ成膜法，シリサイド系半導体ナノ構造，イオンビーム合成法），構造解析（電子顕微鏡法，X線回折法，ラザフォード後方散乱分光法），鉄シリサイドの物性（電気物性，バルク結晶の光学特性，薄膜の光学特性，フォノン物性，熱電効果，鉄系ホイスラー合金の磁性），新しいシリサイドの合成と物性（シリコンクラスレートの合成と物性，アルカリ金属を利用したシリサイドの合成，$BaSi_2$の合成と物性，$SrSi_2$の合成と物性），そして発光素子，太陽電池，光学応用，フォトニック結晶，スピントロニクスへの応用研究が含まれている（なお，本書では，"スパッタ"と"スパッタリング"といういい方が混在しているが，どちらも同じ意味で使われていることに注意されたい）．

　これらには，我が国の研究者が世界をリードして生まれた，以下に示すようなユニークで特筆すべきものが多く含まれている．

① 広範囲な材料探索の指針となるシリサイドの電子構造の研究．
② 光通信波長での発光素子を目指した，半導体鉄シリサイド（β-$FeSi_2$）の発光特性の基礎研究と室温ELの実現．
③ 物性解明のためのバルク結晶と，応用を広げる高品質の薄膜成長技術の開発．
④ 半導体素材を目指した金属材料の高純度精製技術の開発．
⑤ アルカリ土類シリサイド$BaSi_2$の高品質エピタキシャル成長技術の開発と，バンドギャップをベストマッチングさせた太陽電池材料などグリーンテクノロジーへの応用．
⑥ 新機能探索のためのシリコンクラスレートや，ジントル（Zintl）相など新しいシリサイドの合成と基礎物性の研究．
⑦ 鉄シリサイドの光学特性を生かした光学応用（反射防止膜，高コントラスト・フォトニック結晶）．
⑧ 強磁性体シリサイド・ホイスラー（Heusler）合金薄膜の低温エピタ

キシャル成長とスピントロニクスへの応用．

　このなかで，⑧の強磁性体シリサイドの研究は，最近急速に進展してきた新しいシリサイドの応用分野である．成長温度を室温付近で行う低温分子線エピタキシャル成長法（5.6 節を参照）は，スピン偏極した電子注入（スピン注入）用の電極形成に最適な，高品質で界面と均一な薄膜形成を可能にする方法として開発されている．

　この開発には，シリコン基板上での鉄シリサイド形成メカニズムの研究の蓄積が大いに役立っている（4.3 節，5.6 節を参照）．通常では考えられないような低温（室温付近）でのエピタキシャル成長によって，予想以上に活発な原子の相互拡散を抑制し，原子レベルで平坦なヘテロ界面と規則格子を持つ均一な Fe_3Si 薄膜成長が実現されている．さらに，シリコン基板上にエピタキシャル成長させた強磁性体 Fe_3Si を用いた磁化ダイナミクスによるスピン注入では，従来素子と比較して，20 倍ものスピン注入効率の向上が達成されている（7.5 節を参照）．

　上述したスピントロニクスへの応用例のように，本書が，シリサイド系半導体と関連物質研究のさらなる進展のみならず，（シリコン）光エレクトロニクス，スピントロニクス，グリーンテクノロジー，フォトニクス分野のさらなる進展へのブレークスルーに活用されんことを期待する．

　最後に，本書の出版に助成をいただきました公益社団法人応用物理学会に深く感謝いたします．また，企画段階から，いろいろとご教示・助力いただきました裳華房編集部の石黒浩之氏に感謝いたします．

初秋の筑豊にて，2014 年

編者　前田　佳均

参考文献

［1］ H. Lange : Phys. Stat. Sol. (b) **201** (1997) 3-65

［2］ L. Miglio, F. d'Heurle ed. : *Silicides* (World Scientific, Sigapore, 2000)

［3］ V. E. Borisenko ed. : *Semiconducting Silicides* (Springer Verlag, Berlin, 2000)

［4］ 牧田雄之助 著 :「ベータ鉄シリサイド (β-FeSi$_2$)― 環境半導体―」日本物理学会誌 **53** (1998) 858

［5］ 公益社団法人 応用物理学会 シリサイド系半導体と関連物質研究会 公式ホームページ ; http://annex.jsap.or.jp/silicides/

［6］ K. Miyake, Y. Makita, Y. Maeda and T. Suemasu ed. : "Special issue on Silicide Kankyo Semiconductors - Ecologically Friendly Semiconductors - Optoelectronic and Energy Research for Next Generation" Thin Solid Films **381** (2001) 171-310

［7］ Y. Maeda, K. P. Homewood, T. Suemasu, T. Sadoh, H. Udono and K. Yamaguchi ed. : "Proceedings of Symposium on Semiconducting Silicides ; Science and Technology of the 8th IUMRS International Conference on Advanced Materials (ICAM)" Thin Solid Films **461** (2004) 1-232

［8］ Y. Maeda, K. P. Homewood, T. Sadoh, Y. Terai, K. Yamaguchi, and K. Akiyama ed. : "Special Issue of Asia - Pacific Conference on Semiconducting Silicides Science and Technology Towards Sustainable Optoelectronics (APAC - SILICIDE 2006)" Thin Solid Films **515** (2007) 8101-8700

［9］ Y. Maeda, K. Takarabe, T. Sadoh, Y. Nakamura, Y. Terai, M. Suzuki, K. Yamaguchi and K. P. Homewood ed. : "Special Issue of Selected Papers from the Asia - Pacific Conference on Semiconducting Silicides Science and Technology Towards Sustainable Optoelectronics (APAC - SILICIDE 2010)" Thin Solid Films **519** (2011) 8433-8542

［10］ Y. Maeda and M. Suzuki ed. : "Special Issue of 3rd Asia - Pacific Conference on Green Technology with Silicides and Related Materials（APAC‐SILICIDE 2013）" Phys. Stat. Sol.（c）**10**（2013）1649‐1881

[11] Y. Maeda ed.："Proceedings of Asia‐Pacific Conference on Semiconducting Silicides Science and Technology Towards Sustainable Optoelectronics（APAC‐SILICIDE 2010）" Physics Procedia **11**（2011）1‐204

[12] 例えば，「特集 シリサイド半導体の最新動向」（機能材料 10 月号，シーエムシー出版，2005 年）

[13] 末益 崇，長谷川文夫 共著：まてりあ **41**（2002）342

[14] 前田佳均，寺井慶和 共著：まてりあ **44**（2005）471

[15] 前田佳均 著：応用物理 **79**（2010）135

編　者

前　田　佳　均

執　筆　者　一　覧（50音順）

（氏　名）	（所　属）	（執筆担当）
秋山　賢輔	神奈川県産業技術センター 化学技術部	（3.3節, 4.2節）
安藤裕一郎	国立大学法人 京都大学 大学院工学研究科 電子工学専攻	（7.5節）
磯田　幸宏	独立行政法人 物質・材料研究機構 環境・エネルギー材料部門 電池材料ユニット	（5.5節）
板倉　　賢	国立大学法人 九州大学 大学院総合理工学研究院 融合創造理工学部門	（4.1節）
今井　基晴	独立行政法人 物質・材料研究機構 環境・エネルギー材料部門 超伝導物性ユニット	（6.1節, 6.4節）
今井　庸二	独立行政法人 産業技術総合研究所 先進製造プロセス研究部門	（1.1節）
打越　雅仁	国立大学法人 東北大学 多元物質科学研究所 無機材料研究部門	（2.3節）
鵜殿　治彦	国立大学法人 茨城大学 工学部 電気電子工学科	（2.1節, 5.2節）
末益　　崇	国立大学法人 筑波大学 数理物質系 物理工学域	（3.1節, 3.2節, 6.3節, 7.1節, 7.2節）
鈴木　基史	国立大学法人 京都大学 大学院工学研究科 マイクロエンジニアリング専攻	（7.3節）
高倉健一郎	独立行政法人 国立高等専門学校機構 熊本高等専門学校 情報通信エレクトロニクス工学科	（5.1節）
立岡　浩一	国立大学法人 静岡大学 大学院工学研究科 電子物質科学専攻	（2.2節）

執筆者一覧

寺井　慶和　国立大学法人 鹿児島大学 大学院理工学研究科 電気電子工学専攻
　　　　　　　　　　　　　　　　　　　　　　　　　　　　(5.3節)
中村　芳明　国立大学法人 大阪大学 大学院基礎工学研究科 システム創成専攻
　　　　　　　　　　　　　　　　　　　　　　　　　　　　(3.7節)
浜屋　宏平　国立大学法人 大阪大学 大学院基礎工学研究科 システム創成専攻
　　　　　　　　　　　　　　　　　　　　　　　　　　　　(5.6節)
舟窪　　浩　国立大学法人 東京工業大学 大学院総合理工学研究科 物質科学創造専攻
　　　　　　　　　　　　　　　　　　　　　(3.3節, 4.2節)
前田　佳均　国立大学法人 九州工業大学 大学院情報工学研究院 電子情報工学研究系エレクトロニクス部門　(1.2節, 3.8節, 4.3節, 5.4節, 7.4節)
山口　憲司　独立行政法人 日本原子力研究開発機構 量子ビーム応用研究センター
　　　　　　　　　　　　　　　　　　　　　　　　　　　　(3.6節)
山田　高広　国立大学法人 東北大学 多元物質科学研究所 附属新機能無機物質探索研究センター　　　　　　　　　　　　　　(6.2節)
吉武　　剛　国立大学法人 九州大学 大学院総合理工学研究院 融合創造理工学部門
　　　　　　　　　　　　　　　　　　　　　(3.4節, 3.5節)

目　　次

第1章　シリサイド系半導体の基礎

1.1　シリサイド系半導体の
　　　電子構造と物性・・・・・・1
　1.1.1　はじめに・・・・・・・・1
　1.1.2　半導体が形成される機構
　　　　・・・・・・・・・・・3
　1.1.3　1族，2族（アルカリ金属，
　　　　アルカリ土類金属）
　　　　シリサイド・・・・・5
　1.1.4　3〜10族（遷移金属）
　　　　シリサイド・・・・・8
　1.1.5　11族〜13族シリサイド
　　　　・・・・・・・・・・15
　参考文献・・・・・・・・・・15
1.2　シリサイド系半導体－光エレク
　　　トロニクスを目指して・・・17
　1.2.1　はじめに・・・・・・・17
　1.2.2　鉄シリサイドの構造物性
　　　　・・・・・・・・・・19
　1.2.3　Fe‐Si 2元系ヘテロ接合
　　　　・・・・・・・・・・22
　1.2.4　作製方法と物性・・・23
　1.2.5　成長過程について・・26
　1.2.6　ポストアニール条件
　　　　・・・・・・・・・・28
　1.2.7　ヘテロエピタキシーと
　　　　バンドエンジニアリング
　　　　・・・・・・・・・・29
　1.2.8　発光特性の概略・・・・30
　1.2.9　発光増強・・・・・・32
　1.2.10　光エレクトロニクスへの
　　　　応用・・・・・・32
　1.2.11　まとめ・・・・・・・34
　参考文献・・・・・・・・・・35

第2章　結晶成長技術

2.1　溶液からの結晶成長・・・37
　2.1.1　溶液成長法の特徴と
　　　　溶液温度差法・・・・37
　2.1.2　β‐FeSi$_2$の結晶成長法・39
　2.1.3　β‐FeSi$_2$の成長異方性・40
　2.1.4　β‐FeSi$_2$単結晶の
　　　　エッチング特性・・・42
　2.1.5　溶液成長における不純物
　　　　の影響・・・・・・44
　参考文献・・・・・・・・・・46
2.2　気相からの結晶成長・・・47
　2.2.1　はじめに・・・・・・47
　2.2.2　熱反応堆積法・・・・・49
　2.2.3　シリサイド・ナノドット

　　　　　　　生成・・・・・・51
　2.2.4　Mg$_2$Si 薄膜成長・・・52
　2.2.5　MnSi$_{1.7}$ 薄膜成長・・・54
　2.2.6　まとめ・・・・・・・55
参考文献・・・・・・・・・・55
2.3　高純度素材の開発・・・・57
　2.3.1　はじめに・・・・・・57
　2.3.2　高純度素材の必要性・・57

　2.3.3　分離・精製方法・・・58
　2.3.4　精製工程構築の際の注意点
　　　　・・・・・・・・・62
　2.3.5　純度評価法・・・・・62
　2.3.6　Fe の精製例・・・・64
　2.3.7　課題・・・・・・・・66
参考文献・・・・・・・・・・67

第3章　薄膜形成技術

3.1　反応性エピタキシャル成長・69
　3.1.1　はじめに・・・・・・69
　3.1.2　β-FeSi$_2$ の場合・・・69
　3.1.3　BaSi$_2$ の場合・・・・70
　3.1.4　傾斜基板への成長・・・72
参考文献・・・・・・・・・・75
3.2　分子線エピタキシャル成長・76
　3.2.1　はじめに・・・・・・76
　3.2.2　種結晶の効果・・・・77
　3.2.3　Si(111)および Si(001)基板
　　　　へのエピタキシャル成長
　　　　・・・・・・・・・78
　3.2.4　結晶粒径の拡大・・・81
参考文献・・・・・・・・・・84
3.3　化学気相成長法・・・・・84
　3.3.1　はじめに・・・・・・84
　3.3.2　化学気相成長・・・・85
　3.3.3　薄膜の成長制御・・・86
　3.3.4　鉄シリサイド・エピタキ
　　　　シャル薄膜・・・・89
参考文献・・・・・・・・・・93
3.4　パルスレーザー堆積法・・93
　3.4.1　はじめに・・・・・・93

　3.4.2　ドロップレットフィルター
　　　　・・・・・・・・・94
　3.4.3　鉄シリサイドの PLD 成膜
　　　　・・・・・・・・・95
　3.4.4　ナノ微結晶 (NC) FeSi$_2$ の
　　　　形成・・・・・・・99
　3.4.5　NC-FeSi$_2$ の物性・・101
参考文献・・・・・・・・・102
3.5　スパッタリング成膜法・・102
　3.5.1　はじめに・・・・・102
　3.5.2　対向ターゲット式
　　　　スパッタリング法・・103
　3.5.3　β-FeSi$_2$ のエピタキシャル
　　　　成長・・・・・・・104
　3.5.4　NC-FeSi$_2$ 膜のスパッタ
　　　　リング成膜・・・・107
　3.5.5　[FeSi$_2$/Fe$_3$Si]$_{20}$ 積層膜の
　　　　形成・・・・・・・108
参考文献・・・・・・・・・111
3.6　イオンビームスパッタ成長法
　　・・・・・・・・・・・113
　3.6.1　スパッタリング現象・・113
　3.6.2　イオンビームスパッタ

　　　　蒸着法の原理と装置構成
　　　　　・・・・・・・・・・115
　　3.6.3　鉄シリサイド薄膜の作製
　　　　　・・・・・・・・・117
　参考文献・・・・・・・・・・120
3.7　シリサイド系半導体ナノ構造
　　　　・・・・・・・・・・121
　　3.7.1　はじめに・・・・・・121
　　3.7.2　極薄 Si 酸化膜技術：
　　　　　超高密度エピタキシャル
　　　　　ナノドット形成・・・121
　　3.7.3　Si 基板上へのシリサイドナ
　　　　　ノドットのエピタキシャ
　　　　　ル成長・・・・・・123
　　3.7.4　β-FeSi$_2$ 半導体ナノドット
　　　　　：光学特性・・・・126
　　3.7.5　Fe$_3$Si 強磁性体ナノドット
　　　　　：磁性・・・・・・127

　参考文献・・・・・・・・・・128
3.8　イオンビーム合成法・・・128
　　3.8.1　はじめに・・・・・・128
　　3.8.2　鉄イオン注入・・・・129
　　3.8.3　基板温度・・・・・・132
　　3.8.4　注入条件による組織と
　　　　　物性の制御・・・・132
　　3.8.5　ナノ結晶形成と発光特性
　　　　　の改善・・・・・・135
　　3.8.6　薄膜成長と電気伝導特性
　　　　　の改善・・・・・・136
　　3.8.7　Si 中の Fe の固溶度と拡散
　　　　　・・・・・・・・139
　　3.8.8　損傷促進拡散と表面偏析
　　　　　・・・・・・・・139
　　3.8.9　まとめ・・・・・・・141
　参考文献・・・・・・・・・・141

第4章　構造解析

4.1　電子顕微鏡観察・・・・・144
　　4.1.1　はじめに・・・・・・144
　　4.1.2　走査型電子顕微鏡（SEM）
　　　　　観察・・・・・・144
　　4.1.3　透過型電子顕微鏡（TEM）
　　　　　観察・・・・・・145
　　4.1.4　走査透過型電子顕微鏡
　　　　　（STEM）観察・・・150
　　4.1.5　まとめ・・・・・・・153
　参考文献・・・・・・・・・・153
4.2　X 線回折法・・・・・・154
　　4.2.1　はじめに・・・・・・154
　　4.2.2　θ-2θ スキャン・・・154

　　4.2.3　ロッキングカーブ・
　　　　　スキャン・・・・158
　　4.2.4　極点図形測定・・・・159
　参考文献・・・・・・・・・・162
4.3　ラザフォード後方散乱分光法
　　　　・・・・・・・・・・163
　　4.3.1　はじめに・・・・・・163
　　4.3.2　RBS の原理・・・・・163
　　4.3.3　ホイスラー合金/半導体の
　　　　　ヘテロ界面の評価・・166
　　4.3.4　界面相互拡散の解析・・168
　　4.3.5　チャネリング測定・・・171
　　4.3.6　原子レベルでの評価・・175

4.3.7 まとめ・・・・・・178 ｜ 参考文献・・・・・・・・178

第5章　鉄シリサイドの物性

5.1 電気物性・・・・・・・・180
　5.1.1 アンドープ鉄シリサイドの伝導型・・・・・180
　5.1.2 不純物添加による鉄シリサイドの伝導型制御・・・・・・・・181
　5.1.3 鉄シリサイドの伝導機構・・・・・・・・・・182
　5.1.4 まとめ・・・・・・・185
参考文献・・・・・・・・・186
5.2 バルク結晶の光学特性・・・187
　5.2.1 はじめに・・・・・・187
　5.2.2 β-FeSi$_2$ のエネルギーバンド構造・・・・188
　5.2.3 β-FeSi$_2$ の偏光反射スペクトルおよび屈折率・・・・・192
　5.2.4 β-FeSi$_2$ バルク結晶の発光特性・・・・・195
参考文献・・・・・・・・・196
5.3 薄膜の光学特性・・・・・197
　5.3.1 はじめに・・・・・・197
　5.3.2 β-FeSi$_2$ 薄膜の光吸収スペクトル・・・・198
　5.3.3 変調分光法の原理・・・199
　5.3.4 β-FeSi$_2$ 薄膜のフォトレフレクタンス（PR）スペクトル・・・・200
参考文献・・・・・・・・・205
5.4 フォノン物性・・・・・・206
　5.4.1 はじめに・・・・・・206
　5.4.2 ラマン散乱・・・・・207
　5.4.3 赤外吸収・・・・・・209
　5.4.4 反転対称性・・・・・210
　5.4.5 ナノ結晶のフォノン物性・・・・・・・・・211
参考文献・・・・・・・・・212
5.5 熱電特性・・・・・・・・213
　5.5.1 はじめに・・・・・・213
　5.5.2 β-FeSi$_2$ の電気伝導特性・・・・・・・・・216
　5.5.3 Fe$_{1-x}$Mn$_x$Si$_2$, Fe$_{1-x}$Co$_x$Si$_2$ の電気伝導特性・・・217
　5.5.4 Fe$_{1-x}$Mn$_x$Si$_2$, Fe$_{1-x}$Co$_x$Si$_2$ の熱電特性・・・・222
参考文献・・・・・・・・・227
5.6 鉄系ホイスラー合金の磁性・227
　5.6.1 はじめに・・・・・・227
　5.6.2 低音MBE薄膜成長・・228
　5.6.3 メスバウアー分光スペクトル・・・・229
　5.6.4 磁気特性・・・・・・231
　5.6.5 3元系ホイスラー合金・232
　5.6.6 まとめ・・・・・・・234

第6章　新しいシリサイドの合成と物性

6.1　Si クラスレートの合成と物性
　　・・・・・・・・・・236
　6.1.1　はじめに・・・・・・236
　6.1.2　半導体 Si クラスレート
　　　　・・・・・・・・・237
　6.1.3　合成法・・・・・・・238
　6.1.4　I 型 Si クラスレート
　　　　半導体の探索指針・・239
　6.1.5　$K_8Ga_8Si_{38}$ の結晶構造・
　　　　電子構造・・・・・241
　6.1.6　$K_8Ga_8Si_{38}$ の光吸収係数・
　　　　電気抵抗率・・・・・242
　6.1.7　まとめ・・・・・・・243
参考文献・・・・・・・・・・243
6.2　ナトリウムを利用した遷移金属
　　シリサイドの合成・・・245
　6.2.1　はじめに・・・・・・245
　6.2.2　遷移金属シリサイド粉末
　　　　の合成と特性・・・245
　6.2.3　遷移金属シリサイドの
　　　　生成メカニズム・・249
　6.2.4　遷移金属シリサイドの
　　　　焼結バルク体の合成・250
　6.2.5　遷移金属板上への
　　　　シリサイド膜の作製・251
　6.2.6　まとめ・・・・・・・252
参考文献・・・・・・・・・・252
6.3　$BaSi_2$ の合成と物性・・・253
　6.3.1　$BaSi_2$ のバンド構造・・253
　6.3.2　エピタキシャル膜の
　　　　結晶評価・・・・・254
　6.3.3　光吸収係数・・・・・255
　6.3.4　少数キャリア拡散長・・257
　6.3.5　分光感度特性・・・・259
参考文献・・・・・・・・・・260
6.4　$SrSi_2$ の合成と物性・・・262
　6.4.1　はじめに・・・・・・262
　6.4.2　合成法・・・・・・・263
　6.4.3　結晶構造・熱膨張係数・
　　　　体積弾性率・・・・・263
　6.4.4　電子的性質・・・・・264
　6.4.5　$Sr_{1-x}Ba_xSi_2$ 固溶体・・・265
　6.4.6　まとめ・・・・・・・266
参考文献・・・・・・・・・・266

第7章　シリサイド系半導体の応用

7.1　シリサイド発光素子・・・267
　7.1.1　はじめに・・・・・・267
　7.1.2　p^+-Si/β-FeSi$_2$/n^+-Si
　　　　ダブルヘテロ構造 LED
　　　　・・・・・・・・・268
　7.1.3　n-Si/SiGe/β-FeSi$_2$/
　　　　SiGe/p-Si(001) 構造
　　　　LED・・・・・・・271
参考文献・・・・・・・・・・273
7.2　シリサイド太陽電池・・・274
　7.2.1　はじめに・・・・・・274
　7.2.2　$BaSi_2$ 太陽電池・・・275

7.2.3 不純物ドーピング・・・277
参考文献・・・・・・・・・281
7.3 シリサイドオプティクス・・281
  7.3.1 はじめに：高屈折率・
     高吸収率材料としての
     シリサイド系半導体・281
  7.3.2 β-FeSi$_2$ 単層膜を用いた
     完全吸収体・・・・283
  7.3.3 2層の完全吸収体・・・286
  7.3.4 まとめ・・・・・・289
参考文献・・・・・・・・・289
7.4 シリサイド・フォトニック結晶
    ・・・・・・・・・289
  7.4.1 はじめに・・・・・289
  7.4.2 鉄シリサイド・フォトニック
     結晶・・・・・・・290
  7.4.3 フォトニック結晶の設計
    ・・・・・・・・291
  7.4.4 ワイドギャップ・フォト
     ニック結晶・・・・293
  7.4.5 作製プロセス・・・・295
  7.4.6 まとめ・・・・・・301
参考文献・・・・・・・・・302
7.5 シリサイド・スピントロニクス
    ・・・・・・・・・303
  7.5.1 はじめに・・・・・303
  7.5.2 TMR素子，GMR素子と
     シリサイド強磁性体・304
  7.5.3 能動的なスピンデバイス
     を指向した研究・・・305
  7.5.4 非局所4端子法の原理・306
  7.5.5 非局所3端子法の原理
    ・・・・・・・・309
  7.5.6 スピン注入に関する研究と
     シリサイド強磁性体
    ・・・・・・・・311
参考文献・・・・・・・・・311

事項索引・・・・・・・・・・・・・・・313
英語索引・・・・・・・・・・・・・・・322
略語索引・・・・・・・・・・・・・・・323
物質索引・・・・・・・・・・・・・・・324

第 1 章

シリサイド系半導体の基礎

1.1 シリサイド系半導体の電子構造と物性

1.1.1 はじめに

　金属元素の多くはケイ素（Si）と多種多様の化合物を作る．金属の**ケイ素化合物**（ケイ化物）の多くは，金属とSiとの直接溶融か，金属酸化物のSiによる高温還元，または金属酸化物と酸化ケイ素の炭素（C）による還元などで塊状の物質として得られ，これを粉砕して得られた微粉末を焼結するなどして材料化するが，いくつかの物質については薄膜や針状結晶が直接合成される．

　図1.1には，今まで知られている1～14族元素のケイ素化合物（シリサイド）のリストを示す．現在まで知られている金属ケイ素化合物の多くは「金属」であって，良好な電子伝導性を示し，かつ**耐高温酸化性**に富むため，**高温用電極材料**や**耐高温酸化用コーティング材料**として研究されてきた．実用に供されている物質としては，1500℃以上の空気中でも使える発熱素子として用いられてきた $MoSi_2$（後に述べるように**半金属**である）が挙げられる．

　一方，超大規模集積回路（VLSI）の高集積化に応じて，パターン化された配線を作製することが必要になり，それまで用いられてきた高ドープ多結晶Siに替わる伝導体として，1970年代末より金属ケイ素化合物が研究されてきた．この場合の金属元素とは，（1）**貴金属**（Pt, Pdなど），（2）**鉄属元**

2　1. シリサイド系半導体の基礎

(Li)	(Be)										(B)	(C)
Li$_{22}$Si$_5$	……										B$_{14}$Si	SiC
Li$_{13}$Si$_4$											B$_6$Si	
Li$_7$Si$_3$											B$_3$Si	
Li$_{12}$Si$_7$												
(Na)	(Mg)										(A)	(Si)
NaSi	Mg$_2$Si										……	
NaSi$_2$			■ バンド半導体(絶縁体)									
Na$_4$Si$_{23}$ (Clathrate)			▨ 半金属または狭ギャップ半導体(ギャップ値〜70meV以下) (バンド半導体以外の機構によるものを含む)									
Na$_{0〜24}$Si$_{136}$ (Clathrate)			▫ アンダーソン機構による半導体									

(K)	(Ca)	(Sc)	(Ti)	(V)	(Cr)	(Mn)	(Fe)	(Co)	(Ni)	(Cu)	(Zn)	(Ga)	(Ge)
	Ca$_2$Si	Sc$_5$Si$_3$	Ti$_5$Si$_3$	V$_3$Si	Cr$_3$Si	Mn$_6$Si	Fe$_3$Si	Co$_2$Si	Ni$_3$Si	Cu$_5$Si			
KS	Ca$_3$Si$_3$	ScSi$_2$	Ti$_5$Si$_4$	V$_5$Si$_3$	Cr$_5$Si$_3$	Mn$_9$Si$_2$	Fe$_5$Si$_3$	Co$_2$Si	Ni$_2$Si	Cu$_{15}$Si$_4$			
(Clathrate)	CaSi	ScSi	Ti$_3$Si	V$_6$Si$_5$	CrSi	Mn$_3$Si	FeSi	CoSi	Ni$_3$Si$_2$	Cu$_3$Si	……	……	……
	CaSi$_2$		TiSi	VSi$_2$	CrSi$_2$	Mn$_5$Si$_3$	β-FeSi$_2$	CoSi$_2$	NiSi	Cu$_7$Si			
			TiSi$_2$			MnSi	α-Fe$_2$Si$_5$		NiSi$_2$				
						MnSi$_{2-x}$							

(Rb)	(Sr)	(Y)	(Zr)	(Nb)	(Mo)	(Tc)	(Ru)	(Rh)	(Pd)	(Ag)	(Cd)	(In)	(Sn)
	Sr$_2$Si	Y$_5$Si$_4$	Zr$_3$Si	Nb$_3$Si	Mo$_3$Si	Tc$_4$Si	Ru$_4$Si$_3$	Rh$_2$Si	Pd$_5$Si				
RbSi	SrSi	Y$_5$Si$_3$	Zr$_2$Si	Nb$_5$Si$_3$	Mo$_5$Si$_3$	Tc$_3$Si	Ru$_2$Si	Rh$_5$Si$_3$	Pd$_9$Si$_2$				
(Clathrate)	SrSi$_2$	YSi	Zr$_3$Si$_2$	NbSi$_2$	MoSi$_2$	Tc$_5$Si$_3$	RuSi	RhSi	Pd$_3$Si	……	……	……	……
		Y$_3$Si$_5$	Zr$_5$Si$_3$			TcSi	Ru$_2$Si$_3$	Rh$_4$Si$_5$	Pd$_2$Si				
			Zr$_5$Si$_4$			Tc$_4$Si$_7$		Rh$_3$Si$_4$	PdSi				
			ZrSi										
			ZrSi$_2$										

(Cs)	(Ba)	(La)	(Hf)	(Ta)	(W)	(Re)	(Os)	(Ir)	(Pt)	(Au)	(Hg)	(Tl)	(Pb)
	BaSi	La$_5$Si$_3$	Hf$_2$Si	Ta$_3$Si	W$_3$Si$_2$	Re$_5$Si$_3$	OsSi	Ir$_3$Si	Pt$_3$Si				
CsSi	BaSi$_2$	La$_3$Si$_2$	Hf$_5$Si$_2$	Ta$_2$Si	W$_5$Si$_3$	ReSi	Os$_2$Si$_3$	Ir$_2$Si	Pt$_{12}$Si$_5$				
(Clathrate)		La$_5$Si$_4$	Hf$_5$Si$_4$	Ta$_5$Si$_3$	WSi$_2$	ReSi$_{2-x}$	OsSi$_2$	Ir$_3$Si$_2$	Pt$_2$Si	……	……	……	……
		LaSi	HfSi	TaSi$_2$				IrSi	Pt$_6$Si$_5$				
		LaSi$_2$	HfSi$_2$					IrSi$_3$	PtSi				
								Ir$_3$Si$_4$					
								Ir$_4$Si$_5$					
								Ir$_3$Si$_5$					
								Ir$_2$Si$_3$					

図1.1 今まで知られている1〜14族のシリサイド．図中，一番濃い灰色で塗りつぶしたものは，バンド半導体または絶縁体を，二番目に濃い灰色で塗りつぶしたものは半金属または狭ギャップ半導体を示す．一番薄い灰色で塗りつぶしたものは，アンダーソン機構による半導体を示す．ただし，マークされていないものすべてが半導体もしくは絶縁体でないことが確認されているわけではない．日本化学会 編：「第5版 実験化学講座23－無機化合物－」（丸善出版，2005年）p.368所載図（著：今井庸二）に最近の研究成果を書き加えた．

素（Ni, Coなど），（3）**高融点金属**（Ti, Zr, Ta, Cr, Mo, Wなど）である．
　1990年代以降，半導体または半金属シリサイド相の研究が盛んになってきた．この中でFeSi$_2$は0.83〜0.85 eV程度のバンドギャップを持つ半導体で，**低環境負荷**の中高温用**熱電変換材料**や光ディテクタ，**太陽電池**，光工

レクトロニクスデバイス用材料として，最近特に注目を集めている他，$BaSi_2$ は高効率太陽電池材料として研究開発されている．

本節では，現時点で研究開発が進んでいる $FeSi_2$，$BaSi_2$，熱電材料として古くから研究開発が続いている Mg_2Si，および Ca_2Si，Sr_2Si，Ru_2Si_3 などの電子構造を説明する．これらは，いずれもバンド半導体（1電子近似であるバンド理論の下で半導体と予測される物質）であるが，半導体となる他の機構についても簡単に言及する．

1.1.2 半導体が形成される機構

原子に属する電子のエネルギーは離散的な飛び飛びの値を取る（エネルギー準位）．同一種の原子が集まる（凝集する）とき，例えば，N 個の原子が互いに十分遠く離れている場合には，自由原子における電子のエネルギー準位 E_n がそれぞれ縮退して存在するが，原子間隔が小さくなって互いに近づくと，原子間の相互作用によって縮退が解け，少しずつ値の異なるエネルギー準位が E_n の上下にほぼ連続的に分布し，一つのエネルギー帯（**エネルギーバンド**，energy band）を形成する．

同一元素の集合体でも，凝集する原子の空間的な配置方法によって，エネルギーバンドが連続的であったり（例えば稠密な面心立方構造を取る場合），ギャップを生じたり（例えばダイアモンド構造を取る場合）するが，異種元素が組み込まれる場合には，構成する各原子内の電子のエネルギー準位に元々差 ΔE があるため，凝集によるバンド幅の広がり（W）とエネルギー準位差 ΔE の大小によって，エネルギーギャップが生じる場合とバンドが重なってギャップが生じない場合とが加わる．

金属元素と Si 原子とが凝集した金属シリサイドの場合を考えるため，その**電気陰性度**（**Sanderson の指標**による）を列記する[1]と，Si：1.74 に対し，アルカリ金属は，0.93（Na），0.74（K），0.70（Rb），0.69（Cs），アルカリ土類金属では 1.06（Ca），0.96（Sr），0.93（Ba）というように Be（1.61），Mg

(1.42)を除いて，極めて陽性（**電子供与的**）である．

これらの原子では，その最高被占準位が浅いs電子であるため，**電子のエネルギー準位**は，図1.2（a）に示すように浅い準位はアルカリ・アルカリ土類金属のs電子（およびこれと混成した内殻d電子）に由来し[2]，**深い準位**はSiの3s, 3p電子由来となる．両者のエネルギー準位差が大きいとき（$\Delta E > W$のとき），化合物は絶縁体（または半導体）になる．

（a）アルカリ（土類）金属シリサイド

$\Delta E > W$のケース

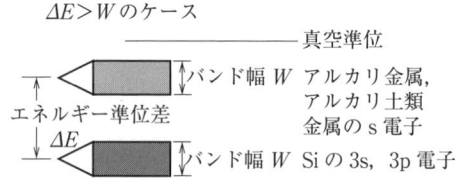

（b）遷移金属シリサイド
　（b）-1　d電子の**エネルギー分裂**が少ないケース

（b）-2　d電子のエネルギー分裂が大きいケース

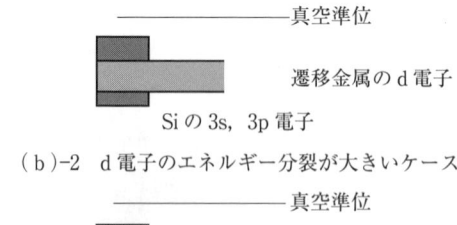

図 1.2　シリサイドのエネルギー準位模式図．（a）アルカリ（アルカリ土類）金属シリサイド（$\Delta E > W$のケース）（b）遷移金属シリサイド．なお，第3周期以降のアルカリ，アルカリ土類金属の最高被占s軌道には，内殻d軌道の混成の寄与も大きい．

一方，遷移金属の電気陰性度は，3族のScは1.09，4族のTiは1.13というようにかなり陽性であるが，5族〜10族ではV (1.24), Cr (1.35), Mn (1.44), Fe (1.47), Co (1.47), Ni (1.47) というようにSiと近接した値を持っている．

かつ，これらの遷移金属はd電子の数も多いため，そのシリサイドの電子のエネルギー準位は図1.2（b）に示すようになる．遷移金属dバンドが何

らかの機構によって分裂する場合には，エネルギーバンドにギャップが生じ，**フェルミ（Fermi）準位**がこのエネルギーギャップ内に位置するときに絶縁体（半導体）になる．

以上がバンド半導体の形成機構であるが，他の半導体形成機構にも留意しつつ，相手側元素の族ごとに大別してシリサイド系半導体の電子構造を次節に述べる．

1.1.3　1族，2族（アルカリ金属，アルカリ土類金属）シリサイド

アルカリ金属，アルカリ土類金属（A）とSiとの電気陰性度は大きく異なるため，ASi$_x$は高融点・狭い固溶範囲というイオン結晶的な性格も有する．このうち**2アルカリ土類金属1ケイ素化合物**（Mg$_2$Si, Ca$_2$Si, Sr$_2$Si）は，アルカリ土類金属が+2価，Siが-4価のイオン結晶と考えると理解できそうであるが，この単純な描像は適当ではない．それらの電子構造は，図1.3

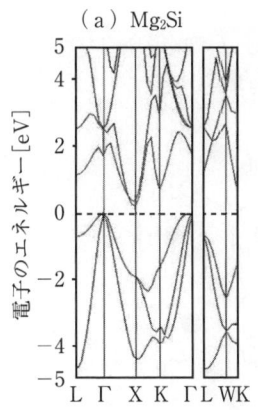
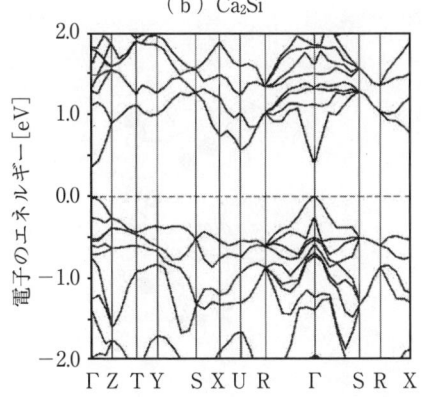

L(1/2　1/2　1/2), Γ(0　0　0)
X(1/2　0　1/2), K(3/8　3/8　3/4)
W(1/2　1/2　3/4)

Γ(0　0　0), Z(0　0　1/2), T(−1/2　0　1/2)
Y(−1/2　0　0), S(−1/2　1/2　0), X(0　1/2　0)
U(0　1/2　3/4), R(1/2　1/2　1/2)

図1.3　(a) Mg$_2$Si, (b) Ca$_2$Siの電子構造．Mg$_2$SiはΓ-X間にバンドギャップを持つ間接半導体，Ca$_2$SiはΓ-Γ間の直接半導体である．(Y. Imai and A. Watanabe：Intermetallics **10** (2002) 333より許可を得て転載)

(a), (b)に示すようにエネルギーが逆格子空間の座標に強く依存していて, 電子が非局在化していることを反映している.

これらはいずれも半導体であるが, Mg$_2$Si は価電子帯のトップが逆格子空間のΓ点, 伝導帯の底が X 点にある**間接半導体**であり, Γ→X のギャップ値は約 0.28 eV と計算される. 一方, Ca$_2$Si はΓ→Γの直接半導体 (ギャップの計算値は 0.36 eV) である.

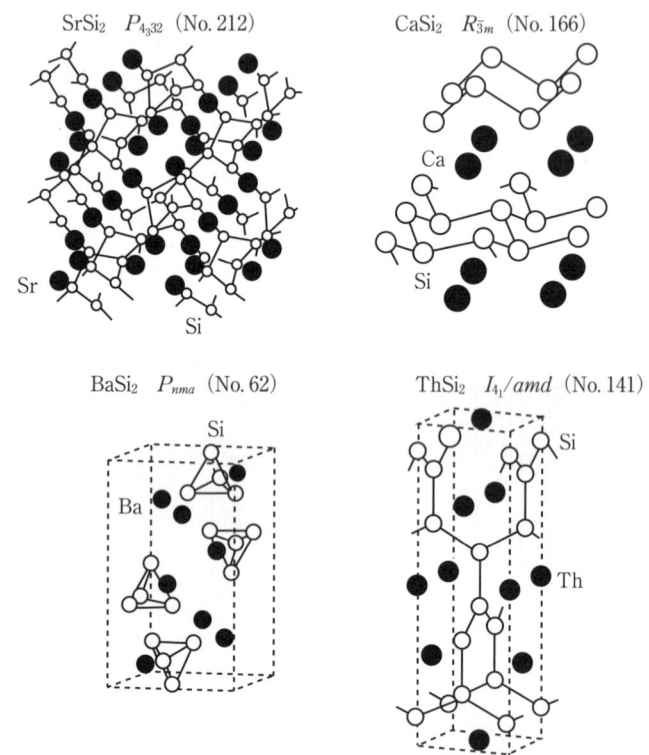

図 1.4 SrSi$_2$, CaSi$_2$, BaSi$_2$ および ThSi$_2$ 構造における Si ネットワーク. CaSi$_2$ および SrSi$_2$ は高圧で ThSi$_2$ 構造に相変化する. BaSi$_2$ は高圧で SrSi$_2$ 構造に相変化する. 図中には各々の構造が属する空間群も併記した. なお, SrSi$_2$ 構造および CaSi$_2$ 構造の図示は, それぞれの単位格子を示すものではない. ○が Si, ●がアルカリ土類金属およびトリウム (Th) を表す.

$ASi_x (x \geqq 1)$ のうち，アルカリ土類金属モノシリサイドでは，Si がジグザグ構造で線状につながった CrB 構造を持つが金属である．また，アルカリ金属モノシリサイド（KSi など）やアルカリ土類金属 2 ケイ素化合物（$CaSi_2$, $SrSi_2$, $BaSi_2$）では，Si ネットワーク中に A 元素が収容された構造と見なされる．それらの構造を図 1.4 に図示する．

この Si ネットワーク構造中では，Si は（近似）平面三角形や 4 面体を構成する 3 配位構造となっていて，15 族（窒素，リン）に見られる構造と同様であり，Si に余分の電子がアルカリ金属などから供給されているものと考えられた．これを**ジントル（Zintl）相**と称するが，やはり電子は非局在的である．Si ネットワークの構造は，収容される A 元素の大きさに強く支配され，また，後述されるように高圧を印加することで相互に変化する．

ネットワークにおける Si–Si 原子間の結合は共有結合的であって，Si の電子のエネルギー準位は Si 孤立原子の場合よりも低下し，結果として，上述のアルカリ（土類）金属の最高被占準位とのエネルギー差が広がる．KSi や $BaSi_2$ のようにフェルミ準位がこのギャップ内に存在する場合は，半導体（絶縁体）相となる．図 1.5 に $BaSi_2$ の電子構造を示す．価電子帯の頂上は

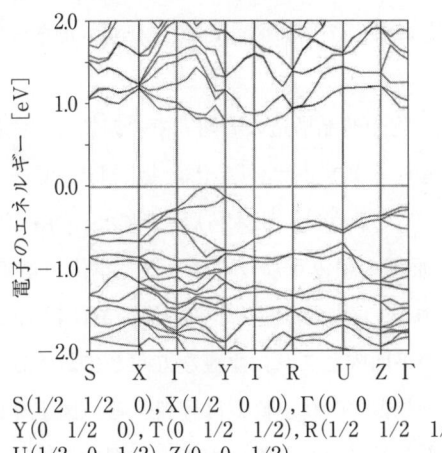

図 1.5 $BaSi_2$ の電子構造．Γ 点と Y 点の中間点と T 点の間でバンドギャップを持つ間接半導体である．(Y. Imai and A. Watanabe : Thin Solid Films **515** (2007) 8219 より許可を得て転載)

S(1/2 1/2 0), X(1/2 0 0), Γ(0 0 0)
Y(0 1/2 0), T(0 1/2 1/2), R(1/2 1/2 1/2)
U(1/2 0 1/2), Z(0 0 1/2)

Γ点～Y点の間にあり，伝導帯の底はT点にあって間接半導体である．また，$SrSi_2$ も**狭いギャップ**を持つ半導体（または半金属）であることが知られている[3,4]．

一方，Na_8Si_{46} などの**シリコンクラスレート**では，Si_{46} ネットワークが半導体的ギャップを持つ状態密度曲線を有するが，Naなどから電子が供与される結果，フェルミ準位がギャップよりも上に位置して（電子が過剰に存在して）金属となる．Siネットワークの一部を，例えばGaで置換することで初めて半導体化する[5,6]．

1.1.4　3～10族（遷移金属）シリサイド

Siと遷移金属（TM）とは，電気陰性度がほぼ同じで，電子は両元素間に比較的均一に分布するため，電子分布は**非局在的**で典型的な「合金」としての性格を持つ．連続的なエネルギーバンドが分裂する機構として，（1）結晶場分裂，（2）**ヤン-テラー（Jahn-Teller）機構**または**パイエルス（Peierls）機構**，（3）**アンダーソン（Anderson）機構**，（4）**モット-ハバード（Mott-Hubbard）機構**など，いくつかの機構が知られている．

（1）の結晶場分裂とは，遷移金属原子の3d(4d,5d)電子軌道の縮退が，これを取り囲むSiの電子との反発によって解ける（d電子のエネルギー準位が分裂する）ことをいう．

図1.6に，遷移金属2ケイ素化合物の結晶構造の周期表での族による変化を示す．また，前期遷移金属（4～6族）2ケイ素化合物（$TiSi_2$, $CrSi_2$, $MoSi_2$）の結晶構造は，図1.7に示したように，正六角形配置のSiの中心に遷移金属（T）が位置するTSi_6平面層の積み重なりの繰り返し単位の差で，この3種の構造は分類される．これらの金属原子の周りのSiの配位状況は，図1.8(a)(b)に示すように，この平面内とこれに垂直な方向とにおけるSiの電子分布の仕方が異なり，その結果，Tのd軌道は分裂する．図1.9に$CrSi_2$と$MoSi_2$のバンド構造を示すが，フェルミ準位がこの分裂内に位置す

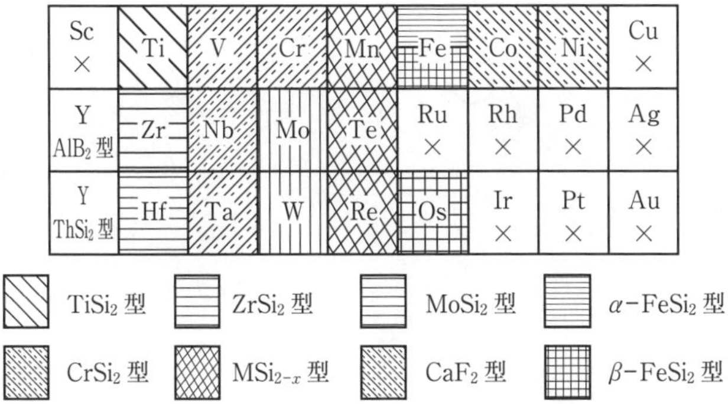

1.1 シリサイド系半導体の電子構造と物性 9

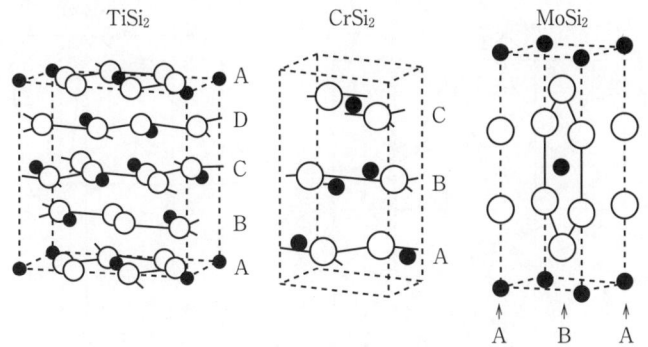

図 1.6 遷移金属 2 ケイ素化合物の結晶構造.FeSi$_2$ は低温での β-FeSi$_2$ 型であるが,高温では α-FeSi$_2$ 型という別種の構造に相変化する.7族(Mn, Tc, Re)では 2 ケイ素化合物は平衡相として存在せず,MSi$_{2-x}$ と書かれるべき相となる.(Y. Imai, M. Mukaida and T. Tsunoda:Intermetallics **8** (2000)381 より許可を得て転載)

図 1.7 4〜6族 2 ケイ素化合物の結晶構造(TiSi$_2$ 型,CrSi$_2$ 型,MoSi$_2$ 型,●印は遷移金属,○印は Si).これらは,MSi$_6$ という平面層がスタックした構造と考えられる(スタックの仕方の差により別種の構造となる).

10   1. シリサイド系半導体の基礎

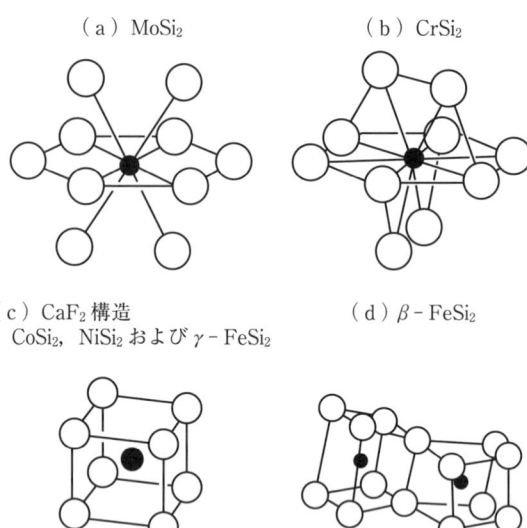

図 1.8 4～6族および8～10族2ケイ素化合物における，中心金属（図中における●印）周りのSi（図中における○印）の配置．(a) MoSi₂型 (MoSi₂, WSi₂)，(b) CrSi₂型（最近接原子はTiSi₂型も同じ配置となる），(c) CaF₂型 (CoSi₂, NiSi₂およびγ-FeSi₂)，(d) β-FeSi₂型（FeSi₂組成での常温安定相）

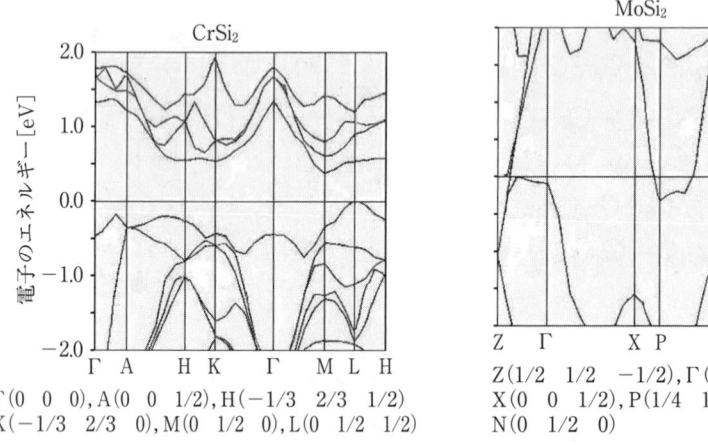

Γ(0 0 0), A(0 0 1/2), H(−1/3 2/3 1/2)
K(−1/3 2/3 0), M(0 1/2 0), L(0 1/2 1/2)

Z(1/2 1/2 −1/2), Γ(0 0 0)
X(0 0 1/2), P(1/4 1/4 1/4)
N(0 1/2 0)

図 1.9 CrSi₂およびMoSi₂の電子構造．CrSi₂は半導体である．MoSi₂はFermi準位でわずかにバンドの重なりがある半金属．

るので，半導体（または，エネルギー準位にわずかな重なりがある場合は半金属）となる．$TiSi_2$においてもエネルギー準位の分裂は生じる（状態密度曲線にくぼみ（dent）が生じる）が，フェルミ準位はこのくぼみの下にある（価電子数が足りない）ため，半導体にはならず金属的伝導を示すことになる．

一方，8～10族の遷移金属2ケイ素化合物は，遷移金属元素（TM）の周りを立方体的にSiが取り囲む形$TMSi_8$が基本構造となる．図1.8(c)のように立方体が維持される場合（CaF_2構造の場合），結晶場分裂は生じず，この構造を持つ$CoSi_2$や$NiSi_2$は金属であるが，$FeSi_2$の場合，常温常圧下の安定相（$\beta\text{-}FeSi_2$と称する）では，図1.8(d)に示すように，立方体の形をわずかにゆがめて結晶の対称性を低下させ，エネルギーを低下させることで安定構造となる．

これが，（2）ヤン-テラー機構によるエネルギー準位の分裂である．この系では，結晶がひずんで弱い周期ポテンシャルが加わることでバンドギャップが生じ，電子系のバンドエネルギーが減少する．このエネルギー減少が，結晶がひずむことによるエネルギーの増大に打ち勝つ場合に，自発的に結晶がひずむ（Peierls転移が起こる）と見なすことができる．

なお，8族シリサイドである$FeSi_2$，$OsSi_2$がこのような分裂を起こして，9族，10族シリサイドがこの分裂を起こさないのは，CaF_2構造のフェルミ準位における状態密度が，8族シリサイドの価電子数に対応するところで極大となり，この構造がエネルギー的に不利な状況となるからであると考えられている[7]．CaF_2構造の$FeSi_2$（$\gamma\text{-}FeSi_2$と称される）は，$\beta\text{-}FeSi_2$に比べて，エネルギー的に不安定となることが電子エネルギー計算からも確認されている[8]が，CaF_2構造での格子定数がSi(111)基板の原子間隔と適合するため，超薄膜としては$\gamma\text{-}FeSi_2$が析出する[9]．

図1.10に$\beta\text{-}FeSi_2$のバンド構造を示すが，Y点→Γ点～Z点の間接ギャップを持つ．Si基板上で薄膜化すると，ひずみのために，直接半導体に

遷移することが知られている[10].

前期遷移金属（4～6族）と後期遷移金属（8～10族）の境界にあたる7族では，安定な2ケイ素化合物は存在せず，不定比性が導入された TMSi$_{2-x}$ の形の組成式で表される構造となる．Mn の場合は，TiSi$_2$ 型を基本とする**チムニーラダー構造**とよばれる，特異な結晶構造（遷移金属原子からなる副格子（**チムニー**）と Si 原子からなる副格子（**ラダー**）が重ね合わさった構造）である一連の

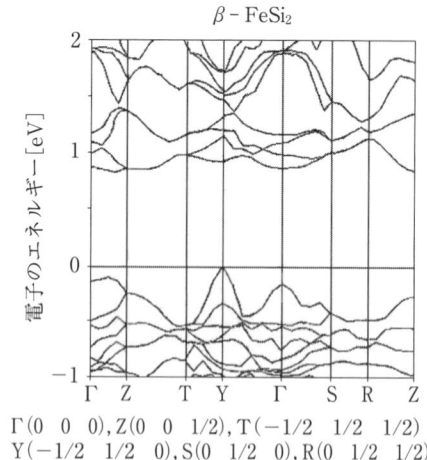

図 1.10 β-FeSi$_2$ の電子構造．Y 点と Γ 点 -Z 点の中間点の間にバンドギャップを持つ間接半導体である．

化合物群（Mn$_{11}$Si$_{19}$, Mn$_{26}$Si$_{45}$, Mn$_{15}$Si$_{26}$, Mn$_{27}$Si$_{47}$, Mn$_4$Si$_7$）を形成する（これらの相のうち常温・常圧で真に安定であるのは，Mn$_{27}$Si$_{47}$ であると考えられている[11])．チムニーラダー構造については，遷移金属1個当りの価電子数（valence electron concentration, VEC）が14のとき**真性半導体**になるという経験則がある[12]が，これよりも電子が不足している MnSi$_{2-x}$ は p 型半導体となる．

一方，Re の2ケイ素化合物では Si サイトの一部が空孔となって，安定相は ReSi$_{1.75}$ であると考えられている[13]．**空孔**が導入されやすい事実は，また，アモルファス化しやすいことを示唆する．一般的に，半導体相はわずかの不純物や欠陥の導入によって容易に**金属・絶縁体遷移**を起こすが，ReSi$_{2-x}$ においては，広範囲の x の値に対して半導体的挙動が維持されると共に，アモルファス相が得られている．**アモルファス** ReSi$_{2-x}$ における伝導は，**バリアブルレンジホッピング（variable-range hopping）伝導機構**に従うことが観測されていて[14]，前述（3）のアンダーソン機構（不規則な

ポテンシャルで電子状態が局在化することによる非金属化)の発現が観測されている例である.

今まで述べてきた(1)**結晶場分裂**,(2)ヤン-テラー機構がいずれもバンド理論の範疇で取り扱えるのに対して,(3)アンダーソン機構や,後に述べる(4)モット-ハバード機構などは,1電子近似の枠外にある.

前期遷移金属と**後期遷移金属**の境界に隣接する8族では,2ケイ素化合物(TMSi$_2$)の他に,チムニーラダー型構造の TM$_2$Si$_3$ 相も安定になる.8族元素のうち,Fe は前述したように β-FeSi$_2$ が安定相で Fe$_2$Si$_3$ は安定相ではないが,Ru では **RuSi$_2$** は安定相ではなく,**Ru$_2$Si$_3$** が安定相として存在する.ただし,0.5 μm 程度の RuSi$_2$ 微結晶が Ru$_2$Si$_3$ 結晶中の**介在物**として見出されたという報告もある[15].Ru$_2$Si$_3$ の電子構造を図1.11に示すが,$\Gamma \to \Gamma$ と $\Gamma \to Y$ とがほぼ同じギャップ値を持っている.一方,同族の Os については OsSi$_2$ と Os$_2$Si$_3$ が共に安定相として存在する.

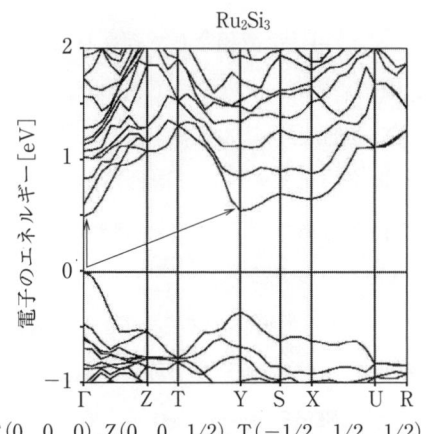

図 1.11 Ru$_2$Si$_3$ の電子構造. Γ-Γ 直接ギャップと Γ-Y 間の間接ギャップは,ほぼ等しい値である.(Y. Imai and A. Watanabe:Intermetallics **13** (2005) 233 より許可を得て転載)

$\Gamma(0\ 0\ 0), Z(0\ 0\ 1/2), T(-1/2\ 1/2\ 1/2)$
$Y(-1/2\ 0\ 0), S(-1/2\ 1/2\ 0), X(0\ 1/2\ 0)$
$U(0\ 1/2\ 1/2), R(-1/2\ 1/2\ 1/2)$

8族におけるこのような出現相の差は,図1.12に示す電子エネルギーの計算値から予測されるものである[16].Fe$_2$Si$_3$ の予測生成エネルギー値は,

14　1. シリサイド系半導体の基礎

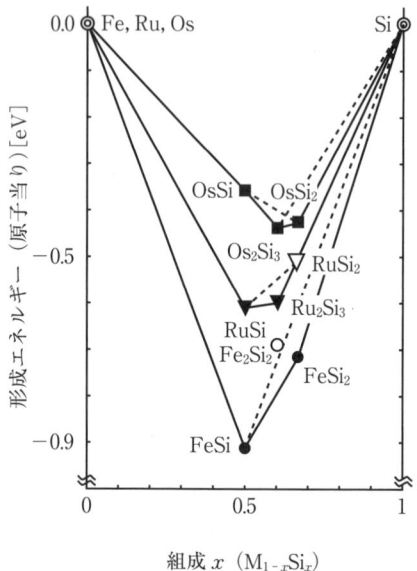

図 1.12　8族元素（Fe, Ru, Os）の1ケイ素化合物（monosilicide），2ケイ素化合物（disilicide），および1.5ケイ素化合物（sesquisilicide）の生成エネルギー．（●▼■は安定（平衡）構造，○▽は非平衡構造である．）（Y. Imai and A. Watanabe：Intermetallics **13** (2005) 233 より許可を得て転載）

FeSi + FeSi$_2$ に相分離したときのエネルギー（FeSi と FeSi$_2$ とを結ぶ直線で与えられる）よりも明らかに高く，この相は平衡相として存在しない．一方，Ru$_2$Si$_3$ のエネルギーは **RuSi** と **RuSi$_2$** を結ぶ直線より下にあり，安定相である．RuSi$_2$ のエネルギーは，Ru$_2$Si$_3$ と Si とを結ぶ直線上に極めて近接しており，Ru$_2$Si$_3$ と Si とに相分離した場合のエネルギーと微妙な関係にあることが認められ，微結晶相としての存在もあり得ることを示唆する．Os-Si系については，OsSi$_2$ と Os$_2$Si$_3$ が共に存在する．

なお，8族のモノシリサイドも狭ギャップ半導体である．FeSi の**スピン分極局所密度近似**によるバンド計算では，直接ギャップ 0.16 eV，間接ギャップ 0.04 eV の値が得られている[17]が，**磁気感受率**が 500～600 K で極大となったあと，**キュリー－ワイス（Curie–Weiss）**則に従って低減するなどの特異な挙動が観察されていて，この化合物がバンド理論で記述される系ではなく，強い電子相関がはたらいている系であると考えられている．

最近，c-FeSi（準安定相である CsCl 型の FeSi）について反強磁性的スピ

ン配列が観測され,先述(4)のモット-ハバード型の絶縁体(バンド理論では無視されていた電子間のクーロン反発 U が,電子の非局在化によるエネルギー利得を上回るときに電子が局在化する)であることが示唆された[18].

安定相 ε-FeSi(B20型)やCoSiの半導体性については,**近藤(Kondo)絶縁体**(**局在スピン**を持つ**磁性原子**に属する電子と伝導電子の相関(Kondo効果)によって,バンドギャップが開く)なのかどうか,また,通常は **f 電子系**で認められる**スピン揺動効果**が,d 電子系でも生じているのか,なお議論が続いている.

1.1.5　11族〜13族シリサイド

11属のうち Cu は金属シリサイドを形成するが,Ag,Au や 12 族の Zn,Cd,Hg は安定なシリサイドが知られていない.13族(B, Al, Ga, In, Tl)のうち,Al もシリサイドを作らないが,B は Si と多種の化合物を作る.ただし,その結晶構造は X 線による解析が困難であるほか,多彩な非化学量論性も相まって,必ずしも明確にはなっていない.例えば,当初 B_4C と同じ構造の B_4Si が存在してバンド半導体であると考えられたが,その後,B_3Si が化学量論組成で,かつ不定比性に富む化合物であると考えられるようになった.また,B_6Si は温度上昇で伝導度が増大するという意味で「金属」ではないが,アンダーソン機構に基づく半導体であると考えられている[19].

なお,14族(C など),15族(N, P, As など),16族(O, S など),17族(F, Cl など)に属する非金属元素は Si と共有結合性の化合物を作り,いずれも絶縁体(半導体)となり興味深い物性を示すが,本書の範囲ではないので,ここでは記述を差し控える.

参 考 文 献

[1]　J. E. Huheey: "*Inorganic Chemistry - Principles of Structure and Reactivity*",

3rd Ed. (Harper & Row Pub. Inc., 1983) Chapter 3, Table 3 - 12 (小玉剛二, 中沢 浩 共訳:「無機化学 (上)」(東京化学同人, 1984 年))
[2]　Y. Imai, A. Watanabe and M. Mukaida : J. Alloys Compd. **358** (2003) 257
[3]　M. Imai, T. Naka, T. Furubayashi, H. Abe, T. Nakama and K. Yagasaki : Appl. Phys. Lett. **86** (2005) 032102
[4]　SrSi$_2$ の電子構造計算結果については, Y. Imai and A. Watanabe : Intermetallics **14** (2006) 666
[5]　Y. Imai and M. Imai : J. Alloys Compd. **509** (2011) 3924
[6]　実験的な検証は, M. Imai, A. Sato, H. Udono, Y. Imai and H. Tajima : Dalton Trans. **40** (2011) 4045
[7]　N. E. Christensen : Phys. Rev. **B 42** (1990) 7148
[8]　Y. Imai, M. Mukaida and T. Tsunoda : Thin Solid Films **381** (2001) 176
[9]　N. Onda, J. Henz, E. Müller, K. A. Mäder and H. von Känel : Appl. Surf. Sci. **56 - 58** (Part 1) (1992) 421
[10]　D. B. Migas and L. Miglio : Phys. Rev. **B 62** (2000) 11063
[11]　A. Allam, C. A. Nunes, J. Zalesak and M - C Record : J. Alloys Compd. **512** (2012) 278
[12]　Y. Imai and A. Watanabe : Intermetallics **13** (2005) 233
[13]　U. Gottlieb, B. Lambert - Andron, F. Nava, M. Affronte, O. Laborde, A. Rouault and R. Madar : J. Appl. Phys. **78** (1995) 3902
[14]　K. G. Lisunov, H. Vinzelberg, E. Arushanov and J. Schumann : Semicond. Sci. Technol. **26** (2011) 095001
[15]　L. Ivanenko, G. Behr, C. R. Spinella and V. E. Borisenko : J. Crystal Growth **236** (2002) 572
[16]　Y. Imai and A. Watanabe : Intermetallics **16** (2008) 769
[17]　T. Arioka, E. Kulatov, H. Ohta, S. Halilov and L. Vinokurova : Physica **B 246 - 247** (1998) 541
[18]　I. Altfeder and W Yi, V. Narayanamurti : Phys. Rev. **B 87** (2013) 020403
[19]　Y. Imai, M. Mukaida, M. Ueda and A. Watanabe : J. Alloys. Compd. **347** (2002) 244

1.2 シリサイド系半導体 — 光エレクトロニクスを目指して

1.2.1 はじめに

昨今,電子機器からの多量の廃棄物(e-waste)の処理と環境への拡散(土壌汚染,地下水汚染など)の問題が深刻になってきている.欧州連合(EU)では Restriction of Hazardous Substances, いわゆる **RoHS 指令**を制定し,電子機器に使用される鉛,水銀,カドミウム,六価クロムなど危険物質に関する制限が出されている.今後は,化合物半導体において多用されてきた生体への毒性が顕著な,いわゆる**生体為害性金属元素**(Pb, Hg, Ni, As, Se, Cd 他)の使用が,今後はますます厳しく規制されていくであろう[20].こうした状況では,生体への安全性を高めると同時に半導体素子としての機能性を保持した,環境に低負荷な新しい半導体の技術開発がますます重要になってくる[21,22].

21 世紀に入って,**熱電素子**材料[23](5.5 節を参照)として長い研究の歴史のあるシリサイド系半導体(semiconducting silicide)が,資源・環境の視点から新たな機能材料として注目されてきた.**斜方晶 β-FeSi$_2$** などを代表とするシリサイド系半導体は,As など生体為害性金属元素を含まず,安全・安心で環境負荷が少なく,地殻に豊富なクラーク数が上位の元素(Si, Fe, Al, Ca など)などから生産することができる,環境にやさしい半導体,環境半導体として研究が進められてきた[24-28].

また,機能性の面からも,シリサイド系半導体の多くは Si 上でのエピタキシャル結晶成長が可能であり,薄膜成長や加工プロセスが既存の Si プロセスと調和・共存できるなど,次世代半導体としての優れた特長がある.この特長を生かせば,Si 基板上に光エレクトロニクス機能素子を形成するシリコン光エレクトロニクスへのシリサイド系半導体の応用が期待できる.

光機能性を理解するために重要な,各種シリサイド系半導体のバンドギャップ(E_g)を図 1.13 に示す.シリサイド系半導体には,**遷移金属シリサイド**

18   1. シリサイド系半導体の基礎

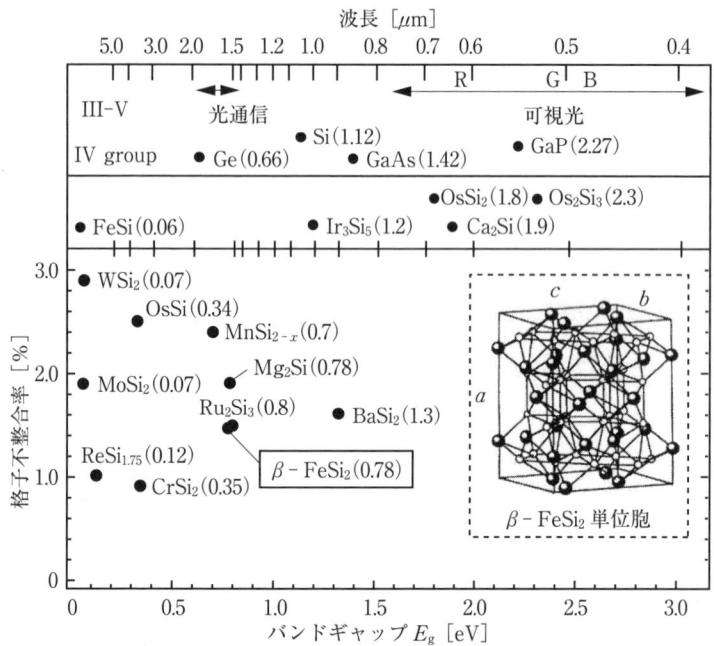

図 1.13 III-V 族半導体（上段），シリサイド系半導体のバンドギャップ（E_g）と波長との対応．Si 基板との格子不整合率（下段）．挿図は斜方晶 β-FeSi$_2$ の単位胞（ユニットセル）を示す．詳細は図 1.14 と図 1.15 を参照．（前田佳均，寺井慶和 共著：まてりあ 44（2005）471 より許可を得て転載）

とアルカリ土類金属シリサイド，Mg$_2$Si がある（1.1 節の図 1.1 参照）．バンドギャップは，0.06 eV（FeSi）から 2.3 eV（Os$_2$Si$_3$）まで広く分布している．特に，β-FeSi$_2$ と Ru$_2$Si$_3$ は，光通信波長 1.3～1.55 μm 帯域での赤外発光が確認されているシリサイド系半導体である．β-FeSi$_2$ は，1.54 μm（温度 8 K）で固有の**発光スペクトル（A バンド）**や**光電応答**を示すことから，**発光素子（LED）**（7.1 節を参照）や**受光素子（PD）**（3.5 節を参照）[24]が試作され，その特性が調べられている．

本節では，**環境低負荷**な**光エレクトロニクス材料**として最も期待され研究

が進んでいる β-FeSi$_2$ 光半導体の基礎物性を総論し，機能発現のための課題について説明したい．

1.2.2　鉄シリサイドの構造物性

β-FeSi$_2$ は**底心斜方晶**（base-centered orthorhombic，空間群 $Cmca(64)$ $-D_{2h}{}^{18}$）に属し，格子定数 $a = 0.9879$ nm, $b = 0.7799$ nm, $c = 0.7839$ nm である．図 1.14 に，この結晶の単位胞を示す[29]．その**単位胞**は 48 原子（Fe：16 原子，Si：32 原子），FeSi$_2$ 分子 16 個を含み，それぞれの原子に，結晶学的に 2 つの等価な格子サイト Fe(I)，Fe(II) および Si(I)，Si(II) がある．表 1.1 にそれぞれのサイトの原子位置を，図 1.15 に 4 つの格子サイ

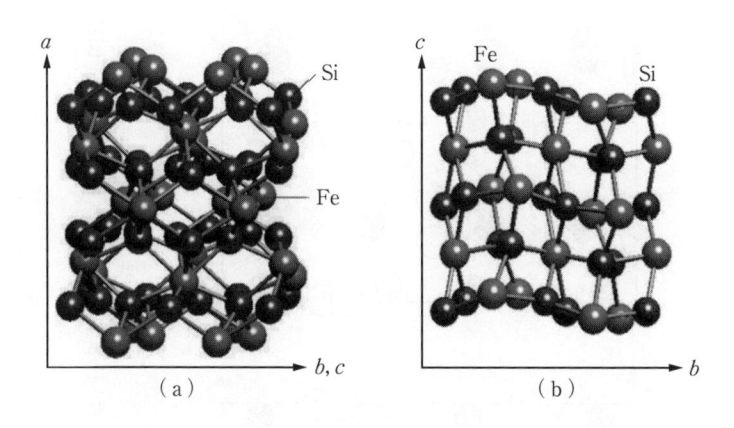

図 1.14　β-FeSi$_2$ 単位胞 (a) (010), (001) 面，(b) (100) 面

表 1.1　β-FeSi$_2$ 格子の原子位置

原子	サイトの数	x	y	z
Fe(I)	8	0.21465	0.0	0.0
Fe(II)	8	0.0	0.19139	0.81504
Si(I)	16	0.37177	0.27465	0.44880
Si(II)	16	0.12729	0.04499	0.27392

20　1. シリサイド系半導体の基礎

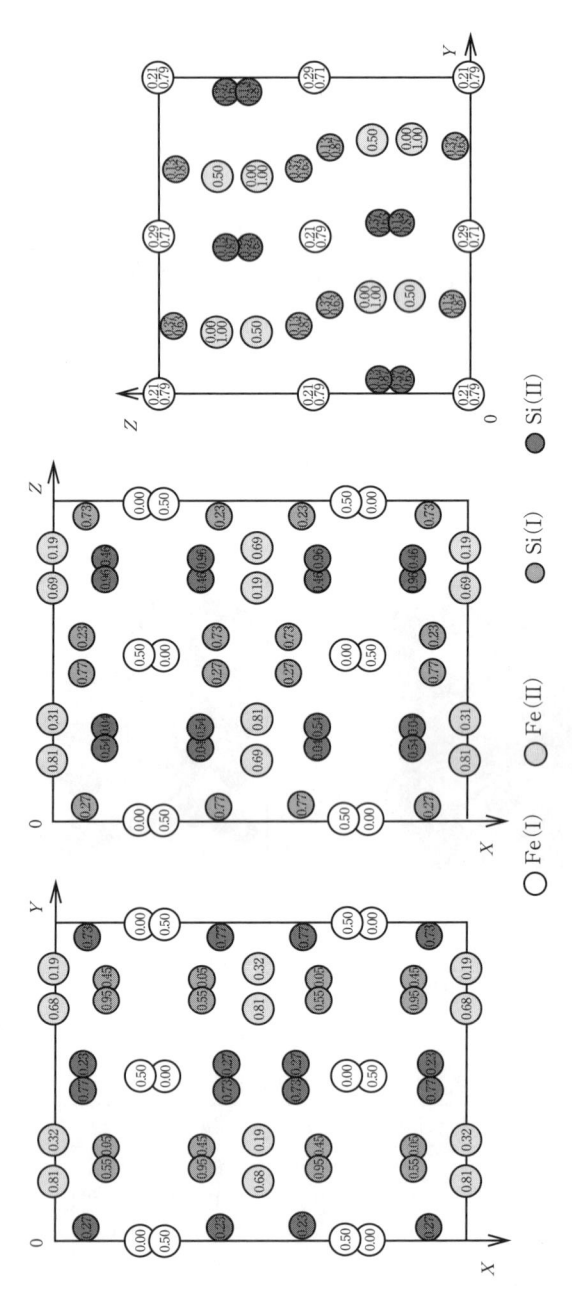

図 1.15 β-FeSi$_2$ の 4 つの格子サイトへの原子配置. 数字は原子配置を表す.

トへの原子配置を示す[29].

同組成に金属相で準安定な γ-FeSi$_2$（立方晶 CaF$_2$ **構造**, $Fm-3m$(225), $a = 0.543$ nm）が知られている．立方晶であり Si の格子定数 0.543 nm に近いために，650℃以下での β-FeSi$_2$ の析出では，格子不整合を緩和する初期相として Si との界面に形成されやすく，電気的には接合特性を劣化させることもある．しかし，高温（>700℃）では γ-FeSi$_2$ が β-FeSi$_2$ に相転移するために，Si との結晶面関係 γ(111)//Si(111) を保持した β-FeSi$_2$ 成長である β(202), (220)//γ(111)//Si(111) を実現することができる．γ 相の相転移を利用して，Si 結晶中に整合成長させた β **ナノ結晶**（サイズ～10 nm）からは比較的強い赤外発光が観察できる[30].

この金属相 γ-FeSi$_2$ は，β-FeSi$_2$ の半導体化に関係している（1.1 節参照）．**ヤン-テラー効果**によって γ 格子がひずみ，**バンドギャップ**が生じて半導体相の β-FeSi$_2$ が形成すると理論的には考えられている[31].

β-FeSi$_2$ は，図 1.14 に示したように a 軸方向に Fe と Si 原子が交互に積層した構造を持ち，b, c 軸方向には Fe-Si 原子の**波打った結合**の様子が見られるなど，**異方性**の大きな結晶構造を持っている．これによって，**光学特性**や**フォノン物性**に大きな異方性をもたらすことが観察されている（5.2, 5.3, 5.4 節を参照）．格子定数 b と c の差は非常に小さいため，a 軸周りに b, c 軸が 90°回転した **90°秩序ドメイン**（order domain, OD）がしばしば形成され，**消滅則**による電子線回折の変化から b, c 軸の区別が可能である（4.1 節を参照）[32].

β-FeSi$_2$ は，**平衡状態図**によれば，937℃以上で α-FeSi$_2$（**正方晶**：tetragonal, 空間群 $P4/mmm$, $a = 0.269$ nm, $c = 0.514$ nm）に相転移する（β-FeSi$_2$ + Si → α-FeSi$_2$（組成では Fe$_2$Si$_5$））．この α 相は組成の広がり（不定量論的）があり，これは格子中に **Fe 原子空孔**が多量に存在するためであると考えられている．

1.2.3 Fe‐Si 2元系ヘテロ接合

図1.16にFe‐Si 2元系状態図を示す．状態図には，半導体β‐$FeSi_2$の他にも強磁性でホイスラー（Heusler）合金であるFe_3Si（非定量性がある），金属間化合物Fe_5Si_3，ε‐**FeSi**（**B20構造**，電子強相関化合物，**狭ギャップ半導体**）が平衡相として存在する．このように，Fe‐Si 2元系には多彩な物性を持つ化合物が存在し，表1.2に示したように，それらを組み合わせた数々の新しい機能発現が期待できる**ヘテロ接合**が**格子不整合率**5％以下で作製できる．このなかで，DO_3規則格子を持つホイスラー合金Fe_3Si/半導体接合は，半導体への**スピン偏極**した電子注入（**スピン注入**）の接合として最近注目され（4.3節，5.6節を参照），めざましい成果が得られている（7.5節参照）．このように機能性デバイス材料の観点から見ると，これまでありふれたFe‐Si 2元系は，光・電子・磁性（スピン）機能性材料の宝庫であるといえる．

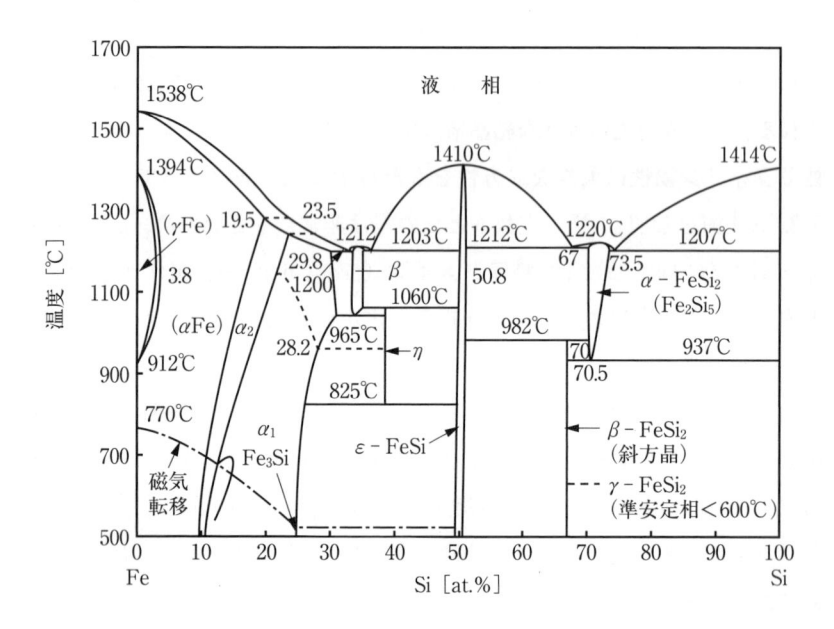

図1.16 Fe‐Si：2元系状態図とシリサイド

表1.2 鉄シリサイドと Si の, それぞれの組み合わせ接合界面の格子不整合率(%).
それぞれを基板とした値. *FeSi(111)//β-FeSi$_2$(100)については5%以下のみを示した.

基板＼薄膜	Si	Fe$_3$Si	FeSi	β-FeSi$_2$	γ-FeSi$_2$
Si		+4.06		1.5～4	−0.56
Fe$_3$Si	−3.88			−3.5～−2.8	−4.4
FeSi				−0.04～0.29*	
β-FeSi$_2$	−1.42～−3.8	3.3～2.5	−0.24～0.09		−3.4～3.9
γ-FeSi$_2$	0.56	0.64		−4.2～4.0	

1.2.4 作製方法と物性

β-FeSi$_2$ は Si との格子不整合率は約3%以下で良質なエピタキシャル成長が期待できる．表1.3に薄膜の作製方法，エピタキシャル成長や配向成長，物性としての伝導制御，移動度，赤外発光，光電感度の得られた接合，また，バルク結晶の物性についても示している．

β-FeSi$_2$ の代表的な作製方法を挙げると，**イオンビーム合成法**（ion beam synthesis，IBS），**反応性蒸着エピタキシャル法**（reactive deposition epitaxy，RDE），**分子線エピタキシャル法**（molecular beam epitaxy，MBE），**固相エピタキシー**（solid phase epitaxy，SPE），**有機金属化学気相成長法**（metal organic chemical vapor deposition，MOCVD），**スパッタ成膜**（sputter-deposition，SPD），**イオンビームスパッタ成膜**（ion-beam sputter-deposition，IBSD），**高真空蒸着法**（high vacuum vapor deposition），**パルスレーザ堆積法**（pulsed laser deposition，PLD）など数々

24   1. シリサイド系半導体の基礎

表1.3 β-FeSi₂薄膜, バルク結晶の作製方法と主な特性 (エピとはエピタキシャルの意)

	作製方法	エピ成長(EP) 配向成長(OR)	伝導制御 (不純物)	移動度 (cm²/Vs)@RT	赤外発光	光電接合
薄膜	IBS(イオンビーム合成法)(3.8節)	EP/Si(100) OR/Si(111) ナノ結晶/Si(111)	n(Co), p(Mn, Al) (Si空孔)	300~450 (大粒径結晶)	PL(<200K) EL(<120K)	p型-多結晶/N- Si ヘテロ接合
	RDE(反応性エピタキシャル成長法)(3.1節)	EP(100), (110) /Si(100), (111)	n, p (Fe/Si比)	~550(エピ薄膜) (5.1節)	PL, EL(RT)(7.1節)	—
	MBE(分子線エピタキシャル法)(3.2節)	EP(100), (111) /Si(100), (111) ナノ結晶(3.7節)	n(As, P), p(Al, Mn, B, Cr)	2~500 (エピ薄膜)	PL EL(RT)	—
	SPE(固相エピタキシー)	EP(110)/Si(111)	n(Fe/Si比, 原料の純度)	~120 (エピ薄膜)	—	—
	MOCVD(有機金属化学気相成長)(3.3節)	EP(110)/Si(111) EP/YSZ, SiC	n(P) p(B)	~450(低キャリア密度)	PL	ヘテロ接合
	IBSD(イオンビームスパッタ成膜法)(3.6節)	OR/Si(100) 多結晶	n, p(Fe/Si比, 原料の純度)	<100(多結晶)	PL	—
	SPD(スパッタ成膜法)(3.5節)	EP/Si(111) OR/Si(100)	n, p(Fe/Si比, 原料の純度)	0.5~300	PL(低温)	p型/n型ホモ接合 (3.5節)
	レーザアブレーション成膜法(3.4節)	OR/Si(100) 多結晶	n(Fe/Si比, 原料の純度)	—	PL(低温)	—
	高真空蒸着法	OR/Si 多結晶	n, p(Fe/Si比, 原料の純度)	<100 (原料純度に依存)	—	—
バルク結晶	CVT(化学気相成長)(2.1節)	針状結晶 異方性大	n(Co), p(Mn)	0.1~10	—	—
	金属溶媒法(2.1節)	塊状 (ファセット面)	n, p(Fe/Si比, 原料の純度)	~50	PL(10K)	—

の成膜方法でSiとのヘテロエピタキシャル成長が実現されている．

次に，β-FeSi薄膜における具体的な物性について述べる．まず伝導制御は，Fe/Si比の不定量性を利用して**Si空孔**や**過剰Fe**によるp型/n型制御，不純物添加による制御が行われている．作製に用いたFe原料の純度が低い（4N程度以下）と薄膜での**伝導型の制御**が難しいが，最近は5Nに近い高純度Fe原料（2.3節を参照）が開発され，再現性の良い初期不純物によらない伝導形の制御が可能になっている．質量分離したFeイオンを用いて高純度結晶成長できるイオンビーム合成法（3.8節を参照）では，イオン注入による**結晶損傷**によって主にSi空孔が多量に導入され，注入後のアニールによって結晶性を回復させるが，残存した**Si空孔**によってP型になり，さらにCoを注入することによってN型にすることができる．移動度については，正孔移動度として450 cm^2/Vs，電子移動度として550 cm^2/Vsが報告されている．

移動度についても，原料の純度，多結晶の場合は結晶粒界の大きさに依存して変化する（5.1節，3.8節を参照）．

発光素子の開発に重要な発光特性は，**フォトルミネッセンス**（photoluminescence，PL，3.8節，5.2節，5.3節を参照）とLED素子の基となる**エレクトロルミネッセンス**（electroluminescence，EL，7.1節を参照）によって調べられている．この発光特性は，原料の純度，結晶組織，界面欠陥の種類や量，不純物添加などによって大きく変化する．

ここで，β-FeSi$_2$薄膜の作製方法の一つである，**イオンビーム合成法**（IBS）について解説する．この方法は，高純度なβ-FeSi$_2$結晶（多結晶薄膜からナノ結晶）の作製ができ，アニールによる界面欠陥の削減，**アルミニウム添加**による格子内Si空孔の削減ができる．さらに，IBS結晶を用いた系統的な発光特性の研究（3.8節を参照）がなされている．また，バルク結晶による**光吸収端**の研究（5.2節を参照）がなされ，β-FeSi$_2$結晶固有の発光（Aバンド，0.8025 eV，8K）は，30 meV程度の**フォノン放出**を伴った，

間接バンド間再結合発光である可能性を強めている．これは，エピタキシャル成長薄膜の**フォトレフレクタンス**（photoreflectance，**PR**）スペクトル（5.3節，図5.13を参照）とPLスペクトルの直接比較では，PRで測定した直接遷移エネルギーは0.91 eVであるが，PLピークは0.81 eV（77 K）であり，発光が直接バンドギャップで起こっていないことを明らかにしている．

この**間接遷移プロセス**には，**フォノンの放出や吸収プロセス**が重要である．そこで，光学遷移に関係するフォノン状態が研究されている（5.4節を参照）．興味深いことに，現在のところ最も強く発光するSi結晶中に埋め込まれたナノ結晶では，バルク結晶や薄膜で観察される赤外吸収スペクトル（フォノン状態密度に相関）とは全く異なったスペクトルが観察されている（5.4節，図5.17参照）．これは，β-FeSi$_2$の結晶軸方向での**双極子モーメントの異方性**の大きな違いによって説明されている．

β-FeSi$_2$結晶の大きな光吸収係数を生かして，太陽電池や赤外光検出器への応用を目指した研究が進められている．β-FeSi$_2$結晶は，欠陥や原料由来の不純物による**バックグランドドープ**によって，ノンドープ状態でのキャリア密度を低減させることができなかった．また，伝導型の制御も難しい状況であった．そこで，シリコンとのヘテロ接合による光検出器が研究された．この場合において，β-FeSi$_2$層はSiが感応できない波長の光吸収層として機能する．この研究の後，p/n型ホモ接合が作製され，分光感度が研究されている（3.5節を参照）．

1.2.5 成長過程について

作製方法によって，FeとSiの組成制御の方法やその物理過程が異なる．IBSではFe原子をSi基板表面から内部にイオン注入するために，シリサイド化反応はSi結晶（または非晶質化したSi層）中で起こり，**常にSiリッチ組成の環境で進行する**．そのために，小さくSi結晶内部に析出したβ-

FeSi$_2$ ナノ結晶では化学量論組成 Fe：Si ＝ 1：2 を実現しやすく，格子内部に Si 空孔を形成しづらい状況になっている．また，サイズが小さいために，界面の格子不整合による界面欠陥量が少ない．こうしたナノ結晶の状況は発光には有利であり，実際にいろいろな β - FeSi$_2$ の結晶形態（**モフォロジー**）のなかで最も強く鋭い発光スペクトルを示す（3.8節，図3.58を参照）．

一方，表1.3にある RDE，MBE，MOCVD，スパッタ成膜など Si 基板上での薄膜堆積成長では，Fe または Fe と Si の蒸着速度，原料ガス供給速度，ターゲット組成などを調整して，成膜した薄膜の組成制御を実現している（第3章を参照）．この場合は，成膜初期過程の Fe 原子の Si 基板への逃散（非常に早い拡散である．ただし，**シリコン表面状態**に強く依存する．表面酸化膜 SiO$_2$ が存在または成膜前の除去が不十分であると，Fe 原子は拡散しない．），および，基板からシリサイド相を貫く **Si 原子拡散**による組成変動に注意する必要がある．

例えば，Fe 組成や膜厚の増加に伴って生成相が $\alpha \to \gamma \to \beta$ と相変化することもある．この場合に，界面のひずみを緩和するためにすべてのシリサイドがエピタキシャル面で成長する．この**エピ面関係**は Si(111) // γ(111) // α(112) // β(110) である．

これらについては，RDE，MBE，MOCVD によって平坦な表面を持つ成膜に成功している．RDE で数 nm 厚の β - FeSi$_2$ 初期成長層（**テンプレート層**）を作製して，その上に薄膜成長（**オーバーグロース**）させる**テンプレート成長法**[33]（3.3節を参照）が優れている．これは，Fe 原子の Si 基板への逃散を防止し，薄いテンプレート層が Si との格子不整合を緩和するバッファーとして機能するために，オーバーグロース層の結晶性は非常に良好になる．また，界面エネルギーが最小になるために，**2 次元核生成と成長**を促進する効果があると考えられる．

以上をまとめると，Si 上の β - FeSi$_2$ の成長制御には，（1）Fe と Si 原子拡散によるシリサイド成長界面での組成変動，（2）初期成長相の種類と膜

厚，(3)成長温度，(4)Si 基板の表面処理（特に，**自然酸化物** SiO_2 の有無），(5)適切な膜厚のテンプレート層の形成などが重要な検討項目になる．これらは，成長界面での Fe と Si 原子の拡散過程と平均組成を支配し，状況によっては最終的に得られる化合物相や組織に大きな変化をもたらす．

1.2.6　ポストアニール条件

　成膜後のシリサイド化や，結晶性の改善を目的に行われる**ポストアニール**（post‐anneal）の条件や方法にも，特に注意が必要である．一般の電気炉などで使用される不活性ガス雰囲気でのアニールでは，鉄シリサイド格子の Si が不十分な酸化を受け続け SiO **ガス**として失われ，アニール中に組成が変化し，FeSi に変化した例がある．また，β-$FeSi_2$ 格子からの **Si 抜け**によって格子中に高密度の **Si 空孔**が生成し，これが非発光再結合中心として活性であるために発光強度を大きく減少させる．

　この対処には，アニール前に薄膜の表面を Si または SiO_2 で保護するキャップ層の形成が効果的である．または，高真空中（圧力 $< 10^{-4}$ Pa）にした石英ガラスへの封入，もしくは赤外線ランプアニールを利用した高真空アニールが再現性のある試料を作製するのに望ましい．

　ポストアニールの温度については，平衡状態図から，β-$FeSi_2$ 単相が安定に存在できる温度 650～900℃で行わなければならない．下限は $\gamma \to \beta$ 相変化の温度 600～650℃，または，アニール時間における Fe と Si の拡散長と成長薄膜の膜厚の大小によって決まる．上限は，$\beta \to \alpha$ 相変化温度（約 850～900℃）によって支配される．これらの相変化は試料の作製方法や平均組成に依存し，**X 線回折法**によって事前検討するのが望ましい．

　高温でのポストアニールによって，発光・伝導特性の改善が多々報告[34]されているが，一方，薄膜表面の平坦性が悪化し，また粒状組織への凝縮などによって不連続膜になるなど組織的な変化が起こりやすくなる．そのために，**ダブルヘテロ構造**（Si/β-$FeSi_2$/Si など）の作製には平坦性を確保でき

る温度での成長が望ましい．例えば IBS では，イオン注入で導入された高密度な欠陥が原因で 800℃ がポストアニール最適温度になる．MOCVD の例[34] では 900℃ が採用されている．各種方法による成膜の具体例については，第3章を参照にされたい．

1.2.7 ヘテロエピタキシーとバンドエンジニアリング

代表的な Si 上の，**ヘテロエピタキシャル成長**での**結晶学的面および方位関係**[27,29] は，図 1.17 に示すように，それぞれ（a）β-FeSi$_2$(100)// Si(001) での格子不整合率が $\delta = -1.5 \sim -2.1\%$，（b）$\beta$-FeSi$_2$(101)// Si(111) では $\delta = -1.45 \sim -2.0\%$ となっている．Si 上のエピタキシャル成長は，ほとんどこの2つの結晶学的面関係および方位関係を満足している．このような，Si との界面格子不整合を利用して，β-FeSi$_2$ の格子定数や格子体積

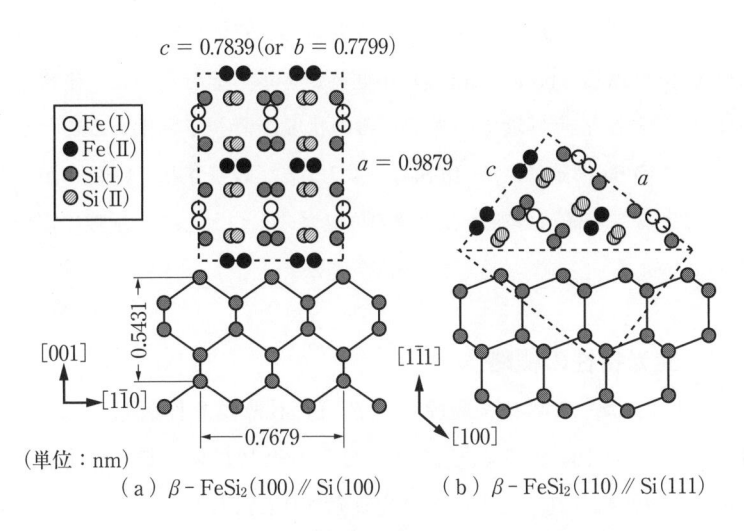

図 1.17 Si(100), Si(111) 面上の β-FeSi$_2$ 格子のエピタキシャル・ヘテロ界面の構造．（前田佳均，寺井慶和 共著：まてりあ 44 (2005) 471 より許可を得て転載．）

を変化させて，エネルギーバンドやバンドギャップを変調させる試みが研究されている（5.3節を参照）．

この，いわゆる「**ひずみ格子**」は，これまでもバンド構造の第一原理計算で理論的に予想されてきた[35,36]．適切な格子ひずみによって，バンドギャップを**直接遷移化**したり，バンド間遷移の**振動子強度**そのものを増大したり，電子や正孔の有効質量を小さくして，キャリアの移動度を大きくすることが原理的に可能といわれている．これらの予想は，**ひずみ格子バンドエンジニアリング**を，光学機能・伝導特性改善に応用した今後の研究にて実現が待たれる[37,38]．

一方で，格子ひずみとは異なった欠陥の秩序配列によるエネルギーバンド変調の可能性も考えられる．Yamauchi らは，β-FeSi$_2$ バルク結晶の電子線回折像に，β-FeSi$_2$ 格子中の Si 空孔の秩序化を示す**長周期構造**（6a 構造）を報告している[39]．この長周期構造の β-FeSi$_{2-x}$ では a 軸の周期が6倍になるために，**ブリルアンゾーン**が Y 点方向に 1/6 倍に縮小され，Y 点での**バンドの折り返し**（band folding）が期待できる．そのために，価電子帯の極大に相当する Y 点付近での光学遷移の状況が大きく変化することが予想される．この 6a 構造は，β-FeSi$_2$ 薄膜ではまだ観察されていないが，Si 原子空孔による電子構造の顕著な変調の可能性の1つとして，示唆に富む結果であるといえる．

1.2.8 発光特性の概略

Dimitriadis は，スパッタ成膜法で β-FeSi$_2$ 薄膜を作製し，1.5 µm（約 0.8 eV）帯での PL を初めて報告した[40]．それ以降，数々の方法で β-FeSi$_2$ 薄膜が作製され，発光について研究された．しかし，作製方法によっては，発光の有無や，**発光スペクトル**が大きく異なり，その物理メカニズムの系統的な理解には至らなかった．不幸なことに，この波長帯域では Si 欠陥由来の発光（**D ライン発光**，D-line emission）が起こり，β-FeSi$_2$ その

ものの発光に疑問を呈した研究も行われた.

その後,発光については高純度合成が可能な IBS によって研究が進み,Maeda らはいろいろな結晶組織や欠陥を持つ IBS 試料を作製し,その微細構造と発光スペクトルの解析を系統的に行った[41].その結果,0.8 eV 付近の発光スペクトルは主として **A バンド**(発光ピークエネルギー:0.803 eV,β-FeSi$_2$ 固有発光),**B バンド**(約 0.841 eV,Si 界面のループ状転位を起源とする D1 発光[41] に対応すると考えられる),**C バンド**(約 0.766 eV,10 K,格子中の Si 空孔によるアクセプタ-伝導帯間遷移と考えられている)に分離して個別に理解すべきものであることを示した(3.8 節,図 3.57 参照).

一般に,成膜温度,アニール温度や時間など,β-FeSi$_2$ の作製条件によって,β-FeSi$_2$ 格子の結晶性(原子空孔などの欠陥密度)および Si との界面組織(**積層欠陥層**や**ループ状転位**の密集層など)が変化し,それらに依存して A,B,C バンドのそれぞれの相対強度が変化する.そのために,観察される発光スペクトルの強度と形状は,かなり複雑な変化を見せる場合が多い.

一方,Si 結晶内部に成長した **β-FeSi$_2$ ナノ結晶**は,Si とエピ界面を形成し消光の原因である積層欠陥層が最も少ないために,β-FeSi$_2$ 固有発光の A バンド発光が支配的な最も強い発光が起こる[42,43].A バンドと B バンドはエネルギー的に近接しているため,**電子-正孔対**(electron-hole pair)の再結合発光(radiative recombination)が両バンドに対応するエネルギー準位で競合して起こる.したがって,B バンドの抑制には,その原因である**ループ状転位**(looped dislocation)層など界面の微細組織を制御する試料作製が必要となる.上述したように,Si 内部に析出した数十 nm サイズの β-FeSi$_2$ 結晶が高密度に集合した組織(3.8 節,図 3.58 右上を参照)が,発光の増強には最適であると考えられる.

1.2.9 発光増強

β-FeSi$_2$ の発光増強の研究が進んでいる．増強のポイントは，β-FeSi$_2$ 格子に存在する（または形成されやすい）Si 空孔の低減にある．Si 空孔は，**Fe 未結合手**（d 軌道電子）を生み，活性な**深い欠陥準位**を形成する．この深い準位は効率の良い非発光再結合中心としてはたらくために，発光効率を悪化させる．

この Si 空孔の低減には，長時間のポストアニールが効果的である．ポストアニールでは，Si 基板から β-FeSi$_2$ 格子への Si 原子の拡散によって，格子中の Si 空孔の消滅が期待できる．そのために，非発光再結合中心が減少し，発光効率が改善される．この Si 原子拡散による発光増強は，数十時間を要し実用的とはいいがたい．

そこで，発光増強を引き起こす**添加元素**の探索が行われている．現在までに Al，B などの添加効果が報告[44]されており，とりわけ適量（< 1 at.%）の Al の添加は，短時間アニールでも発光増強に効果的である[45]．これは，Si と原子サイズの近い Al が β-FeSi$_2$ 格子の Si サイトを効率よく置換する元素であること，格子内部に添加されるために，Si 空孔と短距離の拡散で会合し，効率よく空孔を消滅させるためであると考えられている．ただし，ナノ結晶への Al の添加は余り効果がない[46]．これは，**ナノ結晶**には Si 空孔が少ないことの傍証になっている．

1.2.10 光エレクトロニクスへの応用

発光素子への応用

英・サリー大学の Homewood らが，IBS で作製した β-FeSi$_2$ を利用した **1.5 μm 帯 LED** を開発した[47]．しかし，駆動は液体窒素温度までであった．その後，Suemasu らが RDE 法で作製した β-FeSi$_2$ 球状結晶をシリコン p-n 接合に埋め込んだ構造を持つ LED を開発し，室温で駆動することに成功している[48]（7.1 節を参照）．

フォトニック結晶への応用

　β-FeSi$_2$ は屈折率 n が 5.0 以上と他の半導体に比べて非常に大きく，効率的な光の閉じ込めと導波路の湾曲部の放射損失が小さいという，光回路にとって優れた特性が期待できる．Si 基板上に直接形成しても屈折率差が 2 以上になり，**高コントラストフォトニック結晶**を実現できる[49,50]．

　フォトニック結晶としての最も重要なパラメータである，最大ギャップ－中間ギャップ比（7.4 節，図 7.14 を参照）を GaAs, Si, Ge など既存の半導体フォトニック結晶と比較した結果，β-FeSi$_2$ のフォトニック結晶では，従来の半導体よりはワイドフォトニックギャップが得られ，より広帯域での光導波路，光演算回路の実現が期待できる．β-FeSi$_2$ の屈折率の大きさを利用した光学素子への応用例は，7.3 節と 7.4 節で詳しく述べる．

Fe$_3$Si/Si 磁気光学変調素子

　Fe$_3$Si は**ホイスラー合金**で，DO_3 **規則構造**を持つ非常にソフトな強磁性体である．Souche らは Fe$_3$Si 非晶質膜を磁気光学回折格子に作製し，**横磁気光学カー（Kerr）効果**による p 波変調を報告している[51]．Zhou らは Fe-Si スパッタ膜の極カー効果を調べ，Fe$_3$Si 組成付近でのカー回転角の極大を報告している[52]．Ge(111) 上に低温 MBE 成長させた 100 nm 厚の Fe$_3$Si 薄膜[53] の磁気光学特性（誘電率 ε の非対角成分 ε_{xy}）が，横カー効果を利用して測定され，$\varepsilon_{xy} = -0.62 - 0.032i$（波長 633 nm）が得られている[54]．これらは Souche らの非晶質膜の値（$\varepsilon_{xy} = -0.112 - 0.0003i$）[51] より大きく，MBE 膜の**磁気光学効果**による顕著な**光変調**が期待できる[55]．

狭ギャップ半導体：FeSi

　図 1.16 に示した ε-FeSi(B20, P2$_1$3(T^4)) は d 電子相関に起因した狭ギャップ半導体（ギャップ $\Delta = 0.05$ eV）であり，一般的な **Kondo 絶縁体**のギャップである 0.01 eV と比較して，室温以上のギャップを持つため興味深い

シリサイドである[56-58].

これの光学応用への研究例は少ないが，FeSi に関連した興味深い研究がある[59]．スピン注入を目的として作製された $Fe_3Si/Ge(111)$ 接合を450℃でアニールすると，Fe と Ge の**相互拡散**によって，最終的にはFeGe/FeSi/FeGe/Ge(111)積層構造に至る（4.3節，図4.23，図4.24を参照）．**B20 構造**の FeGe と FeSi 擬2元系では全率固溶体を作るが，Fe_3Si/Ge(111)接合を出発材料とすると上述の変調構造が形成された．

膜面電気抵抗は，80 K から 400 K にかけて伝導性が金属 ⇒ 半導体 ⇒ 金属と変化し，可逆的であった．金属相 FeGe 層の抵抗率 ρ が温度 T に比例するのに対して，狭ギャップ Δ を持つ半導体 FeSi 層では $\rho \sim \exp(\Delta/2k_BT)$ で変化する．そのために，FeSi は Δ に対応した温度で大きな抵抗変化を示す．また，高温で FeSi は**金属 - Kondo 絶縁体転移**[60]が起こり，低抵抗金属に変化する．この奇妙な伝導現象は，電流経路がその温度で最も低抵抗な層で支配されて切りかわることで説明されている[59]．

さて，B20 - FeSi の光学応用については，**狭ギャップ**$(\Delta = 0.05\,\mathrm{eV})$間の光学遷移を利用した遠赤外$(\lambda \sim 25\,\mu\mathrm{m}, \nu = 400\,\mathrm{cm}^{-1})$での**光伝導型受光素子**への応用が考えられる．また，FeSi 層への**光キャリア注入**の強弱によって，Fe/FeSi/Fe **層間磁気結合**を**反強磁性結合**と**弱い強磁性結合**にスイッチングさせている[60]．これは，**光制御磁気抵抗素子**への応用が期待できる．

1.2.11 まとめ

本節では，鉄シリサイドの光エレクトロニクスへの応用を目指した，薄膜成長や基礎物性，そしていくつかの応用例について概説した．各論や詳細は対応した各節を参照されたい．

参 考 文 献

[20] 山本玲子 著:まてりあ **43**(2004)639
[21] 牧田雄之助,田上尚男 共著:材料科学 **37**(2000)1
[22] 三宅 潔,前田佳均 共著:オプトロニクス **226**(2000)1
[23] 西田勲夫 著:材料科学 **37**(2000)39
[24] 牧田雄之助 著:日本物理学会誌 **53**(1998)858
[25] K. Miyake, Y. Makita, Y. Maeda and T. Suemasu ed. : "Special issue on Slicide Kankyo Semiconductors-Ecologically Friendly Semiconductors-Optoelectronic and Energy Research for Next Generation" Thin Solid Films **381**(2001)171-310
[26] 立岡浩一 著:まてりあ **44**(2005)466
[27] 前田佳均,寺井慶和 共著:まてりあ **44**(2005)471
[28] 前田佳均 著:応用物理 **79**(2010)135
[29] V. E. Borisenko ed. : "*Semiconducting Silicides*" (Springer-Verlag, Heidelberg, 2000)
[30] Y. Maeda, K. Nishimura, T. Nakajima, B. Matsukura, K. Narumi and S. Sakai : phys. stat. sol. (c) **9**(2012)1888
[31] L. Miglio and G. Malegori : Phys. Rev. B **52**(1995)1448
[32] N. Kuwano, D. Norizumi, T. Fukuyama and M. Itakura : Jpn. J. Appl. Phys. **42**(2003)86
[33] 末益崇,長谷川文夫 共著:まてりあ **41**(2002)342
[34] Y. Maeda, K. P. Homewood, T. Suemasu, T. Sadoh, H. Udono, and K. Yamaguchi ed. : Proceedings of Symposium on Semiconducting Silicides ; Science and Technology of the 8th IUMRS International Conference on Advanced Materials (ICAM), Thin Solid Films **461**(2004)1-232
[35] D. B. Migas and L. Miglio : Phys. Rev. B **62**(2000)11063
[36] K. Yamaguchi and K. Mizushima : Phys. Rev. Lett. **86**(2001)6006
[37] 前田佳均 著:真空 **45**(2002)10
[38] Y. Terai, K. Noda, K. Yoneda, H. Udono, Y. Maeda and Y. Fujiwara : Thin Solid Films **519**(2011)8468
[39] T. Higashi, T. Nagase and I. Yamauchi : J. Alloys and Compounds **339**(2002)96
[40] C. A. Dimitriadis, J. H. Werner, S. Logothetidis, M. Stutzmann, J. Weber and

R. Nesper : J. Appl. Phys. **68** (1990) 1726
[41] Y. Maeda, Y. Terai, M. Itakura and N. Kuwano : Thin Solid Films **461** (2004) 160
[42] Y. Maeda : Thin Solid Films **515** (2007) 8118
[43] Y. Maeda : Appl. Surf. Sci. **254** (2008) 6242
[44] Y. Terai and Y. Maeda : Appl. Phys. Lett. **84** (2004) 903
[45] Y. Terai, Y. Maeda and Y. Fujiwara : Physica B **376 - 377** (2006) 799
[46] Y. Terai, Y. Maeda and Y. Fujiwara : Thin Solid Films **515** (2007) 8129
[47] D. Leong, M. Harry, K. J. Reeson and K. P. Homewood : Nature **387** (1997) 686
[48] 末益 崇, 長谷川文夫 共著：応用物理 **69** (2000) 804
[49] A. Imai, S. Kunimatsu, K. Akiyama, Y. Terai and Y. Maeda : Thin Solid Films **515** (2007) 8162
[50] Y. Maeda : Physics Procedia **11** (2011) 79
[51] Y. Souche, V. Novosad, B. Pannetier and O. Geoffroy : J. Magn. Magn. Mat. **177 - 181** (1998) 1277
[52] Tie - Jun Zhou, W. Yang, Z. Yu, H. H. Zhang, J. C. Shen and Y. W. Du : Appl. Phys. Lett. **72** (1998) 1383
[53] K. Ueda, Y. Ando, T. Jonishi, K. Narumi, Y. Maeda and M. Miyao : Thin Solid Films **517** (2008) 422
[54] 前田佳均, 平岩佑介, 安藤裕一郎, 上田公二, 佐道泰造, 宮尾正信 共著：第 69 回応用物理学会学術講演会講演予稿集 (2008) p. 1230
[55] Y. Maeda, T. Ikeda, T. Ichikawa, T. Nakajima, B. Matsukura, T. Sadoh and M. Miyao : Physics Procedia **11** (2011) 200
[56] V. Jaccarino, G. K. Wertheim, J. H. Wernick, L. R. Walker and S. Arajs : Phys. Rev. **160** (1967) 476
[57] K. Urasaki and T. Saso : J. Phys. Soc. Jpn. **67** (1999) 3477
[58] G. Aeppli and J. F. DiTusa : Mater. Sci. Eng. B **63** (1999) 19
[59] B. Matsukura, Y. Hiraiwa, T. Nakajima, K. Narumi, S. Sakai, T. Sadoh, M. Miyao, and Y. Maeda : Physics Procedia **23** (2012) 21
[60] J. E. Mattson, S. Kumar, E. E. Fullerton, S. R. Lee, C. H. Sowers, M. Grimsditch, S. D. Bader and F. T. Parker : Phys Rev. Lett. **71** (1993) 185

第 2 章

結晶成長技術

2.1 溶液からの結晶成長

2.1.1 溶液成長法の特徴と溶液温度差法

ここでは，鉄シリサイドを中心とした**溶液成長法**での**バルク結晶**の成長について説明する．溶液成長法は，例えば，飽和量の食塩（溶質）を水（溶媒）に溶かし，水分をゆっくり蒸発させたときに塩の結晶が析出するといった，**過飽和溶液**からの析出を利用した結晶成長技術であり，溶媒を使用することによって結晶成長温度を融点より低くできることに特徴がある．このため，成長する結晶（固相）の融点が高温となる場合や，結晶と融液が直接共存しない場合などに広く用いられる結晶成長法である[1]．

シリサイド系半導体においては，$\beta\text{-FeSi}_2$や$\text{MnSi}_{1.75-x}$などが融液と結晶が直接共存しない不一致溶液（インコングルーエント）であるため，融液からの直接成長が困難である[2]．このため，バルク結晶成長では溶液成長法が用いられる．溶液からシリサイド系半導体の結晶成長を成功させるためには，溶質（原料）とこれを溶かす溶媒の選定が重要になる．溶媒には溶質に対して適当な溶解度を持つこと，溶質と反応して目的とする結晶以外の化合物や固溶体を作らないことが求められる．溶質には，適切な組成比の原料を溶媒中に供給することが求められる．

ここで，半導体結晶の溶液成長における溶質と溶媒の組み合わせ例を表

2. 結晶成長技術

表 2.1 各種半導体材料の溶液成長に利用する溶媒と溶質

成長結晶	Si	SiGe	GaAs	InAs	β-FeSi$_2$	MnSi$_{1.75-x}$	ZnSe	CuInS$_2$
溶質	Si	SiGe Si, Ge	GaAs, As	InAs, As	FeSi$_2$ Fe, Si	MnSi$_{1.75-x}$ Mn, Si	ZnSe	CuInS$_2$
溶媒	Ga, In Sn	In, Sn	Ga	In	Ga, Zn, Sn, Sb	Ga, Sn	Se – Te Sn – Se	In

2.1 に挙げる[3]．溶媒には**低融点金属**の Ga，In，Sn などが広く利用されている．溶質については，成長結晶と同じ組成の**バルク体**（焼結体や多結晶体）を用いるのが基本である．β-FeSi$_2$ 結晶成長の場合，溶媒には Ga，Zn，Sb，Sn などが使用される[4-7]．溶質は単相の β-FeSi$_2$ の入手が困難なため，Fe と Si の組み合わせ，または Fe：Si＝1：2 の組成比で熔融合成した FeSi$_2$ 合金が用いられる[8,9]．また，MnSi$_{1.75-x}$ の場合も同様に，溶媒には Ga，Sn など，溶質には熔融合成した MnSi$_{1.75-x}$ 合金が使用される[10-12]．

溶液成長の一般的な成長速度は 1 ～ 10 mm/day 程度であり，融液からの成長と比べて遅いために，バルク結晶を成長するための成長時間が長くなる．この間，成長によって失われる溶質を溶媒中に供給しつつ，**成長温度**を長時間にわたって制御する必要があり，**溶液温度差法**が適している．

この方法は，図 2.1 のように結晶を成長させる結晶析出部と溶質を供給する原料部を，それぞれ低温（T_G）と高温（T_S）に配置し，溶液中に温度勾配を設定する．これによって，高温部で溶解した溶質が低温部に拡散または対流によって輸送され，溶解度の違いで生じた過飽和成

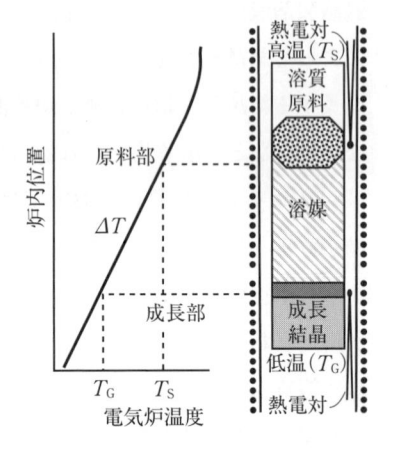

図 2.1 溶液温度差法によるシリサイド結晶成長の成長系の模式図と電気炉温度分布．T_G，T_S，ΔT はそれぞれ成長部温度，原料部温度，温度勾配．

分が低温部で結晶化する．溶液中の過飽和度が結晶成長の駆動力になるため，成長温度，溶液組成，溶液の温度勾配および厚さが重要な成長条件になる．

2.1.2 β-FeSi$_2$の結晶成長法

β-FeSi$_2$バルク結晶の成長は，Ga，Zn，Sb，Sn を溶媒に用いた溶液温度差法で行われている[4-7]．なかでも，最も大型の結晶を得ることに成功しているのは Ga 溶媒である．図2.2は，高純度グラファイトを**テンプレート基板**に用いて，この上に核形成を促すことによって成長したβ-FeSi$_2$バルク結晶の写真である．使用したテンプレート上に直径 10 mm，厚さ約 0.5 mm のバルク結晶が成長している[13]．本結晶では**種結晶**による結晶方位制御を行っていないため，多結晶であるが板状の結晶が成長できることを示している．

図2.2 溶液温度差法によって，グラファイト基板上に成長させた板状のβ-FeSi$_2$．

今後，種結晶を用いて長時間の成長を行うことで，より大きなβ-FeSi$_2$単結晶が成長できるものと考えるが，その際に問題になる点を以下に挙げておく．（1）β-FeSi$_2$は，低温での安定相（**相転移温度** 937℃ 〜 955℃）[2,14]であるため，成長温度が限定される．このため，溶媒中への溶質の溶解度を大きくできず，成長速度も限定される．（2）溶媒中の Fe と Si の溶解度差

が大きいために，溶質組成による溶液組成の制御に工夫が必要になる．

2.1.3 β-FeSi$_2$ の成長異方性

気相法からの成長結晶（chemical vapor transport 結晶，**CVT 結晶**）でも見られるように，β-FeSi$_2$ は成長異方性があることが知られている[15]．図 2.3 に，自然核形成によって溶液温度差法で成長した β-FeSi$_2$ 単結晶の写真を示す．いずれの溶媒でも，良好に結晶成長が行われた場合には鏡面状の**ファセット**（facet）**面**が現れている．

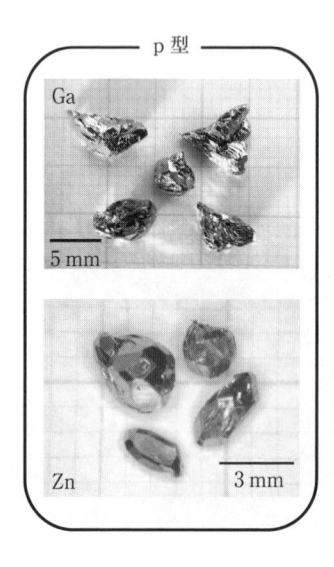

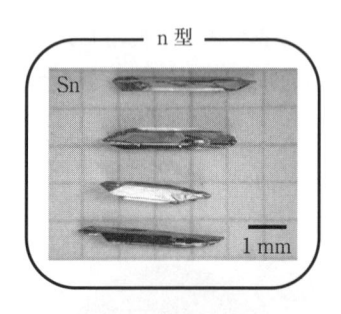

図 2.3 各種溶媒から成長した β-FeSi$_2$ 結晶．Ga, Zn 溶媒では p 型, Sn, Sb 溶媒では n 型結晶が成長．

興味深い点は，使用する溶媒によって結晶形状と結晶サイズが異なっていることである．Ga 溶媒では**成長異方性**が小さい多面体形状の結晶になり，結晶サイズも比較的大きい[4,8]．一方，Zn, Sn 溶媒では成長異方性が大きく針状の結晶になる．結晶サイズは Ga 溶媒の場合よりも小さくなり，特に，Sn 溶媒の方が Zn 溶媒に比べても小さい結晶しか得られなくなる[5,6]．

結晶の成長異方性については，一般的に，成長速度が遅い場合に顕著に現

れることが知られていることから,溶媒中への溶質の溶解度が最も高く結晶成長速度も速い Ga 溶媒の場合に,異方性が小さく比較的大きな結晶が得られやすいと考えられる[8,16].

次に,溶液成長結晶のファセット面のミラー指数を X 線回折と面角度測定から調べた結果を説明する.図 2.4 に,Ga 溶媒を用いて成長した単結晶の写真とファセット面の**ミラー指数**を示す.低指数面がファセットとして現れているが,なかでも {100},{101},{111},{311} 面が大きく発達している.これらと同じ面指数を持つファセットは,他の溶媒から成長した結晶でも見られる.また,CVT 結晶においても {100} 面がファセットとして現れやすいとの報告がある[8,17].

結晶の**優先成長方位**を知ることは,大型の単結晶を成長させるうえ

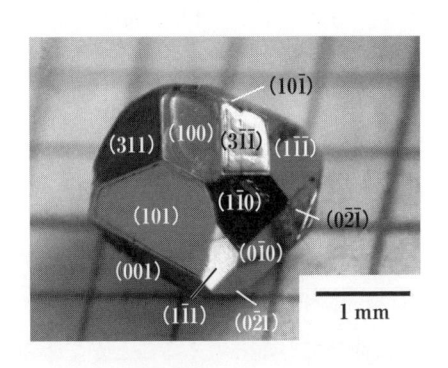

図 2.4 Ga 溶媒を用いて成長した,β-FeSi$_2$ 単結晶とファセット面方位.

で重要になる.Irmscher らは,CVT 結晶のラウエ観察を基に針状結晶に見られる双晶が,[100] 軸を中心に 90 度回転した回転双晶の構造になっており,こうした結晶の優先成長方位は [010] と [001] の両方が混在していると述べている[15].また,Behr らの論文には,CVT 法で成長した多くの針状結晶が 〈110〉 方向に伸びているとの記述がある[17].

一方,Sn および Zn 溶媒から成長した成長異方性の大きい結晶の観察では,〈010〉 と 〈011〉 の 2 つの優先成長方位が見つかっている(表 2.2 参照)[6,18].例えば表 2.2 にある 〈010〉 方向に伸びた結晶では,優先成長方位に平行な {100},{101},{001} ファセット面が合計 8 面現れる.また,**ラウエ観察**では,こうした結晶には**双晶**が見られない.

これに対して 〈011〉 方向に伸びた結晶では,優先成長方位に平行な {100},

表 2.2 Sn 溶媒から成長した β-FeSi$_2$ 単結晶の優先成長方位と各ファセット面方位の関係

優先成長方位	ファセットの角度とミラー指数

優先成長方位	a	b	c	d	e	f	g	h	i	j
⟨011⟩	0	31	—	63	—	120	—	147	179	211
⟨010⟩	0	—	47	—	94	—	137	—	176	—
	(100)	(311)	(101)	(111)	(001)	(111)	(101)	(311)	(100)	(311)

優先成長方位	k	l	m	n	o	p
⟨011⟩	—	241	—	298	—	330
⟨010⟩	226	—	270	—	319	—
	(101)	(111)	(001)	(111)	(101)	(311)

{311}, {111} ファセット面が合計 10 面現れる．この結晶のほとんどは，**双晶**に起因すると思われる回折斑点の割れがラウエパターンに現れる．これは，Irmscher らが述べているものと同じ**回転双晶**を含む結晶が，⟨011⟩ 方位に伸びていると考えることができる．

2.1.4 β-FeSi$_2$ 単結晶のエッチング特性

シリサイド系半導体は耐酸化性に優れる材料が多いが，それらの多くは表面に安定な Si 酸化膜が形成されるためと考えられる[19-22]．溶液法で成長した β-FeSi$_2$ 単結晶の基本的な酸，アルカリに対するエッチング耐性が調べられている．β-FeSi$_2$ 単結晶はフッ化水素酸以外の酸には強い耐性を示す．硝酸などの酸化剤を加えていない希釈フッ化水素酸に溶ける点が，純粋な Si とは異なる．また，NaOH 溶液に対しては室温ではあまり溶けないが，50℃では比較的良く溶ける[18]．

この結果を基に，HF を含むエッチング液について β-FeSi$_2$ 結晶各面での**エッチング速度**が調べられている[23]．表 2.3 は，β-FeSi$_2$ 単結晶の各面におけるエッチング速度の結果である．{111}, {100}, {001} のなかでは {111} 面のエッチング速度が最も速い．このエッチング速度は，各面の格子

表 2.3　β-FeSi$_2$ 単結晶の面方位とエッチング速度の関係. 測定温度 22℃.

面方位	エッチング速度（μm/min）			
	HF：HNO$_3$：H$_2$O			5%-HF
	1:1:2	1:1:4	1:1:8	
{111}	1.6	0.5	0.07	0.06
{110}	1.5	0.4	0.06	0.04
{100}	1.4	0.3	0.04	0.03
{311}	1.2	0.1	0.03	0.02
{001}	1.1	0.2	0.03	0.02

間隔に比例し，エッチングが表面反応律則で生じていることが示唆される．

β-FeSi$_2$ 単結晶を HF 系のエッチング液でエッチングすると，エッチン

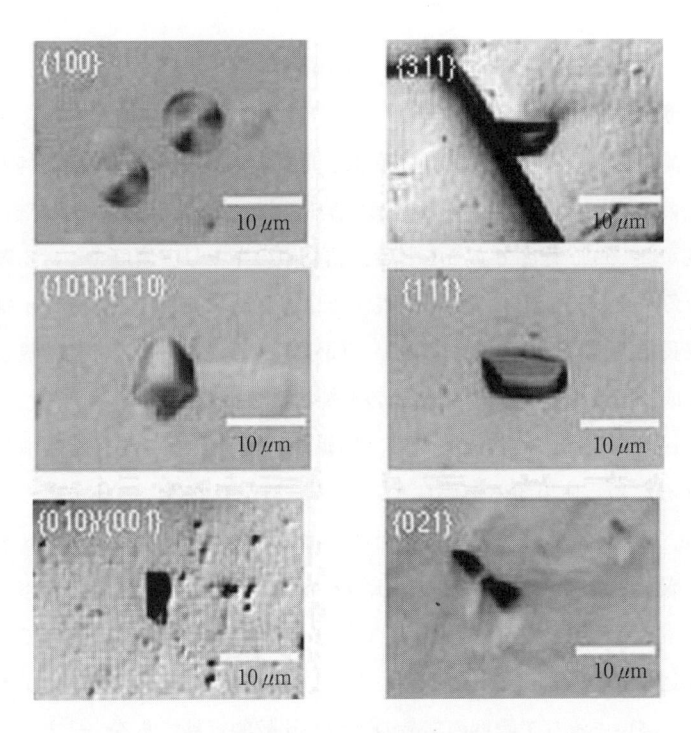

図 2.5　Ga 溶媒で成長した，p 型 β-FeSi$_2$ 単結晶の各面に現れるエッチピット．

グ面特有の形状をした**エッチピット**が現れる[24]．図 2.5 は，Ga 溶媒から成長した単結晶のファセット面をエッチングしたときに現れるピットの写真を示している．ピットの形状から面方位を判定することができ，成長結晶の結晶面方位を見る上で実用的に利用できる．特に，円状のピット形状が見られるのは {100} 面のみであることから，{100} 面の判定に便利である．ピットのなかには芯を持つものも見られており，また，ピット密度などからもピットと転位との関係が示唆される．

今後，X 線トポグラフや**透過型電子顕微鏡**（transmission electron microscope，**TEM**）**観察**などを含めた結晶欠陥の研究もバルク結晶の開発には重要である．

2.1.5 溶液成長における不純物の影響

シリサイド系半導体結晶のデバイス応用および物性評価どちらにおいても，結晶中のキャリア濃度制御は重要な問題である．成長用原料の純度は成長結晶の純度に大きく影響するため，β-FeSi$_2$ でも一般的に入手できる Fe の純度が 99.99% 程度であることは，結晶中の**キャリア濃度**を下げる際に問題になる．これに加えて，溶液成長法では成長時に使用する溶媒が不純物として成長結晶中に取り込まれるという問題がある．ここでは，溶液成長法によって成長させた β-FeSi$_2$ 単結晶の不純物について述べる．

β-FeSi$_2$ 単結晶の溶液成長では，溶媒が不純物として成長結晶中に取り込まれるため，使用する溶媒によって伝導型が変わる．これまでの報告では，Ga，Zn 溶媒を用いて成長した結晶は室温で p 型伝導，Sn，Sb 溶媒を用いて成長した結晶は室温で n 型伝導を示す[4-7,25]．不純物量は，溶媒に用いる元素の β-FeSi$_2$ 中への固溶度で決まるが，熱平衡に近い条件で結晶中に取り込まれるため，CVT 法と比べると一般的に高い活性化率を示す．このため，高いキャリア濃度の結晶の実現が比較的容易である．一方，低いキャリア濃度の結晶を作るためには，不純物固溶度の低い溶媒を選ぶなどの工

夫が必要になる．

　一般的な β-FeSi$_2$ 溶液成長結晶の不純物量とキャリア濃度は，Ga 溶媒の場合では Ga が不純物として 1000 ～ 3000 ppm 検出され，室温での正孔濃度 $(1 \sim 2) \times 10^{19}$ cm^{-3} が観察される．Zn 溶媒を用いた場合は，300 ～ 800 ppm の Zn 不純物が検出され，正孔濃度が $(2 \sim 4) \times 10^{17}$ cm^{-3} である[25]．不純物量の値にバラツキが大きいのは，成長結晶が小さいために分析量が限られることと，結晶中に**インクルージョン**として取り込まれる溶媒成分の分離法が確立できていないためである．

　また，Sn と Sb 溶媒を用いた結晶では，不純物の定量はされていないものの室温の電子濃度 3×10^{17} cm^{-3}，$(1 \sim 5) \times 10^{18}$ cm^{-3} がそれぞれ報告されている[6, 26, 27]．Si と同族元素である Sn を使用した場合にも，室温で 10^{17} cm^{-3} の電子濃度が観察される理由の詳細は不明であるが，現状で 99.99% 程度の純度の Fe 原料に含まれる不純物の影響も考えられ，後の節にある**高純度原料**の開発の進展がバルク結晶開発にも重要である．

　最後に，β-FeSi$_2$ 溶液成長法における**キャリア補償効果**について触れておく．先に述べたように，Zn 溶媒を用いた成長結晶では Zn がアクセプターとしてはたらくために p 型の伝導特性を示す．一方，Sn 溶媒で成長した結晶では n 型の伝導特性を示すことから，Zn-Sn 混合溶媒によってキャリア濃度を制御する研究が行われている[28]．

　図 2.6 に，Zn-Sn 混合

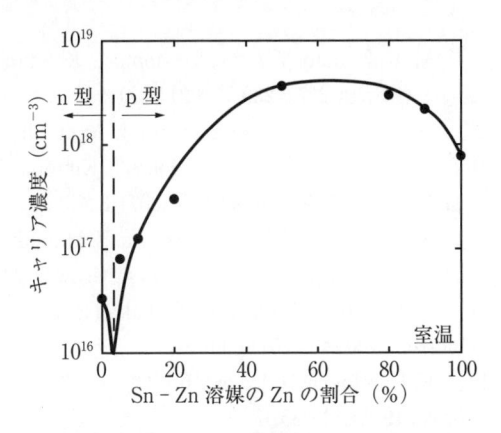

図 2.6　Sn-Zn 混合溶媒を用いて成長した β-FeSi$_2$ 単結晶の伝導型とキャリア濃度

溶媒の混合比と室温におけるキャリア濃度の関係を示す．Sn 溶媒への Zn 溶媒の添加によって n 型から p 型へと伝導型が変化すると共に，混合比によってキャリア濃度も変化している．この結果は，Sn 溶媒で成長した n 型結晶に混合溶媒の Zn がアクセプタとして取り込まれ，ドナーとの補償効果が生じていることを示す．また，溶媒の混合比でキャリア濃度が制御できることも示している．こうした混合溶媒の利用は溶液成長法の特長の一つであり，多彩なシリサイド系半導体結晶を作るための興味深い方法である．

参 考 文 献

[1] 大石修治，宍戸統悦，手嶋勝弥 共著：「フラックス結晶成長のはなし」（日刊工業新聞社，2010 年）
[2] V. E. Borisenko : "*Semiconducting Silicides*" (Springer, 2000) pp. 36 - 42
[3] 鵜殿治彦 著：材料科学 **37** (2000) 34
[4] H. Udono and I. Kikuma : Jpn. J. Appl. Phys. **39** (2000) L225
[5] H. Udono, S. Takaku and I. Kikuma : J. Cryst. Growth **237 - 239** (2002) 1971
[6] H. Udono, K. Matsumura, I. J. Ohsugi, I. Kikuma : J. Cryst. Growth **275** (2005) e1967
[7] M. Kuramoto, Y. Nose, Y. Momose, K. Saitou, H. Tatsuoka, H. Kuwabara : J. Cryst. Growth **237 - 239** (2002) 1981
[8] H. Udono and I. Kikuma : Jpn. J. Appl. Phys. **40** (2001) 1367
[9] K. Goto, H. Suzuki, H. Udono, I. Kikuma, F. Esaka, M. Uchikoshi and M. Isshiki : Thin Solid Films **515** (2007) 8263
[10] S. Okada, T. Shishido, M. Ogawa, F. Matsukawa, Y. Ishizawa, K. Nakajima, T. Fukuda and T. Lundström : J. Cryst. Growth **229** (2001) 532
[11] H. Udono, K. Nakamori, Y. Takahashi, Y. Ujiie, I. J. Ohsugi and T. Iida : J. Electron. Mat. **40** (2011) 1165
[12] K. Hammura, H. Udono, I. J. Ohsugi, T. Aono and E. De Ranieri : Thin Solid Films **519** (2011) 8516
[13] H. Udono and I. Kikuma : Jpn. J. Appl. Phys. **41** (2002) L583
[14] A. Il'inskii, S. Slyusarenco, O. Slukhovskii, I. Kaban and W. Hoyer : J. Non - Crystal. Sol. **306** (2002) 90

[15]　K. Irmscher, W. Gehlhoff, Y. Tomm, H. Lange and V. Alex : Phys. Rev. **B 55** (1997) 4417
[16]　H. Udono, Y. Aoki, I. Kikuma, H. Tajima and I. J. Ohsugi : J. Cryst. Growth **275** (2005) e2003
[17]　G. Behr, J. Werner, G. Weise, A. Heinrich, A. Burkov, C. Gladun : Phys. Stat. Sol. (a) **160** (1997) 549, G. Behr, L. Ivanenko, H. Vinzelberg and A. Heinrich : Thin Solid Films **381** (2001) 276
[18]　鵜殿治彦 著：機能材料 **25**（2005）31
[19]　M. Rebien, W. Henrion, H. Angermann and A. Röseier : Surf. Sci. **462** (2000) 143
[20]　Y. Yamada, I. Wakaya, S. Ohuchi, H. Yamamoto, H. Asaoka, S. Shamoto and H. Udono : Surf. Sci. **602** (2008) 3006
[21]　K. Sekino, M. Midonoya, H. Udono, Y. Yamada : Phys. Procedia **11** (2011) 171
[22]　Y. Yamada, W. Mao, H. Asaoka, H. Yamamoto, F. Esaka, H. Udono and T. Tsuru : Phys. Procedia **11** (2011) 67
[23]　H. Udono and I. Kikuma : Mat. Sci. Semi. Proc. **6** (2003) 413
[24]　H. Udono and I. Kikuma : Jpn. J. Appl. Phys. **40** (2001) 4164
[25]　H. Udono and I. Kikuma : Thin Solid Films **461** (2004) 188
[26]　H. Udono, K. Matsumura, I. J. Ohsugi and H. Udono : Mat. Sci. Semi. Proc. **6** (2003) 285
[27]　H. Kannou Y. Saito, M. Kuramoto, T. Takeyama, T. Nakamura, T. Matsuyama, H. Udono, Y. Maeda, M. Tanaka, Z. Q. Liu, H. Tatsuoka and H. Kuwabara : Thin Solid Films **461** (2004) 110
[28]　後藤公平, 鵜殿治彦 共著：2007年秋期応用物理学会講演予稿集（2007）1401

2.2　気相からの結晶成長

2.2.1　はじめに

　本節では，**気相法**によるシリサイドの薄膜およびバルク結晶の成長方法について説明する．従来よりシリサイド薄膜の成長は，主として**分子線エピタキシー法**（molecular beam epitaxy, MBE）や**熱反応堆積法**（reactive deposition epitaxy, RDE）により行われてきた．

MBEは半導体薄膜成長において広く行われている成長法の一つであり，Siと金属を蒸発源として用い高品質なシリサイド薄膜を作製することができる．一方，RDEは，真空中にて高温に保持された基板に，基板とは異なる種類の原子を堆積させ，基板との相互拡散により化合物を生成する薄膜成長法である．通常基板として用いるSi基板に金属原子を堆積させ，基板であるSiと堆積した金属との反応によりシリサイドを成長させる．MBEと比べ，蒸発源にSiを使わないことで装置や制御系がより簡単になる簡易的な薄膜成長法である．シリサイドには通常組成の異なる数種類の相が存在するが，Si基板上にシリサイドを成長させる場合，RDEはSi組成の大きいシリサイド成長には適している．β-FeSi$_2$，MnSi$_{1.7}$など最もSi組成の大きいシリサイドの成長に有効であり，古くからこの方法が用いられている．しかし一方，金属組成の大きいシリサイドの成長では基板としてSi以外の化合物を用いたり，Si基板との間に**バッファー層**を用いるなどの工夫が必要である．また，MgやCaなど蒸気圧の高い金属原子を含むシリサイドの成長では，MBEの場合，基板から容易に蒸気圧の高い原子が再蒸発しシリサイドの生成が抑制される．一方，RDEでは基板周辺を比較的高い蒸気圧に保ちながらの薄膜成長が可能である．

他の気相法によるシリサイド成長法として，ヨウ素（I）を輸送媒体に用いた**化学気相輸送法**（CVT）がある．これも**ハロゲン化物**などの蒸気圧の高い化合物をソースとして用いることにより，簡便な装置で比較的簡単に結晶を成長できる．以前より**CrSi$_2$**，β-FeSi$_2$バルク結晶がこの方法で作製されているが，成長する結晶は針状の結晶が一般的で大型結晶の成長には不向きである．しかし，その一方で**ナノロッド**や**ナノワイヤ**を簡便に成長することができる．ここでは，さまざまなシリサイドのRDEおよびクロライドを用いたCVD法によるシリサイド成長を中心に取り上げる．

2.2.2 熱反応堆積法

一般に遷移金属の蒸気圧は比較的低く，2族金属のそれは比較的高い[29]．遷移金属シリサイドの成長の場合には，通常の真空蒸着タイプの成長装置によりRDEが可能である．一方，2族金属シリサイドの成長の場合には，通常のMBEや真空蒸着用の成長装置では2族金属は容易に基板表面から再蒸発し，シリサイドの成長が抑制される．

そこで，図2.7に示すような蓋付きの成長容器を用いたシリサイド成長装置を用いている[30]．蓋と容器本体の接触部分は共通テーパーすり合せを用いた構造であり，内部は真空にひくことができる．一方で，内部がソースの蒸気で満たされるようになると比較的高い蒸気圧を保持することができる．また，この装置により**金属ハロゲン化物**をソースとして用いてシリサイドを成長することもできる．

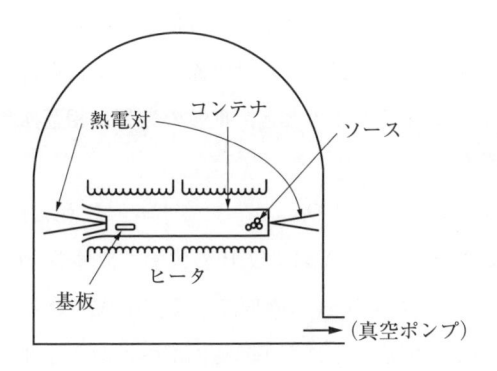

図2.7 気相からのシリサイド成長装置の模式図．蒸気圧が高いソースを使用する場合．(Y. Mizuyoshi, et al.: Thin Solid Films **508**(2001)70, 立岡浩一他共著：機能材料 **25**（2005）16より許可を得て転載)

図2.8に，RDEによるシリサイド生成の素過程を模式的に表す．RDEでは，薄膜の成長が基板表面への原子の堆積と，堆積した原子と基板を構成する原子との相互拡散反応からなる．気相-固相平衡状態では，固体試料からの蒸発速度と器壁面に衝突する分子数（Z）は等しく，その気体の分圧によって決まり，

$$Z = \frac{P}{\sqrt{2\pi mkT}} \tag{2.1}$$

50   2. 結晶成長技術

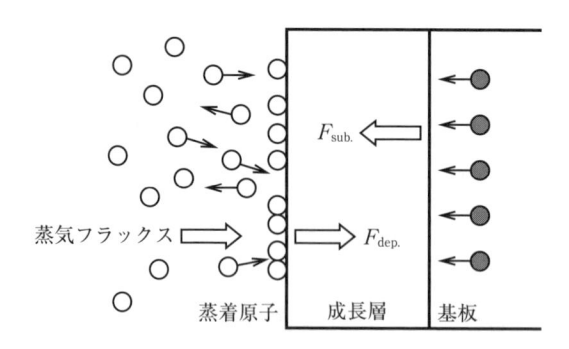

蒸気フラックス　蒸着原子　成長層　基板

$F_{\text{sub.}}$ $F_{\text{dep.}}$

図 2.8　RDE によるシリサイド生成素過程の模式図

で表せることから，これを目安に大凡の基板へのフラックスと温度依存性を見積もる．ここで P は圧力，m は分子の質量，k はボルツマン係数，T は絶対温度である．ただし，実際のフラックスは容器の形状やソースの入れ方，位置，温度分布などに左右される．

このとき，基板に到達した原子のうち一部は基板上に堆積し，残りは再び気相中に戻る．フラックスにこの**付着率**を掛けただけの原子が，基板を構成する原子と結合しシリサイドを生成する．このとき，拡散の過程は**相互拡散係数**によって決まり，A‐B 系を考えると

$$D = C_B D_A + C_A D_B \tag{2.2}$$

で表される．ここで，D_A および D_B は元素 A および B の化学拡散係数，C_A および C_B はその場における原子 A および B の濃度である．生成されるシリサイドの組成や**モフォロジー**は，堆積した原子が基板内部へ拡散する速度と，基板を構成する原子が表面に向かっての拡散速度による．

このとき，主たる拡散種[31]が堆積した原子か基板を構成する原子かにより，成長する薄膜の**モフォロジー**が影響を受ける．主たる拡散種が堆積した原子である場合，シリサイド生成は基板内部へと進行していく．一方，主たる拡散種が基板を構成する原子である場合，基板内部から表面への拡散が優勢となり，基板表面上でのシリサイド生成や基板内部で**カーケンダールボイド**の生成を引き起こす．相互拡散によるシリサイド薄膜成長では，拡散律速

により成長が進み，薄膜の膜厚と時間との関係は，

$$d = 2\sqrt{Dt} \tag{2.3}$$

と表される．ここで，d はシリサイド層の膜厚，D は**相互拡散定数**，t は時間である．D は，また温度の関数であり，

$$D = D_0 \exp\left(-\frac{E_a}{kT}\right) \tag{2.4}$$

で表される．なお，E_a は**拡散の活性化エネルギー**，k はボルツマン係数，T は絶対温度である．

2.2.3 シリサイド・ナノドット生成

Si 基板上に β-FeSi$_2$，MnSi$_{1.7}$ を成長させる場合，成長初期において，いずれの場合においてもナノドットが生成される．図 2.9 は，Si 基板上にそ

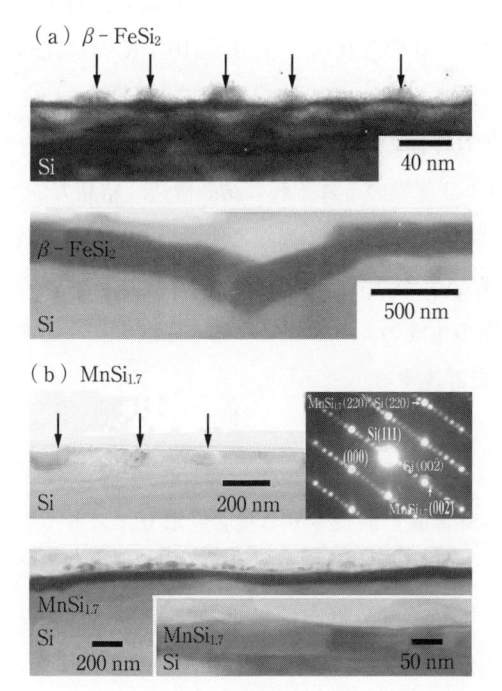

図 2.9 Si 基板上にそれぞれソースとして Fe および MnCl$_2$ を用い，RDE により成長させた β-FeSi$_2$，MnSi$_{1.7}$ ナノドット，およびそれら薄膜の断面 TEM 像．(A. Yamamoto, *et al.*：Thin Solid Films **461** (2004) 28, S. Makiuchi, *et al.*：J. Cryst. Growth **237/239** (2002) 1966, I. Hu, *et al.*：Phys. Stat. Sol. (a) **206** (2009) 233, 立岡浩一他 共著：機能材料 **25** (2005) 17 より許可を得て転載)

れぞれソースとして Fe および MnCl$_2$ を用い，RDE により成長させた β - FeSi$_2$，**MnSi$_{1.7}$** ナノドット，およびそれら薄膜の断面 TEM 像である[32-35]．β - FeSi$_2$ ナノドットが基板表面上に成長しているのに対して，MnSi$_{1.7}$ ナノドットは基板表面より基板内部に成長する．成長が進むとそれぞれのアイランドは合体し連続膜となる．このとき，β - FeSi$_2$ 薄膜ではアイランドが合体するところで大きく膜が基板の内側へ変形しているのに対し，MnSi$_{1.7}$ 薄膜の場合には，アイランドが合体するところでも連続的な膜が形成されている．

さらに，シリサイド生成の際の体積変化も考慮することが重要である．例えば，Si 基板を用いた場合，Mg$_2$Si の生成により体積は基板と比べて 3.2 倍となり，一方 MnSi$_{1.7}$ は 0.96 倍になる[36]．また，一般にシリサイドの熱膨張係数はシリコンのそれに比べて大きい．基板と基板表面に成長した膜の熱膨張係数差が大きい場合，試料の湾曲やクラックの発生が起こる．例えば β - FeSi$_2$ や Mg$_2$Si の**熱膨張係数**は，Si のそれ($4 \sim 4.46 \times 10^{-6}$ K^{-1})に比べほぼ 1 桁大きく，$\sim 1 \times 10^{-5}$ および 1.48×10^{-5} K^{-1} 程度である[37]．

このように，RDE によるヘテロ界面の作製では，主としてシリサイドを構成する**原子の蒸気圧**，基板および薄膜のそれぞれの結晶構造，結晶方位，界面でのミスマッチ，熱膨張係数の他，組成比の異なる他の相の存在，拡散係数，体積変化などを考慮する必要がある．その他に化合物基板上への RDE 成長では，基板および薄膜の生成のエンタルピーにも注意を払う必要があり，これについては後の節で詳述する．

2.2.4　Mg$_2$Si 薄膜成長

Mg を Si 基板に堆積させ Mg$_2$Si 薄膜を成長させる場合を取り上げる．図 2.7 に示すような成長容器を用いて，真空中にて熱処理することにより容器内で蒸発した Mg が Si 基板に堆積し，基板内部に拡散することにより Mg$_2$Si が生成する．Mg$_2$Si は Mg - Si 系で唯一存在する相であることから，

単相成長可能である．この熱処理を長時間行うことにより，このマグネシウム化が基板の裏表から進行し，やがて基板すべてにわたり **Mg₂Si** になる．このとき基板内部中央に**カーケンダールボイド**は見当たらず，Mg‐Si 系の相互拡散では主たる拡散種は Mg であり，ほぼ Mg のみが拡散すると見なすことができる[38]．同様な方法で **Mg₂Si$_{1-x}$Ge$_x$** 薄膜も成長可能である[30]．

また，同様に，Si 基板を Ca 蒸気中にて熱処理を施しカルシウムシリサイ

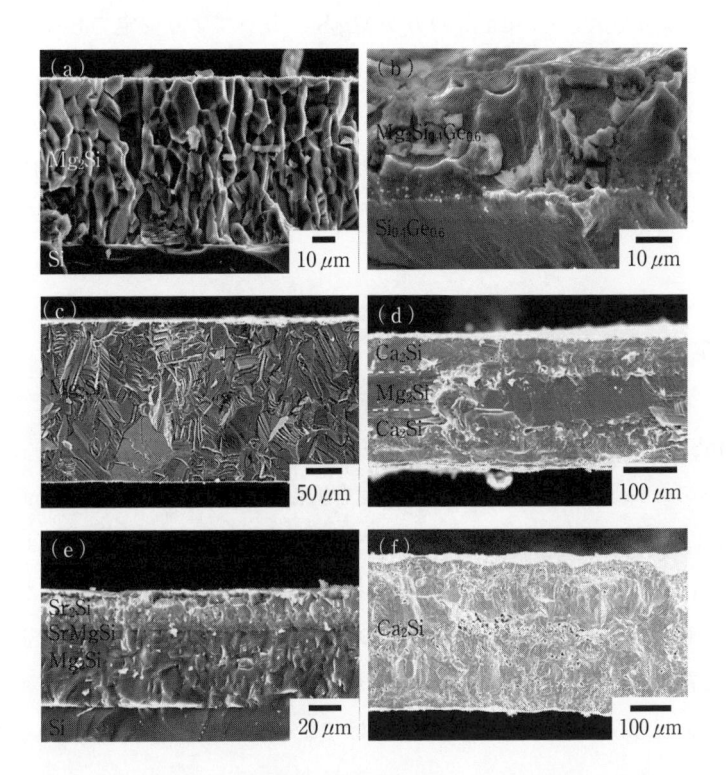

図 2.10 Mg₂Si 系薄膜および基板の断面 SEM 像．(a) Mg₂Si/Si, (b) Mg₂Si$_{1-x}$Ge$_x$/Si$_{1-x}$Ge$_x$, (c) Si 基板より作製した Mg₂Si 基板, (d) Ca₂Si/Mg₂Si, (e) Sr₂Si/SrMgSi/Mg₂Si, (f) Mg₂Si 基板より作製した Ca₂Si 基板．(J. Hu, *et al*.: Vacuum **83** (2009) 1494, Y. Mizuyoshi, *et al*.: Thin Solid Films **508** (2006) 90, N. Takagi, *et al*.: Appl. Surf. Sci. **244** (2005) 330, K. Mimura, *et al*.: Thin Solid Films **508** (2006) 74, 立岡浩一 他 共著：機能材料 **25** (2005) 19, 立岡浩一 他 共著：まてりあ **44** (2005) 468, H. Tatsuoka, *et al*.: Thin Solid Films **461** (2004) 57 より許可を得て転載)

ドを成長させれば，シリサイド薄膜は Si 基板近くでは Si 組成の大きいシリサイドが成長する．CaSi$_2$ 単相膜の成長の場合には問題ないのであるが，Ca$_2$Si を単相成長させることは難しい．

このような場合，Mg$_2$Si を中間層として用いるか，あるいは Mg$_2$Si 基板を用いることにより容易に単相 Ca$_2$Si を成長させることができる．Ca$_2$Si の**生成のエンタルピー**（16.7 kcal/(g·atom)）は，Mg$_2$Si のそれ (6.30 kcal/(g·atom)) よりも大きく，Ca$_2$Si の方が Mg$_2$Si と比べてより安定である[39]．また，Mg の蒸気圧は Ca のそれよりも高いため[29]，Ca が Mg と置換することにより過剰となった Mg は気相中へ蒸発する．この方法により単相 Ca$_2$Si 層の成長が可能となる[40,41]．同様な方法で単相 Sr$_2$Si 層の成長も可能である[42,43]．上に示した Mg$_2$Si 系シリサイド薄膜の断面 SEM 像を図 2.10 に示す．

2.2.5　MnSi$_{1.7}$ 薄膜成長

マンガンシリサイドの成長においては，Mn ソースを用いることで MnSi や MnSi$_{1.7}$ 薄膜の成長が可能であるが，より蒸気圧の高い **MnCl$_2$** ソースを用いることによりシステム全体の温度を低温にできる[29]．また，MnCl$_2$ や **CrCl$_2$** などの塩化物は薄膜成長の他，ナノ～マイクロサイズのロッドやワイヤー，さらにそれらのバンドルの簡易成長のソースとして使うことができる．これら金属塩化物は，Mn や Cr の供給源と共に Si と反応させ，Si を輸送する**前駆体**（塩化ケイ素系と考えられる）を生成するソースとして利用できる．同様な反応過程は金属塩化物だけでなく，ヨウ化物，臭化物でも期待できる．

図 2.11（a）および（b）に，ソースとして **MnCl$_2$ - Si パウダー**を用いて成長させた Si ナノワイヤを示す[44]．（a）は Au を触媒として用いた場合の Si ナノワイヤ，（a）は Au を用いずマンガンシリサイドが触媒となってランダムに成長した **Si ナノワイヤ**である．また，図 2.11（c）および（d）に CrCl$_2$

図 2.11 (a), (b) は，ソースとして MnCl$_2$ - Si パウダーを用いて成長させた Si ナノワイヤ．(a) Au を触媒として用いた場合，(b) Au を用いずマンガンシリサイドが触媒となってランダムに成長した Si ナノワイヤ．(c), (d) は，CrCl$_2$ をソースとして用いて成長させた CrSi$_2$ ナノワイヤバンドルおよび CrSi$_2$ ナノデンドライト．(W. Li, et al.: J. Cryst. Growth **365** (2013) 11, E. Meng, et al.: Phys. Stat. Sol. (c) **10** (2013) 1789 より許可を得て転載)

をソースとして用いた場合の CrSi$_2$ ナノワイヤバンドルおよび CrSi$_2$ ナノデンドライトを示す[45]．

2.2.6 まとめ

この節では，RDE 法を中心とした気相法によるシリサイドの成長について述べてきた．基板と堆積元素との相互拡散によるシリサイド成長から始まり，元素置換を利用した生成するシリサイド相の選別，塩素化合物の使用によるプロセスの低温化，さらに前駆体生成を利用したナノワイヤの形成へと発展した．RDE は歴史が長いオーソドックスで簡便なシリサイドの形成・成長方法であるが，工夫次第で新規な材料の合成が期待できる．

参 考 文 献

[29] 応用物理学会 薄膜・表面物理分科会 編：「薄膜作製ハンドブック」(共立出版，1991 年)，溶融塩・熱技術研究会 編著：「溶融塩・熱技術の基礎」(アグネ技術センター，1993 年)

[30] Y. Mizuyoshi, R. Yamada, T. Ohishi, Y. Saito, T. Koyama, Y. Hayakawa, T. Matsuyama and H. Tatsuoka : Thin Solid Films **508** (2006) 70

[31] W. K. Chu, S. S. Lau, J. W. Mayer, H. Müller and K. N. Tu : Thin Solid Films **25** (1975) 393, A. Gude and H. Mehrer : Philo.Mag. **A76** (1997) 1, M. Salamon and H. Mehrer : Philo. Mag. **A79** (1999) 2137, L. Zhang and D. G. Ivey : J. Mater. Res. **6** (1991) 1518

[32] A. Yamamoto, S. Tanaka, D. Matsubayashi, S. Makiuchi, H. Tatsuoka, T. Matsuyama, M. Tanaka, Z.‐Q. Liu and H. Kuwabara : Thin Solid Films **461** (2004) 28

[33] S. Makiuchi, T. Koga, T. Arakawa, W. Tomoda, Y. Maeda, K. Saito, H. Tatsuoka and H. Kuwabara : J. Cryst. Growth **237-239** (2002) 1966

[34] J. Hu, T. Kurokawa, T. Suemasu, S. Takahara, M. Itakura and H. Tatsuoka : Phys. Stat. Solidi **A206** (2009) 233

[35] 立岡浩一，大石琢也，水島雄介，黒川貴規，佐竹俊哉，三浦健太郎 共著：機能材料 **25**（2005）15

[36] V. E. Borisenko : "*Semiconducting Silicides*" (Springer, Germany, 2000), p. 94

[37] G. V. Samsonov and I. M. Vinitskii : "*Handbook of Refractory Compounds*", (IFI/Plenum Press, New York, 1980)

[38] N. Takagi, Y. Sato, T. Matsuyama, H. Tatsuoka, M. Tanaka, F. Chu and H. Kuwabara : Appl. Surf. Sci. **244** (2005) 330

[39] O. Kubaschewski and C. B. Alcock : "*International Series on Materials Science and Technology : Metallurgical Thermo‐Chemistry*" 5th Ed., vol. 24 (Pergamon Press, Oxford, 1979), J. M. Poate, K. N. Tu and J. W. Mayer : "*Thin Films : Interdiffuson and Reactions*" (Wiley‐Interscience, New York, 1978)

[40] H. Matsui, M. Kuramoto, T. Ono, Y. Nose, H. Tatsuoka and H. Kuwabara : J. Cryst. Growth **237-239** (2002) 2121

[41] T. Hosono, M. Kuramoto, Y. Matsuzawa, Y. Momose, Y. Maeda, T. Matsuyama, H. Tatsuoka, Y. Fukuda, S. Hashimoto and H. Kuwabara : Appl. Surf. Sci. **216** (2003) 620

[42] K. Miura, T. Ohishi, T. Inaba, Y. Mizuyoshi, N. Takagi, T. Matsuyama, Y. Momose, T. Koyama, Y. Hayakawa and H. Tatsuoka : Thin Solid Films **508** (2006) 74

[43] 立岡浩一，高木教行，稲葉崇，大石琢也，水由雄介，三浦健太郎，山田竜二 共著：まてりあ **44**（2005）466

[44] E. Meng, W. Li, K. Nakane, Y. Shirahashi, H. Suzuki, Y. Sato and H. Tatsuoka : Phys. Stat. Sol. (c) **10** (2013) 1789
[45] W. Li, E. Meng, T. Matsushita, S. Oda, D. Ishikawa, K. Nakane, J. Hu, S. Guan, A. Ishida and H. Tatsuoka : J. Cryst. Growth **365** (2013) 11, and Corrigendum, J. Cryst. Growth **368** (2013) 81

2.3 高純度素材の開発

2.3.1 はじめに

第5章において，鉄シリサイドの物性について詳しく述べるが，これらの機能を発揮するためには，結晶構造およびドーパント濃度が非常に高精度に制御された鉄シリサイドを作製する必要がある．**格子欠陥**や**転位**などの**構造欠陥**を**物理的不純物**と考えるならば，本章の2.1節，2.2節で述べてバルク単結晶成長法や，第3章で述べる薄膜成長技術では，構造欠陥をいかに制御するか，という点が重要になる．

物理的不純物に対する化学的不純物とは，一般的な意味合いで用いられる不純物を意味し，主成分以外の不要な機能を阻害する元素をいう．バルク単結晶や薄膜作製時にも多少の**不純物除去効果**が認められる場合もあるが[46]，基本は原材料の時点で不純物を十分に取り除いておくことが望ましい．本節では，どのようにして原材料を精製するのかについて述べる．

2.3.2 高純度素材の必要性

不純物元素の存在により多量の非発光再結合中心が導入されるため，機能を発揮するためには，半導体材料は十分に高品位である必要がある[47]．また，ドーパント導入によるn型，p型の制御のためには，不純物を一切含まない状態の，すなわち，半導体素材本来の特性を抑えておかなければならない．この2つの理由により，半導体の研究・開発・実用化のためには高純度素材が必要である．

従来の化合物半導体に対して，1980年代にその可能性が指摘され[48]，90年代より開発が盛んとなったシリサイド系半導体では，一般的に遷移金属とSiを構成元素とする．Siは半導体として広く応用されており，**帯熔融精製法**[49]（zone melting）により十分に高純度化可能である．しかしながら，もう一方の構成元素である遷移金属の高純度化は容易ではない．

ここでいう高純度化とは，目的元素から目的元素以外の元素を取り除いていくこと，すなわち分離である．高純度化で分離の対象とする元素は，周期表に記載されている118個の元素から精製対象元素を除いた117個の元素である．自然界に存在しない26個の人工元素を除いたとしても，91個の元素が分離対象となる．以下に述べるいくつかの除去工程を，適切な順序で組み合わせて初めて高純度化が達成される．

2.3.3 分離・精製方法

不純物の分離には，目的元素と不純物の化学的，物理的性質の差が利用される．
 （1） 不純物の第2相への溶解度の差：再結晶，沈殿．
 （2） 反応性の大小：酸化・還元雰囲気中での加熱，溶解，電解精製．
 （3） 蒸気圧の差：真空中での加熱，熔融，蒸留．
 （4） 共存する2相への分配の差：溶媒抽出，イオン交換，帯熔融精製．
ここでは，金属の高純度化に特に有用なものについて述べる．

[酸化・還元雰囲気中の加熱・熔融]

酸化雰囲気中で熔融すれば，母体金属よりも酸素との親和力の強い不純物の酸化が促進され，酸化された不純物が母体金属の酸化物層に移動する．その後，酸化物層を除去することで分離が可能となる[50]．逆に還元雰囲気で熔融することで，酸素などの不純物を除去することができる[51]．

[電解精製][52]

電解質溶媒（主に硫酸浴が使用される）中で，アノードに原料を，カソー

ドに精製金属を使用して電解を行う．電解を開始すると，より卑な金属ほどアノードから容易に溶け出し，より貴な金属ほどカソードに容易に電着する．すなわち，適切な電解条件を選べば，目的金属のみを電解質溶液に溶解し，カソードに電着させることができる．電解精製は，このように各金属の平衡電極電位の差を利用して精製を図る方法であり，Cu，Pb，Ni などに応用されている．

[真空熔解[52]]

真空中で熔融すれば，母体金属よりも平衡蒸気圧の高い不純物が優先的に蒸発し，精製される．母体金属よりも平衡蒸気圧の低い不純物の場合，母体金属の蒸発速度の方が速いため，逆に不純物が濃縮されることもある．したがって，真空熔解を施すときは，原材料中の平衡蒸気圧の低い不純物をあらかじめ他の方法で除去しておくことが望ましい．高融点金属の精製に特に有効な方法である．

[溶媒抽出法・イオン交換法[52]]

溶媒抽出では有機相と水相，イオン交換法ではイオン交換樹脂相と水相の2相を用意し，それぞれの元素（イオン種）の2相への分配比の差を利用して分離する．

溶媒抽出の応用範囲は非常に広く，希土類元素などの相互分離には主にこの方法が使用されている．液液分離であるため，クロマトグラム的な精製効率の高い分離のためには，**ミキサーセトラー**とよばれる装置の使用が一般的であるが，近年はエマルジョンフローを利用した**連続液液抽出**[53]，**向流クロマトグラフィー**[54] など，さまざまな新しい方法が開発されている．

イオン交換法で利用する樹脂相は固相として扱えるため，イオン交換クロマトグラフィーによる分離が可能である（図2.12）．円筒カラムに樹脂を充填してカラム上部より原料液を導入すると，溶液相に含まれるイオン種がそれぞれの吸着度合いで樹脂相への吸着・脱離を繰り返しながら，カラム内を下方向に向かって進む．吸着度合いの小さいイオン種ほど下方向に向かう速

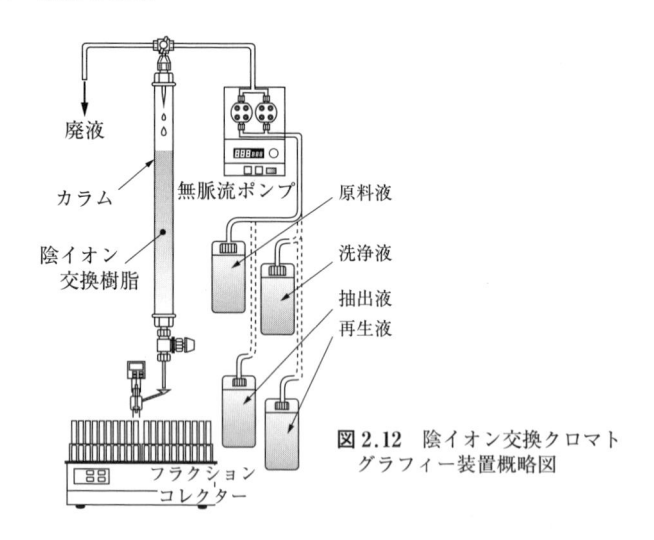

図2.12 陰イオン交換クロマトグラフィー装置概略図

度は速く，**吸着度合い**の大きいイオン種の速度は遅い．この速度差を利用して分離・精製を行うのが，**カラム法**によるイオン交換精製である．

金属性不純物の除去には，特に，塩酸溶媒中での陰イオン交換精製が有効である[55]．各イオン種の樹脂への吸着度合いは，以下に示す溶液相の塩酸濃度に依存する平衡分配係数 D によって，

$$D = \frac{樹脂相中単位体積当りのイオン種の量}{溶液相中単位体積当りのイオン種の量} \qquad (2.5)$$

と表現される．式からわかる通り，D が大きいほど樹脂への**吸着量**が大きいことを示す．図2.13に，塩酸溶媒における各イオン種の陰イオン交換樹脂への平衡分配係数の塩酸濃度依存性を示す[56-59]．

Co(II) と Ni(II) を分離したい場合，溶液相の塩酸濃度を $8\,\mathrm{kmol\cdot m^{-3}}$ 以上にして陰イオン交換樹脂を充填したカラムに通すと，Ni(II) は樹脂に吸着しないので速く溶出される．一方，Co(II) は樹脂に吸着するため，樹脂層上部に留まる．Ni(II) がすべて溶出した後に，展開液を例えば $2\,\mathrm{kmol\cdot m^{-3}}$ 塩酸に替えると，Co(II) が樹脂から脱離してカラムより溶出される．こうして Co(II) と Ni(II) の分離ができる．

2.3 高純度素材の開発 61

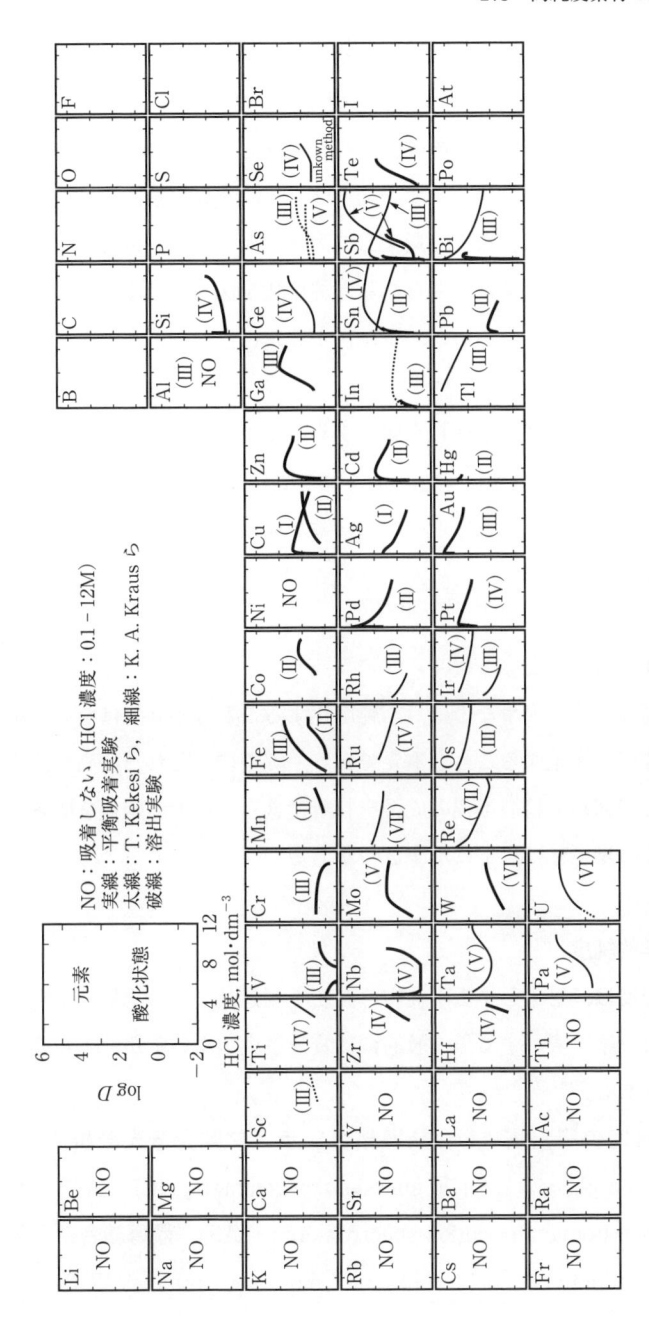

図 2.13 塩酸酸性溶媒からの陰イオン交換樹脂への各イオン種の平衡分配係数[56-59].

2.3.4 精製工程構築の際の注意点

これまでに述べてきた種種の方法を組み合わせて金属の高純度化を図る．一般的には，金属を塩酸などの酸性溶媒に溶解し，溶液中で不純物元素を取り除く浄液工程（溶媒抽出，イオン交換法など）を経た後，目的金属を何らかの塩として抽出し水素などで還元して固体金属を得て，最終的には熔融して高純度金属塊を作製する．さらなる高純度化を図りたい場合には，浮遊帯熔融精製をかけることもあるが，生産性が非常に低いため大量生産には適さない．

どの工程でどのような不純物を除去するのか，ある工程で加えた添加元素を次工程以降で除去できるのか，などを考慮に入れて精製工程を組み立てる．特定の元素を除去するための添加元素が最後まで残ってしまっては高純度化の意味をなさない．

2.3.5 純度評価法

金属の高純度化で大事なのは，高純度化することばかりではない．精製した金属の純度を決定することも重要である．実際に，どれだけ高純度化したかを検証して初めて精製工程の成否を判断でき，工程の問題点を明らかにできる．純度の指標には以下に示す2つがある．

(a) 化学的純度

化学的純度は，対象とする不純物の濃度を測定し，その総量を1から引いたものを百分率で表示する．一般的には質量濃度を用いるが，モル濃度を用いる場合もある．

不純物濃度の測定法には，**誘導結合プラズマ発光分光分析法**（inductively coupled plasma‐atomic emission spectrometry, ICP‐AES）や**原子吸光分析法**（atomic absorption spectrometry, AAS），**誘導結合プラズマ質量分析法**（inductively coupled plasma‐mass spectrometry, ICP‐MS）な

どが用いられる．これらの方法では，固体試料を溶液に溶解し，それぞれの元素の溶液中濃度を測定して，不純物濃度を決定する．しかしながら，高濃度で存在する**母体金属イオン種**（マトリクス）の影響を受けやすいため，予備処理によってマトリクスを十分取り除いておく．不純物の種類によって適切な予備処理方法を選択する必要があり，測定する不純物の数だけ予備処理と分析を繰り返さなければならない．さらに検出感度にも限界がある．

不純物濃度の定量に最も広く使われているのは，**グロー放電質量分析法**[60]（glow discharge mass spectrometry, GD‑MS）である．試料表面をグロー放電によりスパッタし，イオン化された元素のイオン強度を質量分析器により測定する．イオン種によって感度が異なるため，主成分と不純物のイオン強度比を相対感度係数によって補正して，不純物濃度をいわゆる一点検量線法により決定する．

H, O, N, C は，誘導結合プラズマ発光分光分析法やグロー放電質量分析法では測定できない，あるいは信頼性の高い分析値は得られない．これらの不純物濃度を定量する場合は，**不活性ガス融解赤外線吸収法**[61]（O 分析）などの専用の方法を用いるべきである．なお，希ガスの分析は難しく，また考慮されないことが多い．

（b） 物理的純度：残留抵抗比[62,63]

物理的純度の指標の代表的なものが，金属の抵抗率を応用する指標である．**マティーセンの法則**によれば，不純物を含む金属の**抵抗率** $\rho(T)$ は次式で定義される（T は温度）．

$$\rho(T) = \rho_\mathrm{D} + \rho_\mathrm{i} + \rho_\mathrm{L}(T) \tag{2.6}$$

ここで，それぞれ ρ_D は格子の**構造欠陥**，ρ_i は**不純物散乱**，$\rho_\mathrm{L}(T)$ は**電子の格子散乱**に起因する抵抗率で，ρ_D と ρ_i は温度に依存しない．十分に焼きなましされた金属では，ρ_D は無視できる程に小さい．この場合，$\lim_{T \to 0} \rho_\mathrm{L}(T) = 0$ であるので，絶対零度での抵抗率は $\rho(0) = \rho_\mathrm{i}$ となり，残留抵抗とよばれる．

そこで，室温における抵抗率 ρ(298 K) と液体ヘリウム温度における抵抗率 ρ(4.2 K) の比を取り，**残留抵抗比 *RRR*** として，

$$RRR = \frac{\rho(298\text{ K})}{\rho(4.2\text{ K})} = \frac{R(298\text{ K})}{R(4.2\text{ K})} \tag{2.7}$$

のように不純物の指標にできる．実際には，(2.7) に示すように，抵抗率ではなく抵抗 R を用いることが多い．鉄のような強磁性体の残留抵抗は，純度が高くなるほど磁気抵抗が支配的となるため，この影響を抑えるために磁場中での測定が要求される．

2.3.6　Fe の精製例[64-66]

Fe の価数には 2 価と 3 価があり，図 2.13 からわかるように酸化数により陰イオン交換樹脂への吸着挙動が異なる．したがって，価数の異なる状態での精製を組み合わせることで，より多くの不純物の除去が期待される．図 2.14 に Fe の陰イオン交換精製の**溶離曲線**[64] を示す．上段に Fe(II) の，下段に Fe(III) の精製を示す．

Fe(II) の精製では，9N-HCl で Ni, Cr, Mn, Cu(I) をカラムより溶出した後に，5N-HCl を導入して Fe(II) を溶出している．Co(II) は Fe(II) の後に溶出した．Fe(III) の精製では，5N-HCl で Ni, Cr, Mn, Co を溶出した後に，1N-HCl での Fe(III) の溶出を実施している．Cu(II) のピークが Fe(III) のピークと重なっているが，Fe(II) 精製の段階で十分に除去できているので問題はない．Fe(II) の精製において，Fe(II) の溶出の開始と Ni, Cr, Mn, Cu の溶出のテーリングが一部重なっているが，Fe(III) の精製では溶出ピークの重なりはなくなっているため良好な分離ができていることがわかる．この精製により高純度 $FeCl_3$-HCl 溶液を作製できる．

こうした異なる価数を利用する方法を**価数制御陰イオン交換精製法**とよぶが，ここに記述した方法よりも，より積極的に価数を利用し効率が高い方法が Co[67], Cu[68], さらに Fe[69] について報告されている．

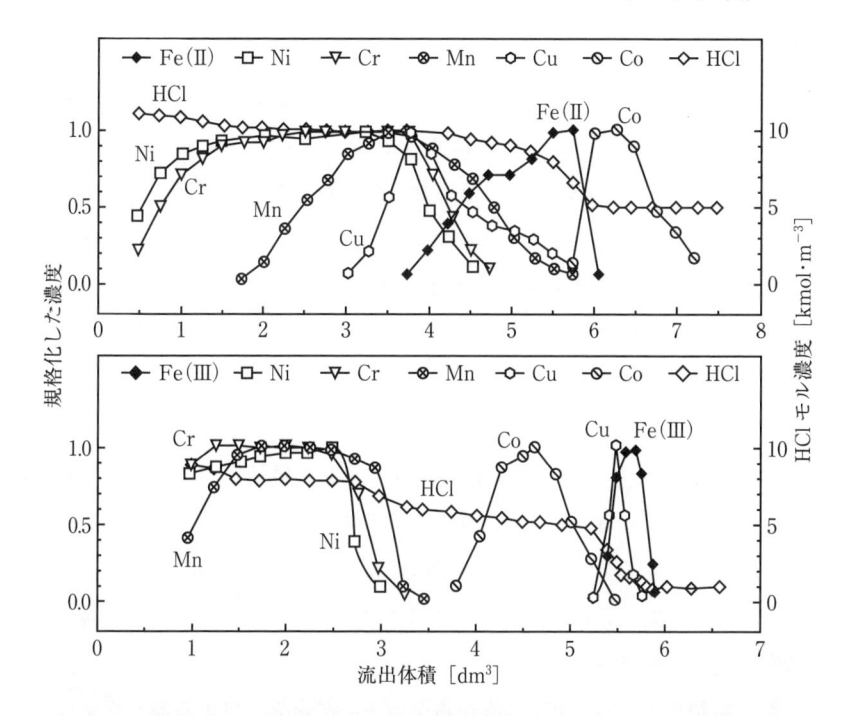

図 2.14 鉄の陰イオン交換精製．上段：Fe(II) の精製．下段：Fe(III) の精製．
（井垣謙三，一色 実 共著：日本金属学会誌 **40** (1976) 289 より許可を得て転載）

高純度 FeCl$_3$ - HCl 溶液から金属 Fe を取り出すために，蒸発乾固して得られる FeCl$_3$ を水素還元し，アルカリ成分を加えて FeOOH などの形にして沈殿させたものを水素還元するなどの方法により，粉末状の高純度 Fe が得られるが，このままだと酸素含有量が非常に多い．また，環境から Si などが汚染することも多い．最後の熔解工程を酸化および還元雰囲気で行うと効率良く，こうした非金属性不純物を取り除くことができる．

金属を熔解する熱源には，**高周波誘導加熱**，**電子ビーム**，**赤外線集光加熱**などがあるが，被熔融物を撹拌して内部まで十分に酸化剤，還元剤と反応させるには，プラズマアーク加熱による熔融法が有効である[50]．酸化剤には高純度の FeO を用い，還元雰囲気にするにはプラズマ生成ガスに水素を用

いる.

　以上のような工程により，精製されたFeの純度は99.9998 mass%[66]*1 に達する．この高純度Feを原料に使ったβ-FeSi$_2$に関する報告もすでに数報[69,70]あるが，十分な機能は発揮できていない．これはFeの純度がまだ十分でないことが原因と考えられている．周期表でFeの周囲に存在するCoやCrなどの遷移金属不純物は数百 mass ppb 程度残留しており，さらに純度を上げることが求められている[71]．

2.3.7　課　題

　Feの純度をさらに上げるためには，陰イオン交換精製による不純物除去効率の向上が望まれる．そこで，複数のカラムを直列に接続し精製目的元素のみを次段のカラムに導入する，**多段カラム陰イオン交換精製法**[72]とよばれる方法が最近開発された．この方法により，原料回収率の向上と不純物除去効率の向上が期待される．

　また，高純度 FeCl$_3$-HCl 溶液から金属 Fe 成分を抽出する際，従来は一旦固体成分に変換してから水素還元を行う方法が主であった．しかし，この工程では汚染が生じる可能性があり，また少しの精製効果も望めない．水性溶媒より金属を抽出する方法としては電解採取が一般的であるが，これまで塩酸溶媒からのFeの電解採取が試みられた例はない．Feの電解採取にどれだけの精製効果があるのか，また，従来のFeの精製工程に組み込んだときの効果はどれほどなのか，今後の研究の進展が期待される．

---

*1　ただし O, N, C は除く．

参 考 文 献

[46] J. W. Lim, K. Mimura, K. Miyake, M. Yamashita and M. Isshiki : Nucl. Instrum. Meth. **B 206**(2003)371
[47] 前田佳均 著:応用物理 **79**(2010)135
[48] M. C. Bost and J. E. Mahan : J. Appl. Phys. **58**(1985)2696
[49] W. G. Pfann : "*Zone Melting*" 2nd. Ed.(John Wiley & Sons, 1966)
[50] M. Uchikoshi, K. Imai, K. Mimura and M. Isshiki : J. Mater. Sci. **43**(2008)5430
[51] 三村耕司,斎藤浩一,一色 実 共著:日本金属学会誌 **63**(1999)1181
[52] 日本金属学会 編著:「金属化学入門シリーズ 2 鉄鋼製錬」,「金属化学入門シリーズ 3 金属製錬工学」(丸善出版,2000 年)
[53] 特許公開公報 2008-289975
[54] 北爪英一 著:ぶんせき,1998,2
[55] K. A. Kraus and F. Nelson : J. Am. Chem. Soc. **76**(1954)984
[56] K. A. Kraus and F. Nelson : Proc. Int. Conf. Peaceful Uses of Atomic Energy, Geneve **7**(1955)113
[57] T. Kékesi and M. Isshiki : Mater. Trans., JIM **35**(1994)406
[58] M. Uchikoshi, T. Nagahara, J. W. Lim, S. B. Kim, K. Mimura and M. Isshiki : High Temp. Mater. and Processes **30**(2011)345
[59] M. Uchikoshi, K. Mimura and M. Isshiki : Proceedings of Fray International Symposium in Cancun **6**(2011)269
[60] J. W. Coburn, E. Taglauer and E. Kay : J. Appl. Phys. **45**(1974)1779
[61] http://www.horiba.com/jp/, http://www.leco.co.jp/など.
[62] K. Mimura, Y. Ishikawa, M. Isshiki and M. Kato : Mater. Trans., JIM **38**(1997)714
[63] Y. Ishikawa, K. Mimura and M. Isshiki : Mater. Trans., JIM **41**(2000)420
[64] 井垣謙三,一色 実 共著:金属学会誌 **40**(1976)289
[65] T. Kékesi, K. Mimura and M. Isshiki : Hydrometallurgy **63**(2002)1
[66] M. Uchikoshi, H. Shibuya, T. Kékesi, K. Mimura and M. Isshiki : Metall. Mater. Trans. B **40B**(2009)615
[67] T. Kékesi, M. Uchikoshi, K. Mimura and M. Isshiki : Metall. Mater. Trans. B **32B**(2001)573
[68] M. Uchikoshi, T. Kékesi, Y. Ishikawa, K. Mimura and M Isshiki : Mater.

Trans., JIM **38**（1997）1083
［69］ M. Suzuno, Y. Ugajin, S. Murase, T. Suemasu, M. Uchikoshi and M. Isshiki : J. Appl. Phys. **102**（2007）103706
［70］ K. Gotoh, H. Suzuki, H. Udono, I. Kikuma, F. Esaka, M. Uchikoshi and M. Isshiki : Thin Solid Films **515**（2007）8263
［71］ 前田佳均 著：金属 **81**（2011）66
［72］ M. Uchikoshi, Y. Yamada, Y. Baba, J. Onuki, K. Mimura and M. Isshiki : High Temp. Mater. Process **29**（2010）469

第 3 章

薄膜形成技術

3.1 反応性エピタキシャル成長

3.1.1 はじめに

反応性エピタキシャル成長とは,真空チャンバー内部において,金属とSi基板が反応する基板温度で,金属をSi基板上に蒸着しシリサイド薄膜のエピタキシャル成長を実現する方法である.金属原子とSi原子との基板温度に依存した**相互拡散**と反応速度でシリサイドが形成される[1].ここでは,β-FeSi$_2$とBaSi$_2$を例に取り,代表的な反応性エピタキシャル成長を紹介する.

3.1.2 β-FeSi$_2$ の場合

β-FeSi$_2$の反応性エピタキシャル成長は,主にSi(001)およびSi(111)面を使い多数の報告例がある[2-7].Si基板表面にイオンを照射して**アモルファス化**することで,**シリサイド化反応**を促進できることも報告されている[7].

Si(001)基板上ではa軸配向でエピタキシャル成長し,β-FeSi$_2$[010],[001] // Si⟨110⟩と4つの**エピタキシャルドメイン**から構成される.ドメイン数が2つではなく4つであるのは,b軸とc軸の格子定数が近いことによる.また,エピタキシャル成長を実現するFeの堆積レートは,基板温度に依存する.Feの**堆積レート**が約0.01 nm/sのとき,**成長温度**は約500℃で

ある[3,4]．

一方，Si(111)基板上では，(110)および(101)配向で120度回転した6つの**ドメイン**から構成されるエピタキシャル膜が得られる[2]．成長温度はSi(001)基板に比べてやや高く，約600℃である[5,6]．

反応性エピタキシャル成長で形成するβ-FeSi$_2$の膜厚は，次のように計算できる．β-FeSi$_2$は，$a = 0.986$ nm，$b = 0.779$ nm，$c = 0.783$ nmの斜方晶構造であり，単位格子当りFe原子16個，Si原子32個が含まれる．これより，β-FeSi$_2$の単位体積当りに含まれるFe原子の数は26.6個/nm^{3}となる．一方，蒸着されるα-Feは，格子定数が0.287 nmの体心立方格子であり，単位体積当りに含まれるFe原子の数は，84.6個/nm^{3}である．ここで，84.6/26.6 ≅ 3.19である．

したがって，蒸着されたα-Fe中のすべてのFe原子がSi原子と反応してβ-FeSi$_2$が形成される場合，α-Feの約3.2倍の厚さのβ-FeSi$_2$が形成されると考えることができる．なお，**反応性エピタキシャル成長**の実験データの詳細については，次のBaSi$_2$の項で取り上げる．

3.1.3　BaSi$_2$の場合

BaSi$_2$の場合にも，β-FeSi$_2$と同様に，反応性エピタキシャル成長で形成するBaSi$_2$の膜厚を求めることができる．BaSi$_2$は，$a = 0.892$ nm，$b = 0.680$ nm，$c = 1.158$ nmの斜方晶構造であり，単位格子当りBa原子8個，Si原子16個が含まれる．BaSi$_2$の単位体積に含まれるBa原子の数は，11.4個/nm^{3}である．一方，蒸着されるBaは格子定数が0.503 nmの体心立方格子であり，単位体積当りに含まれるBa原子の数は，15.73個/nm^{3}である．ここで，15.73/11.4 ≅ 1.38である．したがって，堆積したBaの約1.4倍の厚さのBaSi$_2$が形成されると考えることができる．

BaSi$_2$の反応性エピタキシャル成長の報告例は，Mckeeらが最初であるが[8,9]，成長時の基板温度や堆積レートが記載されておらず，筑波大学グル

ープから詳しく報告されている[10]．図 3.1 に，Ba の堆積レートが 0.17 nm/s のとき，Si(111) 基板の温度を 550℃から 800℃まで変えて作製した試料の θ-2θ X 線回折（X-ray diffraction, XRD）パターンを示す．基板温度が 600℃から 650℃で，a 軸配向の**エピタキシャル膜**が得られている．図 3.2 には，基板温度が 650℃のときに，Ba の堆積レートを変えて作製した試

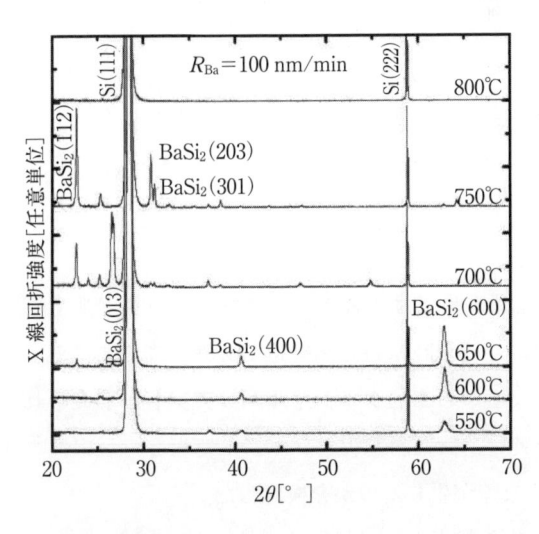

図 3.1 Ba の堆積レートが 0.17 nm/s のとき，θ-2θ XRD パターンの成長温度依存．(Y. Inomata, T. Nakamura, T. Suemasu and F. Hasegawa : Jpn. J. Appl. Phys. **43** (2004) 4155 より許可を得て転載)

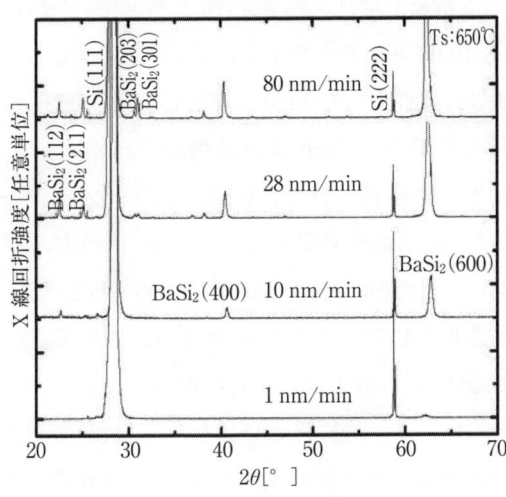

図 3.2 基板温度が 650℃のとき，θ-2θ XRD パターンの Ba 堆積レート依存

72   3. 薄膜形成技術

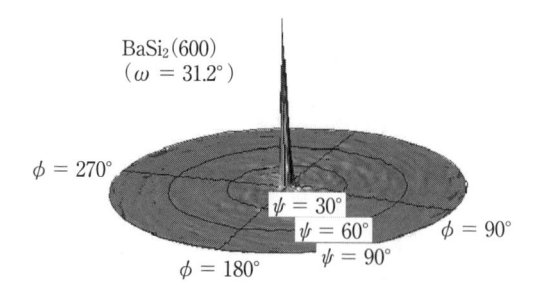

BaSi₂(600)
($\omega = 31.2°$)
$\phi = 270°$
$\phi = 180°$
$\psi = 30°$
$\psi = 60°$
$\psi = 90°$
$\phi = 90°$

図 3.3 Ba の堆積レートが 0.17 nm/s で，基板温度 600℃ としたときの Si (111) 基板上に成長した BaSi₂ (600) 面の X 線極点図．回折ピークが1つしかないことから，a 軸配向でエピタキシャル成長しているといえる．

料の θ-2θ XRD パターンを示す．図 3.3 に示す極点図からもエピタキシャル成長が確認できる．

3.1.4 傾斜基板への成長

Si や化合物半導体の薄膜結晶成長では，ステップフロー成長を促進するために，**微傾斜基板**が使われる．BaSi₂ は斜方晶構造であり，後で述べるように，Si (001) 面上では等価な 2 つの**エピタキシャルバリアント**が形成される．そこで，Si (001) 基板を使い，微傾斜基板とジャスト基板とで反応性エピタキシャル成長にどのような差が生じるのかを検討した．

図 3.4(a) は Si (001) ジャスト基板上に（試料 A），図 3.4(b)～(d) は Si [$\bar{1}$10] 方向に 2 度傾斜した Si (001) 基板を真空中で，それぞれ 830℃ (試料 B)，900℃ (試料 C)，1000℃ (試料 D) で 30 分間加熱した後，BaSi₂ を反応性エピタキシャル成長した試料の**原子間力顕微鏡** (atomic force microscope, **AFM**) **像**である[11]．試料 B～D で，BaSi₂ 形成前に Si (001) 基板を高温で加熱するのは，Si (001) 基板表面に存在する (1×2) および (2×1) **再構成表面**のうち，(2×1) 表面を支配的に形成するためである[12,13]．

図 3.4 のように，ジャスト基板上に形成した試料 A では，四角形状の BaSi₂ が観察され，Si [110] または Si [$\bar{1}$10] 方向に平行に配列している．一方，アニールを行った試料 B～D では，試料 A とは異なり Si [110] 方向に伸びた長方形状の BaSi₂ が形成される．この傾向は，アニール温度が高くな

3.1 反応性エピタキシャル成長　73

(a)　(b)

──── 1 nm　──── 5 nm

(c)　(d)

──── 5 nm　──── 5 nm

Si[110]
Si[1̄10] ← ⊙ Si[001]

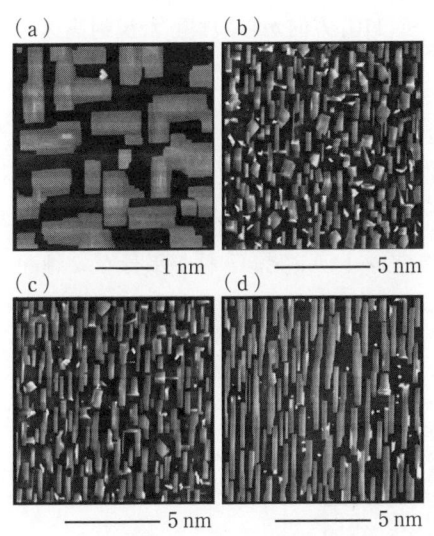

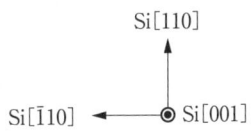

図 3.4 (a) は Si (001) ジャスト基板上に，図 (b)～(d) は，Si [1̄10] 方向に 2 度傾斜した Si (001) 基板を，真空中でそれぞれ 830℃，900℃，1000℃ で 30 分間加熱した後，$BaSi_2$ を反応性エピタキシャル成長した試料の AFM 像．(K. Toh, K. O. Hara, N. Usami, N. Sato, N. Yoshizawa, K. Toko and T. Suemase : Jpn. J. Appl. Phys. **51** (2012) 095501 より許可を得て転載)

(a)

(b)

(c)

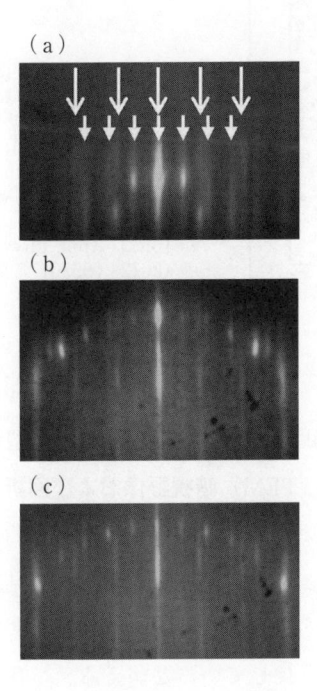

図 3.5 Si [1̄10] 方向から観察した (a) 試料 A，(b) 試料 C，(c) 試料 D の RHEED パターン．(K. Toh, K. O. Hara, N. Usami, N. Saito, N. Yoshizawa, K. Toko and T. Suemasu : Jpn. J. Appl. Phys. **51** (2012) 095501 より許可を得て転載)

るほど顕著である[11]. 図 3.5 に Si [$\bar{1}$10] 方向から観察した**反射高速電子線回折**（reflection high energy electron diffraction, RHEED）**像**を示す. RHEED 像は図 3.5(a)の矢印で示すように，2 組の間隔の異なる**ストリーク**から構成されている．ストリークの間隔は約 1.7 であり，これは $1/b$ 対 $1/c$ に対応している．このため，図 3.6 に示すように，Si [110] 方向に b 軸が平行な a 軸配向の BaSi$_2$（バリアント A）と，c 軸が平行な a 軸配向の BaSi$_2$（バリアント B）の 2 種類のバリアントが存在している．

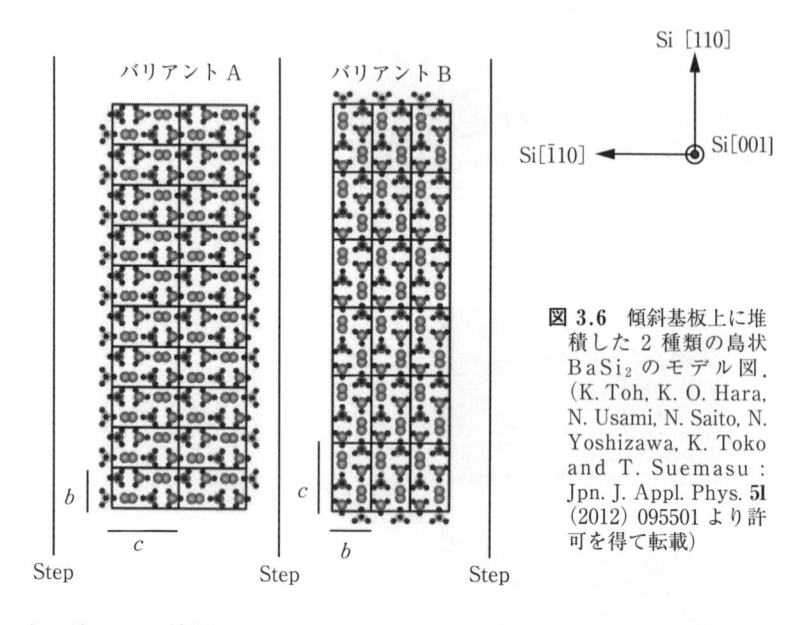

図 3.6 傾斜基板上に堆積した 2 種類の島状 BaSi$_2$ のモデル図．(K. Toh, K. O. Hara, N. Usami, N. Saito, N. Yoshizawa, K. Toko and T. Suemasu : Jpn. J. Appl. Phys. **51** (2012) 095501 より許可を得て転載)

　上で述べた 2 種類のバリアントのうち，どちらが支配的であるのか確認するために，試料 D について平面 TEM 観察を行い，その**平面透過型電子顕微鏡**（transmission electron microscope, TEM）**暗視野像**および**回折像**を図 3.7 に示す．BaSi$_2$(020) 面の回折を使い，散乱ベクトル g を(a)では Si [110] 方向とし，(b) では Si [$\bar{1}$10] 方向とした．(a)の方が明るく見える島状 BaSi$_2$ が多いことから，BaSi$_2$ [010] // Si [110] の関係にあるバリアント A の方が，バリアント B よりも支配的に成長しているといえる．バリアント

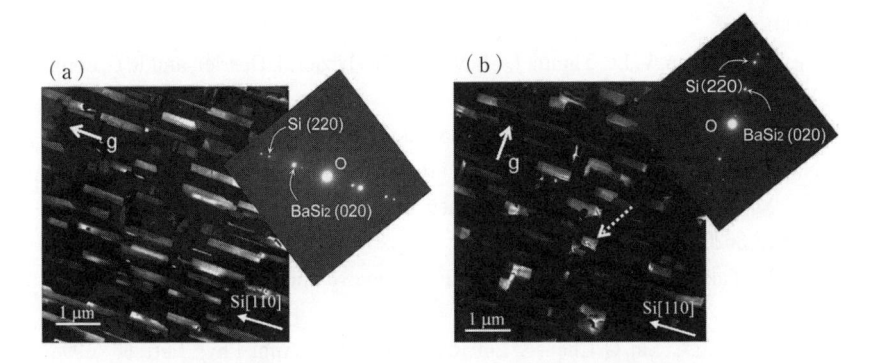

図 3.7 試料 D の平面 TEM 暗視野像および制限視野回折像．BaSi$_2$（020）面の回折を使い，散乱ベクトル g を（a）Si [110] 方向とした場合，（b）Si [$\bar{1}$10] 方向とした場合．矢印は，単一の BaSi$_2$ のドメイン内で，明暗 2 つの領域に分かれた BaSi$_2$．(K. Toh, K. O. Hara, N. Usami, N. Saito, N. Yoshizawa, K. Toko and T. Suemasu : Jpn. J. Appl. Phys. **51**（2012）095501 より許可を得て転載)

A が支配的に成長するのは，(2×1) 表面が支配的になっていることと，この表面上では Ba が Si **ダイマー列**の方向に並びやすく，これがバリアント A の Ba の配列方向と一致しているためと考えられる[14]．

ここまで，シリサイド系半導体の反応性エピタキシャル成長について，BaSi$_2$ を例に取り最近の実験結果を紹介してきた．反応性エピタキシャル成長では，金属原子または Si 原子の拡散距離が，堆積膜厚よりも大きい必要がある．このため，厚さ 0.5 μm を超える膜の成長は，余り報告例がない．より厚いシリサイド膜を形成するには，反応性エピタキシャル法で形成した BaSi$_2$ を種結晶として，次節で述べる Ba と Si を同時に Si 基板上に照射する**分子線エピタキシー法**（molecular beam epitaxy, MBE）を用いる方が容易である．

参考文献

[1] V. E. Borisenko : "*Semiconducting Silicides*"（Springer, Berlin, Heisenberg,

2000)
[2] J. E. Mahan, V. Le. Thanh, J. Chevrier, I. Berbezier, J. Derrien and R. G. Long: J. Appl. Phys. **74** (1993) 1747
[3] J. E. Mahan, K. M. Geib, G. Y. Robinson, R.G. Long, X. Yan, G. Bai, M. A. Nicolet and M. Nathan: Appl. Phys. Lett. **56** (1990) 2126
[4] M. Tanaka, Y. Kumagai, T. Suemasu and F. Hasegawa: Jpn. J. Appl. Phys. **36** (1997) 3620
[5] M. Takauji, N. Seki, T. Suemasu, F. Hasegawa and M. Ichida: J. Appl. Phys. **96** (2004) 2561
[6] L. Wang, C. Lin, Q. Chen, X. Lin, R. Ni and S. Zou: Appl. Phys. Lett. **66** (1995) 3453
[7] M. Sasase, K. Shimura, H. Yamamoto, K. Yamaguchi, S. Shamoto and K. Hojou: Jpn. J. Appl. Phys. **45** (2006) 4929
[8] R. A. Mckee, F. J. Walker, J. R. Conner, E. D. Specht and D. E. Zelmon: Appl. Phys. Lett. **59** (1991) 782
[9] R. A. Mckee and F. J. Walker: Appl. Phys. Lett. **63** (1993) 2818
[10] Y. Inomata, T. Nakamura, T. Suemasu and F. Hasegawa: Jpn. J. Appl. Phys. **43** (2004) 4155
[11] K. Toh, K. O. Hara, N. Usami, N. Saito, N. Yoshizawa, K. Toko and T. Suemasu: Jpn. J. Appl. Phys. **51** (2012) 095501
[12] T. Sakamoto and G. Hashiguchi: Jpn. J. Appl. Phys. **25** (1986) L78
[13] O. L. Alerhand, A. N. Berker, J. D. Joannopoulos and D. Vanderbilt: Phys. Rev. Lett. **64** (1990) 2406
[14] J. Wang, J. A. Hallmark, D. S. Marshall and W. J. Ooms: Phys. Rev. B **60** (1999) 4968

3.2 分子線エピタキシャル成長

3.2.1 はじめに

これは，真空チャンバー内部において，金属原子とSi原子を同時にSi基板に供給し，シリサイド膜のエピタキシーを実現する方法である．Si基板表面での原子の**マイグレーション**がエピタキシャル成長に重要であるため，

3.2 分子線エピタキシャル成長

Si基板表面が清浄であること,さらに,一般的に**超高真空**であることが要求される.また,比較的厚いシリサイド膜をエピタキシャル成長する際には,反応性エピタキシャル成長法などで形成した厚さ数 nm のエピタキシャル膜を種結晶として用い,その後,基板温度をやや高めに設定し,分子線エピタキシャル成長法を用いて厚い膜を形成する2段階成長法が用いられる.ここでは,BaSi$_2$を例に取り,シリサイド半導体の**分子線エピタキシャル成長**を紹介する.

3.2.2 種結晶の効果

Si(111)およびSi(001)基板上に,反応性エピタキシャル成長によりa軸

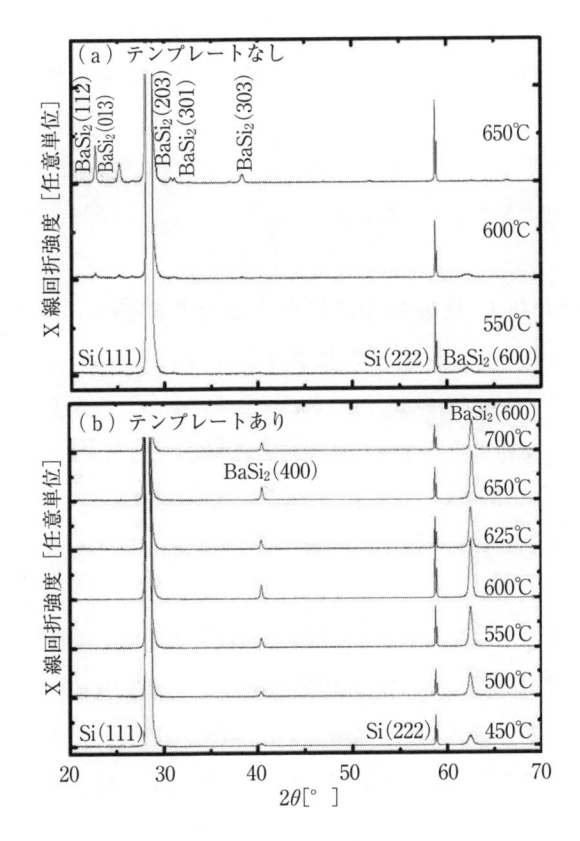

図3.8 分子線エピタキシャル法で形成した BaSi$_2$ の θ-2θ XRD パターン.(a)種結晶を使わない場合,(b)反応性エピタキシャル法で形成した種結晶を用いた場合.
(Y. Inomata, T. Nakamura, T. Suemasu and F. Hasegawa : Jpn. J. Appl. Phys. **43** (2004) L478 より許可を得て転載)

配向の $BaSi_2$ を形成し，これを種結晶として用い，引き続き，Ba と Si を同時に供給する分子線エピタキシャル成長を行った．種結晶を用いずとも，エピタキシャル成長は可能であるが，**種結晶**を用いた方がエピタキシャル成長を実現するための条件を緩和することができる．

図 3.8(a) は，基板温度 550℃ から 650℃ の範囲で，種結晶を用いずに $BaSi_2$ の分子線エピタキシャル成長を行った試料の XRD パターンである．基板温度がわずかに変わるだけで，$BaSi_2$ の配向性が著しく変化するといえる[15]．一方，図 3.8(b) は，Si(111) 基板上に反応性エピタキシャル法で形成した厚さ 30 nm の a 軸配向 $BaSi_2$ エピタキシャル膜を用いて，その上に，基板温度を 450℃ から 700℃ まで変えて分子線エピタキシャル成長を行った試料の結果である．$BaSi_2$ の (200)，(400)，(600) の回折のみが見られ，また，RHEED もストリークであったことから，a 軸配向 $BaSi_2$ が広い温度範囲で形成できているといえる[15]．

このように，種結晶を用いることで，その上に成長するシリサイド膜もエピタキシャル成長条件を緩和することができる．

3.2.3 Si(111) および Si(001) 基板へのエピタキシャル成長

Si(111) および Si(001) 基板上に，**反応性エピタキシャル法**（reactive deposition epitaxy, RDE）で形成した a 軸配向の $BaSi_2$ を種結晶とし，分子線エピタキシャル成長を行った結果を図 3.9 に示す．ここでは，(a)，(a′) は θ-2θ XRD パターン，(b)，(b′) は (301) 面を利用した X 線極点図測定，(c)，(c′) は，これらから予想される Si 基板上の $BaSi_2$ のエピタキシャル関係の模式図を示す．

まず，図 3.9(a)，(a′) より，どちらの基板上でも $BaSi_2$ は a 軸配向で成長することがわかる．次に，**非対称面**を使った **X 線極点図測定**（図 3.9(b)，(b′)）から，Si(111) 基板上では 6 つの回折ピークが，Si(001) 基板上では 4 つの回折ピークが得られた．(203) 面の回折が見られるのは，(301) 面と面

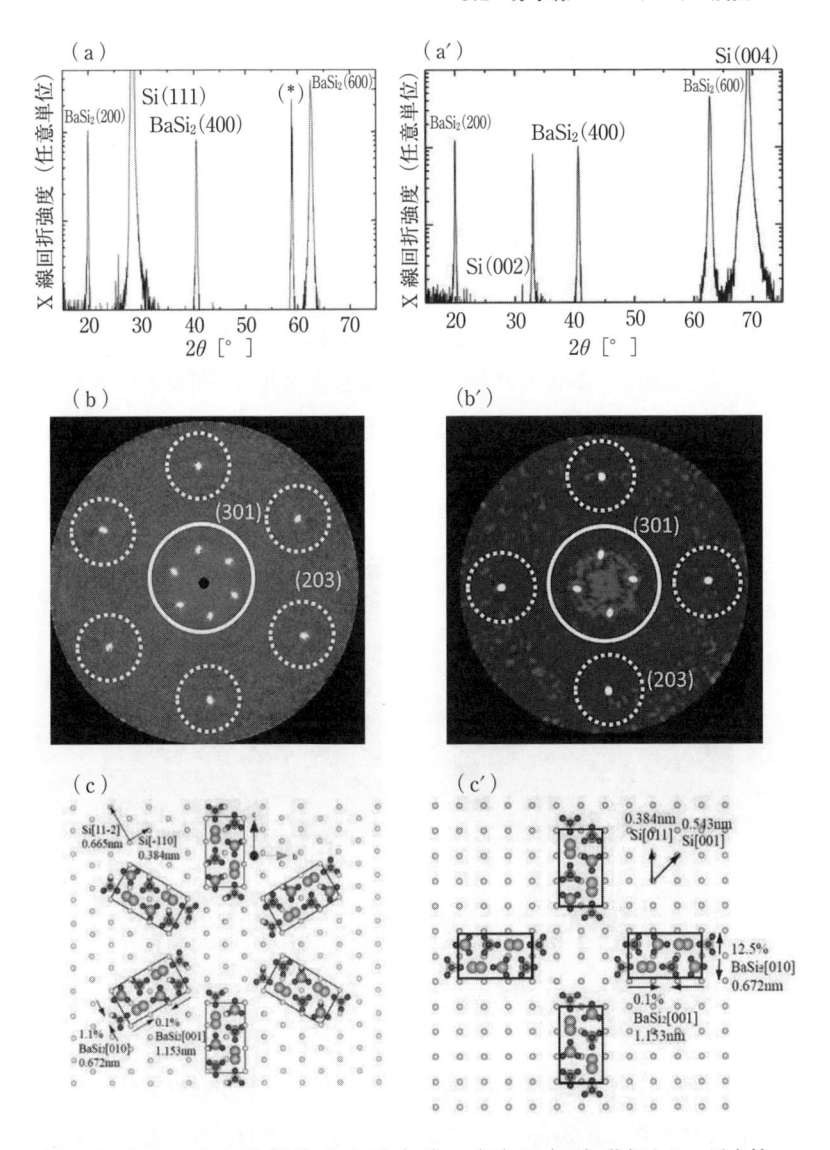

図 3.9 (a)〜(c) Si(111) および (a′)〜(c′) Si(001) 基板上に，反応性エピタキシャル法で形成させた後，その種結晶上に分子線エピタキシャル法により形成させた BaSi$_2$ 膜の評価．(a)(a′) θ-2θ XRD 回折パターン，(b)(b′) (301) 面を用いた X 線極点図測定，(c)(c′) Si 基板上での BaSi$_2$ のエピタキシャル関係を示す模式図．(a) 図中の (*) は Si 基板に起因したもの．なお (a) と (a′) および (b) と (b′) は，K. Toh, K. O. Hara, N. Usami, N. Saito, N. Yoshizawa, K. Toko and T. Suemase : Jpn. J. Appl. Phys. **51** (2012) 095501 より許可を得て転載．

間隔がほぼ等しいことによる．これらの結果から，図3.9(c),(c′)に示すように，Si(111)基板上では3つのバリアントが，Si(001)基板上では2つのバリアントからなる**マルチバリアントエピタキシャル膜**であるといえる．

図3.10に，BaSi$_2$エピタキシャル膜の平面TEM像を示す[16]．なお，この図は，結晶粒界（バリアント同士の境界）が目立つようa軸からやや外れた方向から観察した像である．結晶粒界は，成長方向に入っていることがわかっている．Si(111)基板上のBaSi$_2$の結晶粒界は直線的かつシャープである．一方，Si(001)基板上のBaSi$_2$の結晶粒界は丸みを帯びているといえる．また，バリアントのサイズつまり**結晶粒径**は，Si(001)基板上のBaSi$_2$の方が大きい．

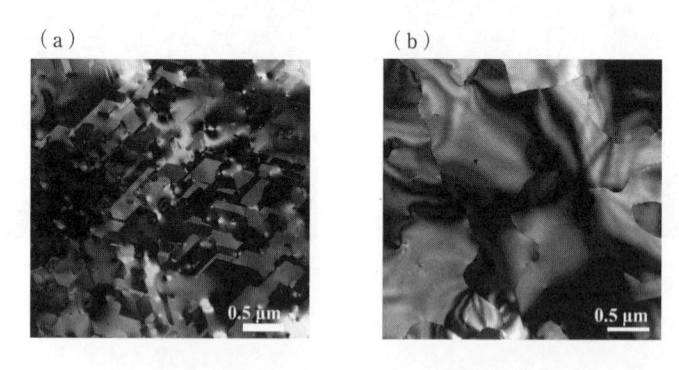

（a）　　　　　　　　　　　　（b）

図3.10 a軸配向 BaSi$_2$エピタキシャル膜の平面TEM明視野像．（a）Si(111)基板上，および（b）Si(001)基板上の試料．(S. Koike, K. Toh, M. Baba, K. Toko, K. Hara, N. Usami, N. Saito, N. Yoshizawa and T. Suemasu : J. Cryst. Growth **378** (2013) 198 より許可を得て転載)

さらに，図3.10(b)では3 μm を超えるバリアントが観察されるが，図3.10(a)では小さく0.2 μm 程度になっている．これは，等価なバリアントの数がSi(111)基板上のBaSi$_2$では3個であるのに対し，Si(001)基板上では2個と，少ないことが要因の1つであると考えられる．このように，同じa軸配向BaSi$_2$エピタキシャル膜であっても，結晶粒界およびサイズが異な

っている.

次に，Si(111)基板上のBaSi₂膜について，詳しく述べる.図3.11に，Si(111)基板上のa軸配向BaSi₂エピタキシャル膜について，2波長回折条件下での平面TEM暗視野像を示す.**散乱ベクトルg**を選ぶことで，3つのバリアントごとに区別できる.結晶粒界は直線的であるが，TEM像の解析から，結晶粒界はBaSi₂(011)と(01̄1)面で構成されることがわかっている[17].

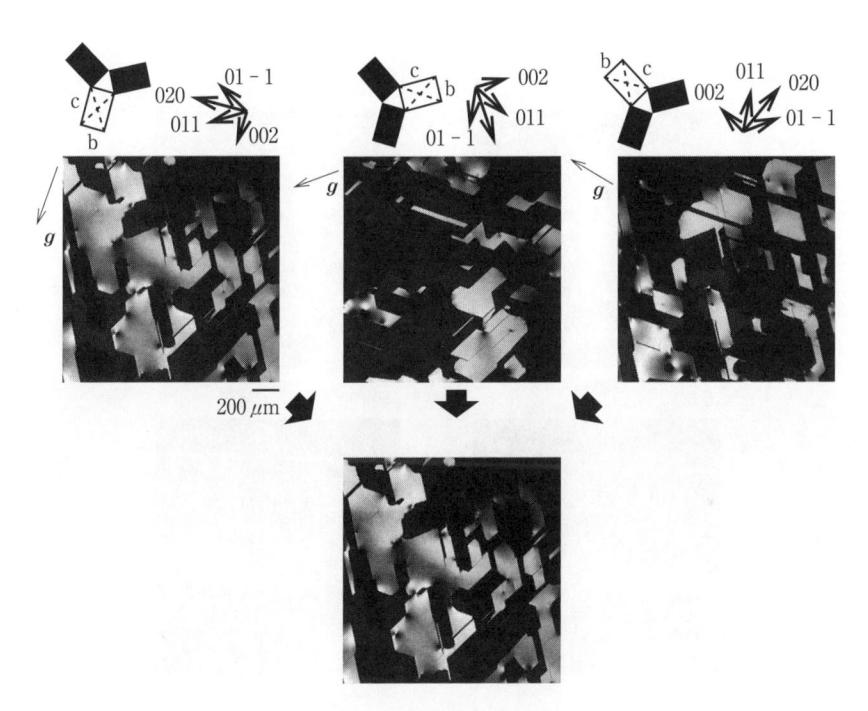

図3.11 Si(111)基板上でa軸配向したBaSi₂エピタキシャル膜の平面TEM暗視野像[17].散乱ベクトルgを選び，3つのバリアントごとに区別した.各バリアントの点線が結晶粒界を構成する.(M. Baba, K. Toko, N. Saito, N. Yoshizawa, K. Jiptner, K. Hara, N. Usami and T. Suemasu: J. Cryst. Growth **348** (2012) 75 より許可を得て転載)

3.2.4 結晶粒径の拡大

前節で示したように，a軸配向BaSi₂エピタキシャル膜には，Si基板の対

称性を反映し等価なエピタキシャルバリアントが存在する．このため，結晶粒径が制限される．一般に，結晶粒と結晶粒の境界である結晶粒界には欠陥や不純物原子が存在するため，デバイス応用には好ましくない．ここでは，微傾斜基板を使い，シリサイド系半導体の結晶粒径を拡大した例を紹介する．

結晶成長には，3.1.4項で用いた Si[$\bar{1}$10] 方向に 2 度傾斜した Si(001) 基板と[11]，Si[11$\bar{2}$] 方向に 2 度傾斜した Si(111) 基板を用いた[18]．結晶粒径の

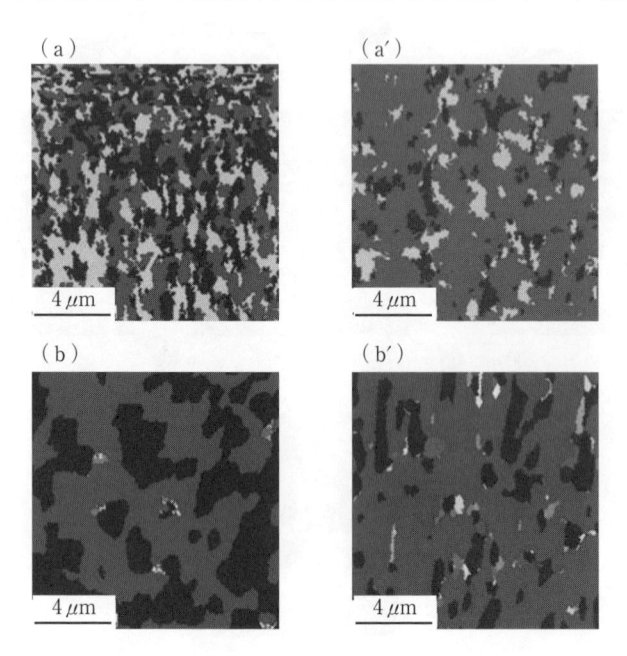

図3.12 (a)(a′) Si(111) 基板上および (b)(b′) Si(001) 基板上に a 軸配向でエピタキシャル成長させた BaSi$_2$ 膜の EBSD マップ．濃淡の同じ領域は結晶方位が揃っていることを示す．(a)(b) はジャスト基板，(a′)(b′) は 2 度傾斜させた基板上に形成した場合の結果．(K. Toh, K. O. Hara, N. Usami, N. Saito, N. Yoshizawa, K. Toko and T. Suemasu : Jpn. J. Appl. Phys. **51** (2012) 095501, K. O. Hara, N. Usami, K. Toko and T. Suemasu : Jpn. J. Appl. Phys. **51** (2012) 10NB06 より許可を得て掲載)

評価には，電子線後方散乱回折法（electron backscatter diffraction, EBSD）を用いた．

まず，図 3.12（a）（a′）に Si（111）基板上の結果を示す．図 3.12（a）に示すように，ジャスト基板上では黒，白，灰色の領域がほぼ同じであることから，3 つの等価なバリアントが同じ割合で存在するのに対し，図 3.12（a′）の 2 度傾斜基板上では，灰色で示すバリアントが支配的に成長している[18]．

次に，図 3.12（b）（b′）には Si（001）基板上の結果を示す．図 3.12（b）（b′）は，それぞれ 3.1.4 項の試料 A，D で示す反応性エピタキシャル成長で形成した島状 $BaSi_2$ 上に形成したものである．ジャスト基板上では黒色と灰色の領域がほぼ同じであることから，2 つの等価なバリアントがほぼ同じ割合で成長するといえる．一方，2 度傾斜基板では，灰色の領域が支配的になっている．これは，$BaSi_2[010] /\!/ Si[110]$ となっていることから，種結晶の優先方位を反映した結果であるといえる．このように，Si 基板上の $BaSi_2$ エピタキシャル膜は，複数のバリアントが存在するが，**微傾斜基板**を使うことで**結晶粒径**を拡大することができる．

図 3.13 Si（111）基板上の a 軸配向 $BaSi_2$ エピタキシャル膜の平面 TEM 明視野像．（a）成長後，および（b）真空チャンバー内で 800℃で 30 分間のアニール後．

この他にも,**ジャスト基板**ではあっても,RDE の形成条件を工夫して,種結晶の結晶粒径を大きくすることで,分子線エピタキシャル膜の結晶粒径拡大に成功している[19].また,図 3.13 に示すように,分子線エピタキシャル成長後の高温アニールによっても $BaSi_2$ の結晶粒径が拡大することが知られている[20].

参 考 文 献

[15] Y. Inomata, T. Nakamura, T. Suemasu and F. Hasegawa: Jpn. J. Appl. Phys. **43**(2004) L478
[16] S. Koike, K. Toh, M. Baba, K. Toko, K. O. Hara, N. Usami, N. Saito, N. Yoshizawa and T. Suemasu: J. Cryst. Growth **378**(2013) 198
[17] M. Baba, K. Toh, K. Toko, N. Saito, N. Yoshizawa, K. Jiptner, T. Sekiguchi, K. O. Hara, N. Usami and T. Suemasu: J. Cryst. Growth **348**(2012) 75
[18] K. O. Hara, N. Usami, K. Toh, K. Toko and T. Suemasu: Jpn. J. Appl. Phys. **51**(2012) 10NB06
[19] M. Baba, K. Nakamura, W. Du, M. Ajmal Khan, S. Koike, K. Toko, N. Usami, N. Saito, N. Yoshizawa and T. Suemasu: Jpn. J. Appl. Phys. **51**(2012) 098003
[20] K. Nakamura, K. Tho, M. Baba, M. Ajmal Khan, W. Du, K. Toko and T. Suemasu: J. Cryst. Growth **378**(2013) 189

3.3 化学気相成長法

3.3.1 はじめに

化学気相成長(chemical vapor deposition, **CVD**)**法**はセラミックスや金属などの合成,また元素半導体(Si)や化合物半導体(GaAs, InP, GaN など)薄膜の量産で広く用いられている薄膜成長法である.この手法は,半導体レーザー用多層膜などの少量生産から,セラミックス材料紛体の大量生産へと幅広く適用可能である.また,出発原料の選択により高純度材料の合成が可

能なことなど，多様な材料を高純度で制御性良く合成可能なのがCVD法の特徴である．ここでは，鉄シリサイドの**熱CVD合成**を例に紹介する．

3.3.2 化学気相成長

CVD法において，出発原料の選択は気相中の化学反応の制御，合成される結晶の品質を決める重要な因子となる．一般的に，金属シリサイドの作製法では，金属原料気体とSi原料気体とを同時に供給してCVD合成する方法と，金属原料気体のみをSi基板上に供給して金属膜と基板Siとの**固相反応**によりシリサイド形成する方法がある．

CVDによる膜作製の観点からは，後者の形成方法もFeの金属膜のCVDと同様と考えられるので，ここでは，FeおよびSiの原料気体を同時に供給することによる鉄シリサイド成長を取り上げる．Si供給原料としては，水素化物である**モノシラン（SiH$_4$）**ガスを用いる．その理由には，この原料がSiテクノロジーの発展により高純度品が容易に入手できること，室温において気体として供給可能なこと，分解温度が約550℃程度であり熱的に安定なため，基板に到達する前の気相での分解がしにくく，安定した原料供給が可能なことが挙げられる．一方，Fe原料としてはいくつかの無機化合物，有機化合物が候補となる．図3.14に**蒸気圧**を，表3.1にそれらの性質（融点，沸点，など）を，それぞれ示す．

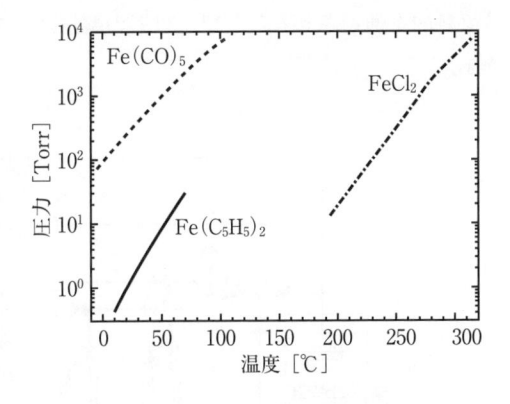

図3.14 代表的なFe供給原料の蒸気圧曲線

86　3. 薄膜形成技術

表 3.1　Fe 原料の特性比較

	分子式	入手可能な試薬純度	形状 (20℃)	融点 (℃)	沸点 (℃)
ハロゲン化物	FeF_2	3 N	粉末	>1100	—
	$FeCl_2$	4 N	粉末	672	1023
	$FeCl_3$	4 N	粉末	300	317
	$FeBr_2$	5 N	粉末	684	934
カルボニル化合物	$Fe(CO)_5$	5 N	液体	−20	103
	$Fe_2(CO)_9$	2 N	粉末	100 (分解)	—
有機化合物	$Fe(C_5H_5)_2$	2 N	粉末	171	249

3.3.3　薄膜の成長制御

　CVD で用いられる装置の一例を図 3.15 に示す．Si の原料には室温では気体である SiH_4 を用いており，マスフローコントローラで供給量の厳密な制御が可能である．一方，Fe の原料にはカルボニル化合物である**鉄カルボニル**（$Fe(CO)_5$）を用いている．この原料は室温付近で液体であるので，バブリングのために，ステンレス容器に入れて水素などの**キャリアガス**をこの原料内を通過させることで，以下の輸送式にて反応室までの供給速度を制御する．

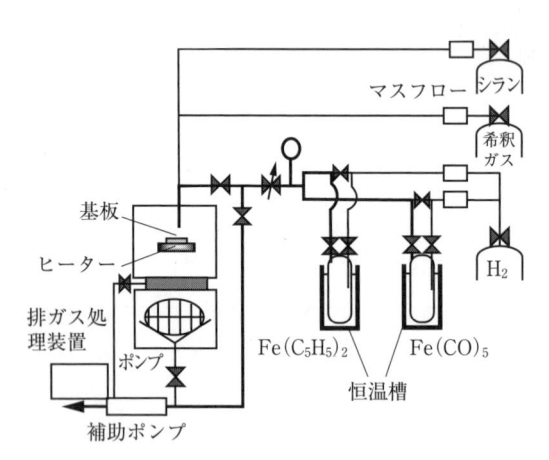

図 3.15　鉄シリサイド用 CVD 装置の一例

$$R[\mathrm{Fe(CO)_5}] = P_i(T)L/P_v \tag{3.1}$$

ここで，$P_i(T)$，L，P_v は，それぞれ温度 T での蒸気圧，キャリアガスの供給速度，バブラの内圧力である．

フェロセン（$\mathrm{Fe(C_5H_5)_2}$）や**塩化鉄**（$\mathrm{FeCl_2}$）などを用いる場合には，図 3.14 に示すように室温での蒸気圧が低いため，十分な供給速度を確保するためには室温より高い温度での気化が必要となり，基板到達前の凝縮を防止するために，バブラおよび配管を気化温度以上に加熱保持するなどの工夫が安定した原料供給実現に求められる．$\mathrm{Fe(CO)_5}$ と $\mathrm{SiH_4}$ から，図 3.16 に示すような鉄シリサイドの合成がされる反応は，全体では次式のように考えられる．

$$\mathrm{Fe(CO)_5 + 2SiH_4 \rightarrow FeSi_2 + 4H_2 + 5CO} \tag{3.2}$$

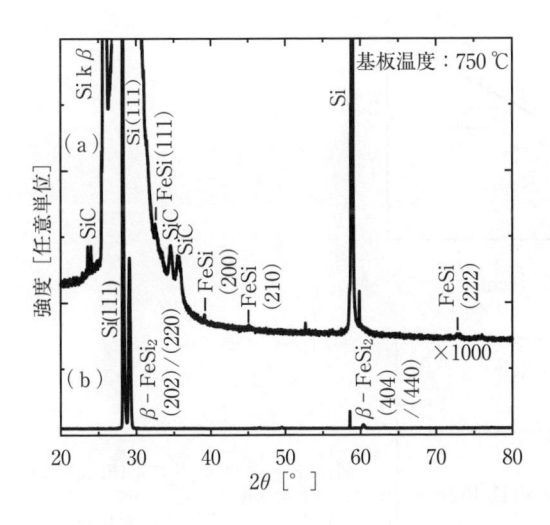

図 3.16 Fe 原料に（a）フェロセン，（b）カルボニル鉄を使用して合成した薄膜の X 線回折評価結果．Si 原料にはモノシランを用いた．(K. Akiyama, S. Ohya and H. Funakubo : Thin Solid Films **461** (2004) 40 より許可を得て転載)

しかしながら，カルボニル化合物とシランとの反応が(3.2)に示すような一段階の単純な反応ではないと考えられる．このような反応がどこで起こり，どのような機構で鉄シリサイドが成長しているのかということについては，まだ十分明らかになっていない．

図 3.17(a)に示すように，750℃に加熱した基板に Fe(CO)$_5$ のみを供給した場合には Fe の堆積が確認されないのに対して，SiH$_4$ も供給した場合は，その供給量の増加に伴い Si だけでなく Fe の堆積量が直線的に増加する．さらに，図 3.17(b)に示すように，堆積膜の Si/Fe 原子比は 0.5 cm^3/min 以上の SiH$_4$ 供給速度条件ではほぼ一定レベルとなり，そのレベルは供給する希釈水素（H$_2$）の供給量で変化することが報告されている．

これらの結果は，気層供給中の混合ガスのなかで，Fe(CO)$_5$ と SiH$_4$，および H$_2$ が気相中で Fe(CO)$_{5-n}$(SiH$_3$)$_n$ のような**中間生成物**を形成し，基板

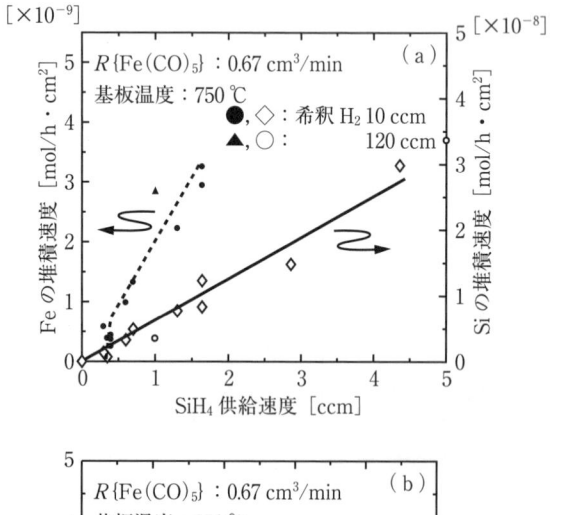

図 3.17 鉄カルボニル(Fe(CO)$_5$)の供給速度を一定にして，シラン(SiH$_4$)の供給速度を変化させた場合での（a）Fe と Si の堆積量の変化，および（b）堆積膜の Si/Fe原子比の変化．(K. Akiyama, S. Ohya and H. Funakubo : Thin Solid Films **461** (2004) 40 より許可を得て転載)

表面で鉄シリサイドを最終的に合成するという反応を考えた方が理解しやすい．

3.3.4 鉄シリサイド・エピタキシャル薄膜

他の薄膜作製法と同様に，CVD法においてもSiの(100)面，(111)面上に(100)，(101)/(110){(101)面と(110)面が共存}配向した鉄シリサイド・エピタキシャル薄膜が600〜850℃の温度範囲にて成長する[22,23]．その成長機構は基板温度，および原料ガス供給比の条件によって変化する．

図3.18(a)に示すように基板温度750℃では，Si基板および**マグネシア（MgO）基板**上の堆積膜のSi/Fe原子比は**ガス供給量比**に比例する．この場合，Si/Fe原子比＜2の堆積膜にて鉄シリサイドの形成が確認される．一方，基板温度800℃では図3.18(b)に示すように，MgO基板上においてガス供給量比に比例して堆積膜のSi/Fe原子比が変化するにも関わらず，Si基板上にはガス供給量比に依存しない領域が観察される．その領域では，気相からの原料ガス供給量比がFe過剰な条件であっても，Si基板からの拡散によるSi供給によって鉄シリサイドが形成される．また，どちらの基板温度であってもSi過剰な供給条件の場合には，鉄シリサイドとSiとが混合した膜形成が観察される．

多結晶やアモルファス構造を有する鉄シリサイド薄膜では，平坦な膜が比較的容易に形成されるものの，エピタキシャル膜では，成長初期過程における結晶核の凝集によって平坦な薄膜の成長が難しい．エピタキシャル膜の凝集は，Siなどの異種基板との**格子整合ひずみ**や**表面エネルギー**によって説明されている．しかし，CVD成長では初期結晶核が一旦島状に凝集を起こしても，成長後には平滑な薄膜形成が観察されている．

図3.19(a)は，**固相反応法**によって，Si(100)基板上に形成された(100)鉄シリサイド・エピタキシャル薄膜をあらかじめ800℃でのアニーリング処理で島状に凝集させた後に，750℃でCVD**オーバーグロース**させた後の薄

90   3. 薄膜形成技術

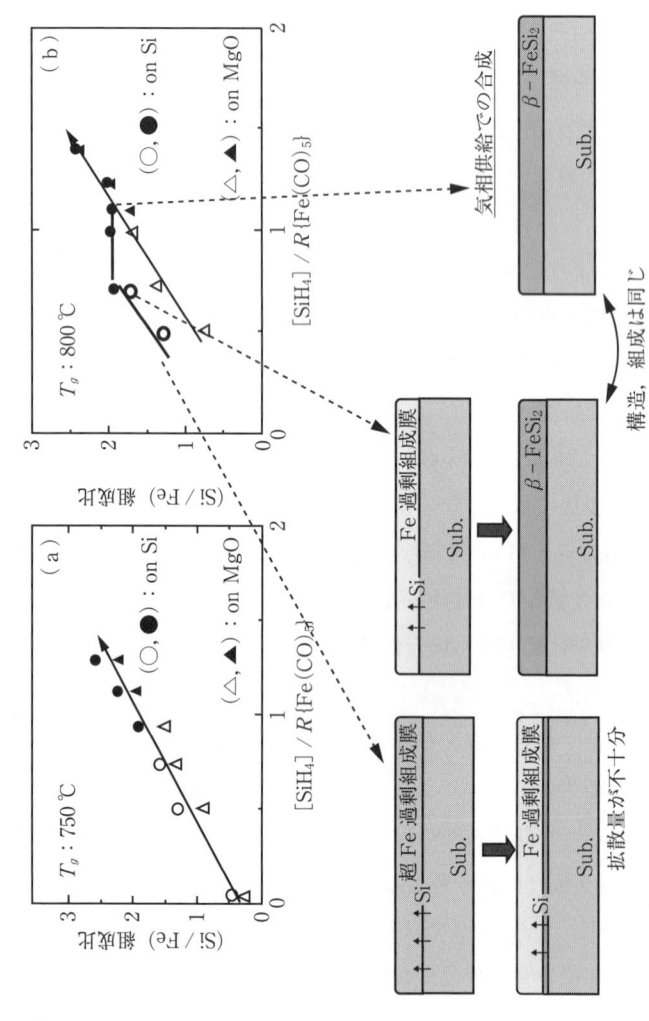

図 3.18 基板温度が，(a) 750 ℃，および (b) 800 ℃での原料ガス供給比による Si，および MgO 基板上の堆積薄膜 (200 nm 厚) の組成比の変化。800 ℃での Fe 過剰供給条件においては，基板 Si からの拡散によって鉄シリサイド相が合成される。(K. Numata, K. Akiyama, S. Konuma, K. Funakubo : J. Cryst. Growth **237/239** (2002) 1951 より許可を得て転載)

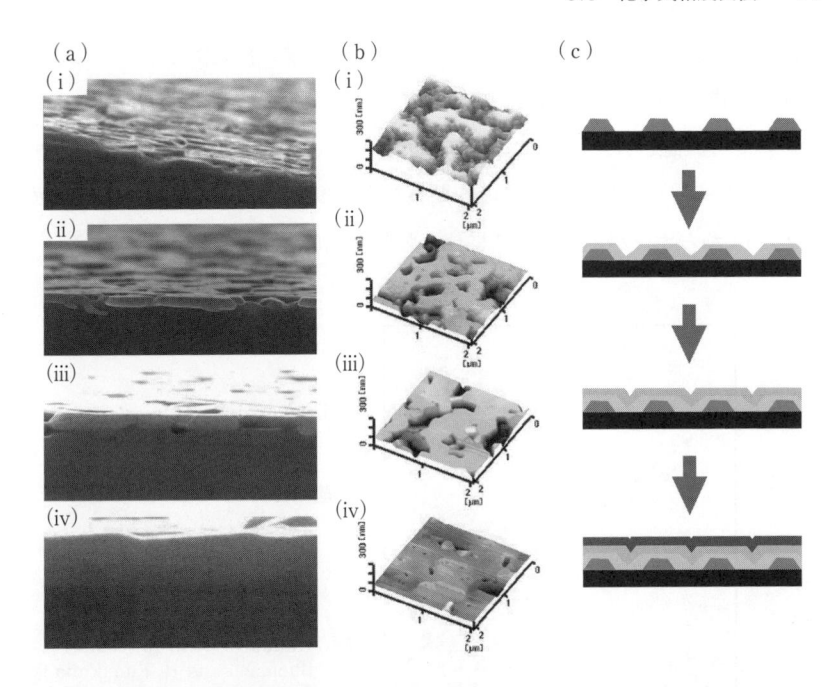

図3.19 Si (100) 基板上のエピタキシャル (100) 鉄シリサイド島状結晶，および CVD オーバグロースした薄膜の，(a) 断面 SEM 像，(b) 表面モフォロジーの変化，(c) 平滑化の模式図．(i) 20 nm 厚の島状結晶，(ii) CVD にて 40 nm 成長，(iii) CVD にて 100 nm 成長，(iv) CVD にて 200 nm 成長．(K. Akiyama, S. Kaneko, Y. Hirabayashi, T. Suemasu and H. Funakubo : J. Cryst. Growth **287** (2006) 694 より許可を得て転載)

膜の微構造変化を**走査型電子顕微鏡**（scanning electron microscope, SEM）で断面観察したものである．

成長前には凝集によって基板 Si の露出が見られるものの，40 nm の CVD オーバーグロース後には，凝集した**島状結晶**を核とした鉄シリサイドの成長が確認される．およそ 100 nm のオーバーグロース後には結晶粒の会合が起こることから，垂直方向よりも水平方向の成長が速いことがわかる．オーバーグロース中に形成される**未会合結晶**の**ファセット面**は，(101) あるいは (110) 面であることが確認され，このファセット面が水平方向の成長を起こすと考えられる．

図3.19(c)にCVDオーバーグロースの成長機構の模式図を示す．この平滑薄膜形成の様子は，**AFM**で観察した薄膜表面モフォロジー変化（図3.19(b)）でも確認され，得られた**平均表面粗さ**（Ra）の変化を図3.20に示す．Raは，オーバーグロース前には初期核結晶の凝集によって，膜厚に相当する19 nmからオーバーグロースに伴う膜厚増加に伴って単調に減少する．

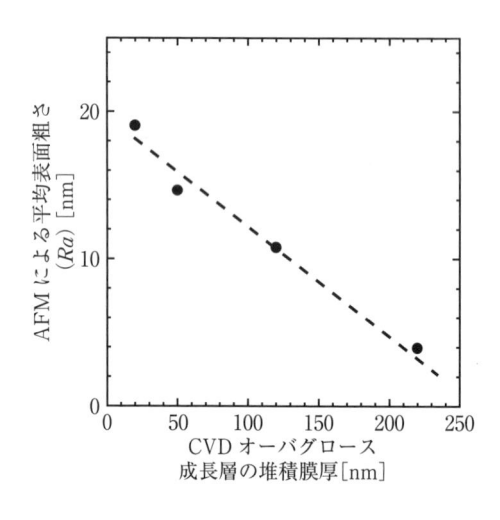

図3.20 Si（100）基板上のエピタキシャル（100）鉄シリサイド島状結晶にCVDオーバグロースした成長層の堆積膜厚とAFMによる平均表面粗さ（Ra）．（K. Akiyama, S. Kaneko, Y. Hirabayashi, T. Suemasu and H. Funakubo : J. Cryst. Growth **287**（2006）694より許可を得て転載）

このような水平方向の成長は，CVD法でも初期の鉄シリサイド結晶核が存在しなければ確認されない．Si(100)基板上にCVD法で直接合成した薄膜の表面構造は凹凸に富み，300〜500 nmの径からなる粒で構成される．一般に，気相からの**薄膜成長機構**は，（ⅰ）**Frank‐van der Merve**（FM）**型**，（ⅱ）**Stranski‐Krastanov**（SK）**型**，（ⅲ）**Volmer‐Weber**（VW）**型** の3つが存在し，これらは基板と作製膜の結晶格子の整合性，および成長法に依存する．Si(100)基板上にCVD法で直接合成した場合は，基板と膜の化学親和力が小さく，格子不整合が大きい際に観察されるVW型での成長機構が支配すると考えられる．一方，**固相反応法**などで作製した鉄シリサイドの結晶核が存在する場合でのCVDオーバーグロースでは，FM型へと成長機

構が変化し平滑な膜形成が起こる．

　デバイス作製の面から，半導体薄膜のエピタキシャル成長に求められる能力としては純度，結晶欠陥制御，界面の完全性，表面モフォロジー，組成・不純物濃度・膜厚の均一性が挙げられる．さらに，デバイス発展のためには再成長，構造体への成長，選択成長，他プロセスとの整合性の良さが求められる．これまで述べたように，鉄シリサイドのCVD成長技術は，それらに十分対応可能であり，今後の発展が期待される．

参 考 文 献

[21]　K. Akiyama, S. Ohya and H. Funakubo : Thin Solid Films **461**（2004）40
[22]　K. Akiyama, S. Ohya, H. Takano, N. Kieda and H. Funakubo : Jpn. J. Appl. Phys. **40**（2001）L460
[23]　K. Akiyama, T. Kimura, T. Suemasu, F. Hasegawa, Y. Maeda and H. Funakubo : Jpn. J. Appl. Phys. Lett. **43**（2004）L551
[24]　K. Akiyama, S. Ohya, S. Konuma, K. Numata and H. Funakubo : J. Cryst. Growth **237/239**（2002）1951
[25]　K. Akiyama, S. Kaneko, Y. Hirabayashi, T. Suemasu and H. Funakubo : J. Cryst. Growth **287**（2006）694

3.4　パルスレーザー堆積法

3.4.1　はじめに

　この節では，**パルスレーザー堆積法**（pulsed laser deposition, PLD），通称：**レーザーアブレーション法**[26]による鉄シリサイドの薄膜成長について説明する．レーザーアブレーションとは，固体にレーザー光を照射したときに，その照射強度がある大きさ（しきい値）以上になると，固体の構成元素が中性原子，分子，イオン，クラスターなどから構成されるプラズマを形成

して放出される現象,および固体がエッチングされることを総称していう.

PLD法では,ターゲットへのレーザー照射により,放出された粒子をターゲットに対向して配置された基板上に堆積させ膜成長を行う.この方法はさまざまな材料に適用され,いくつかの極めてユニークな特徴を有することが報告されている.

なかでも,以下の(i)〜(vi)の特徴を挙げることができる.(i)基板に到達する粒子のエネルギーが大きいために,低い基板温度での成長が可能である[27],(ii)高エネルギー粒子によるパルスプロセスによる膜堆積のために非平衡性が極めて高く,通常の膜作製法では生成しにくい準安定相が生成しやすい,(iii)ターゲットからの粒子放出を光で引き起こすため,チャンバー内をクリーンに保つことができる,(iv)ターゲットと薄膜間で組成ずれが少ない[28],などのユニークな特徴がある.その一方で,(v)生成膜には,ターゲットから直接飛んでくると考えられる直径1〜10 μm の**溶融粒(ドロップレット**)が堆積し,膜の均質性と平坦性が大幅に損なわれる[29].また,(vi)ターゲット表面の点源からの粒子放出となるために,大面積の膜堆積には適さない.

3.4.2　ドロップレットフィルター

PLD法も鉄シリサイド半導体膜の成長に適用するに際し,上記の(i),(iii),(iv)は極めて有利で,なかでも(iv)の特徴により,ターゲットには組成をあらかじめ調整された焼結体ターゲットを用いることができる.一方で,実際にFeSi$_2$の焼結体ターゲットを用いて膜堆積を行うと,(v)のドロップレットの放出が極めて激しく,均質な膜を得ることは困難である[29].

この解決には,図3.21に示すような**ドロップレットフィルター**が有効である[30].プラズマを構成する高速粒子とドロップレットとでは飛行速度が2桁以上異なるために[29],ターゲットと基板との間に高速で回転する羽型回転体を設置することにより,ドロップレットのみを選択的に補足できる.

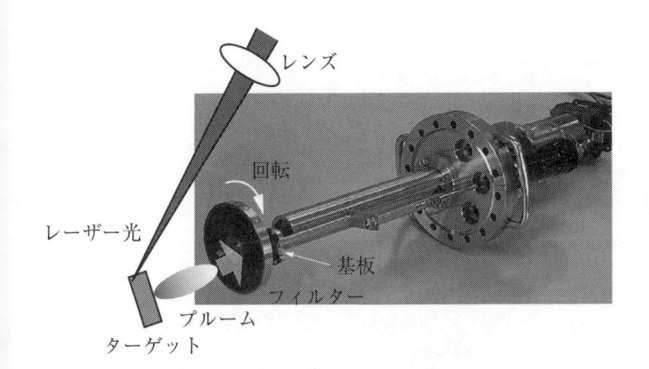

図 3.21 ドロップレットフィルターの写真（T. Yoshitake, *et al.* : Appl. Surf. Sci. **197-198**（2002）379 より許可を得て転載）

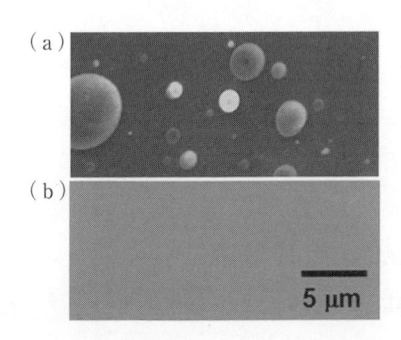

図 3.22 ドロップレットフィルターが（a）ない場合と，（b）ある場合の FeSi₂ 膜の膜表面 SEM 写真．(T. Yoshitake, *et al.* : Appl. Surf. Sci. **197-198**（2002）379 より許可を得て転載）

その効果は歴然で，図 3.22 に示すように多量に観測されていたドロップレットは見かけられなくなる．

ここでは，ドロップレットを均一な膜を形成するにあたっての邪魔として扱っているが，ドロップレットを β-FeSi₂ 粒の形成に利用しようとするユニークな研究もある[30,32]．

3.4.3 鉄シリサイドの PLD 成膜

このドロップレットフィルターを装着した PLD 成膜装置の模式図を図 3.23 に示す．用いるレーザーの波長やエネルギーその他，基板とターゲットの距離など多くのパラメーターがあるが，ここでは筆者らが用いている条件を紹介する．

96   3. 薄膜形成技術

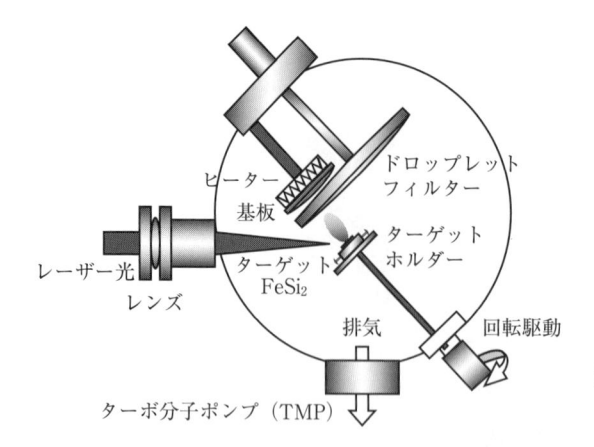

図 3.23 PLD 装置の模式図

　ターゲットは，Fe と Si の組成比を 1 : 2 に調整された FeSi$_2$ 焼結体を用いた．**ArF エキシマレーザー**（波長 193 nm，パルス半値幅 20 ns）をそのターゲットに，入射角は 45 度，フルーエンス F は 10 J/cm^2，繰り返し周波数は 10 Hz，ターゲット基板間距離は 25 mm で照射した．チャンバー内は，ターボ分子ポンプを用いて 10^{-4} Pa 以下に排気した．基板温度は，**ナノ微結晶** FeSi 膜の成長時には室温，β-FeSi$_2$ 膜の成長時には 600℃ とした．基板には Si(100)，Si(111) および石英を用いた．

　β-FeSi$_2$ 膜は，β-FeSi$_2$ の表面エネルギーが Si より大きいためか，Si 基板上へのぬれ性が悪く凝集が起こりやすい．凝集を抑えるために，エピタキシャル成長が起こる下限の基板温度 600℃ で膜成長を行った．膜表面の SEM 像を図 3.24 に示す．低温で成長したことにより凝集は抑制できているが，**ピンホール**がところどころで観られる．ピンホールを減らし，より平坦な膜を得るには，低温成長だけでなく他の作製法で用いられている**バッファー層**の採用が必要であろう[33]．

　β-FeSi$_2$ 膜の XRD パターンを図 3.25 に示す．2θ が 29° 付近で，Si 基板からのピークの右横に β-202/220 からの回折ピークが観測される．挿入図に微小回折ピークを拡大して示す．β(202/220) と同一結晶粒による

3.4 パルスレーザー堆積法　97

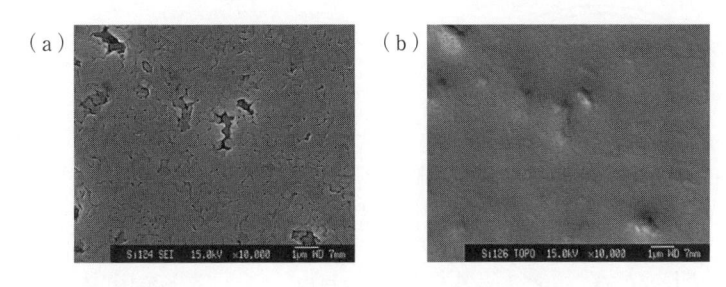

図 3.24 β-FeSi$_2$ 膜の表面 SEM 像．（a）二次電子モード，（b）トポモード（九州大学・板倉 賢氏のご好意による）

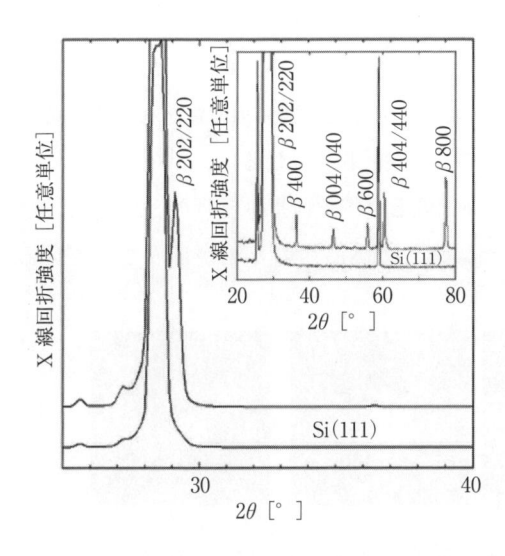

図 3.25 Si（111）基板上に形成した β-FeSi$_2$ 膜の XRD パターン

β(404/440) の他に，β(400)，(600)，(800)，および β(004/040) の回折ピークが観測される．図 3.26 に示す極点図形により，これらの結晶粒は面内にも配向している．回折スポットが分裂して観測されているのは，β-FeSi$_2$ は格子定数の b と c が近いために，いくつかの**バリアント**を有して成長しているためである[34]．

図 3.26 Si（111）基板上に形成した β-FeSi$_2$ 膜の極点図形（神奈川産業技術センター・秋山賢輔氏のご好意による）

- β-FeSi$_2$ [010/100] 方位ドメイン
- β-FeSi$_2$ [101/110] 方位ドメイン
- β-FeSi$_2$ [100] 方位ドメイン

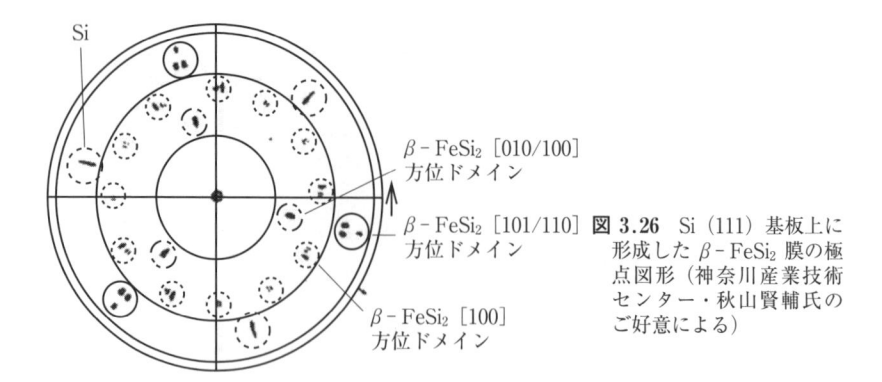

PLD法では，粒子がターゲット上の点源から，対向する平板の基板に堆積されるために，生成膜は急峻な膜厚分布を有する．さらには，放出粒子が形成するプラズマはターゲットノーマル方向に強い指向性を有するために，膜の中央のピンポイント領域は**プラズマ損傷**を受ける．

図3.27に示す**TEM**による断面像と電子線回折からわかるように，膜は凸凹となっており，またβ相に加えて高温相のα相が形成されている．

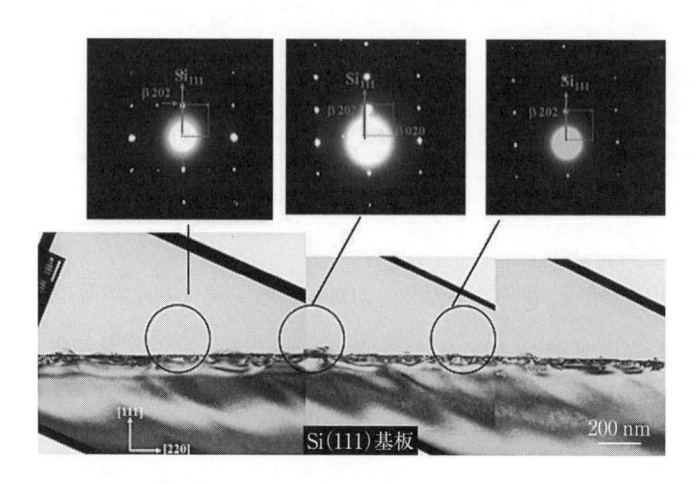

図 3.27 NC-FeSi$_2$ 膜の明視野（BFI）および暗視野（DFI）と制限視野電子線（SAED）パターン

一方，膜の大部分を占めるオフセンターの領域は，図 3.28 のように膜は平坦であり，Si(111) に対して β(202) がエピタキシャル成長している．XRD パターンで，通常，他の作製で観測される β(110/101) ∥ Si(111) 以外のエピタキシャル成長が観測されたが，これは PLD 法の高エネルギー堆積による効果と思われる．

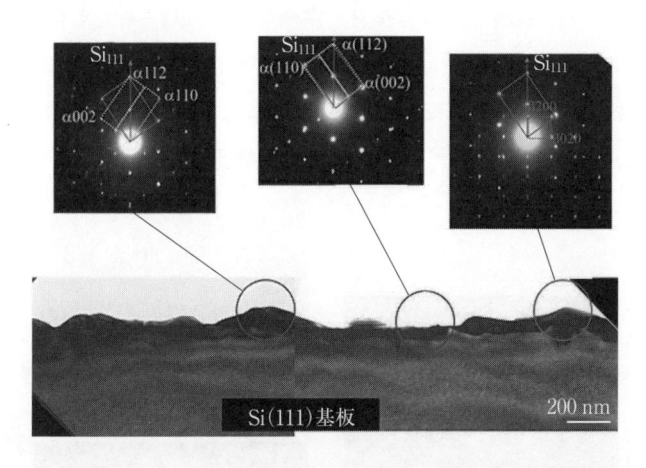

図 3.28 β-FeSi$_2$ 膜のオフセンター部での断面 TEM 像と SAED パターン（九州大学・板倉 賢氏のご好意による）

生成膜の電気伝導度は室温で 2 S/cm で n 型を示した．p 型 Si とのヘテロ接合は弱い整流特性を示すが，**リーク電流**が極めて大きく，ダイオードとして評価するに値するものが得られていない．キャリア濃度が高いことは勿論，金属の α 相やさまざまな配向の結晶粒の粒界がリークセンターとしてはたらき，**ダイオード特性**を大幅に損ねている．

3.4.4　ナノ微結晶 (NC) FeSi$_2$ の形成

イオン注入法により，Fe イオンを Si に打ち込むことで半導体特性を示すアモルファス FeSi$_2$ が生成することが報告されているが[35]，PLD 法では室温基板に膜堆積を行うことで同様な膜を形成できる．また，高エネルギー粒

子付着であることとパルス過程での膜堆積であることが，強い急冷効果を実現する．

　ここで，Si 基板上に堆積された膜の断面 TEM 像と**制限視野電子線回折**（selected area electron diffraction：SAED）パターンを図 3.29 に示す．SAED パターンでは，Si 基板からの回折スポットに加えて，膜からのブロードな回折リングが観測される．なお，完全なハローパターンとはなっていない．このリングの一部を使って結像した暗視野像からは，直径 3〜5 nm の微結晶により膜が構成されていることがわかる．これより，この膜は**アモルファス** $FeSi_2$ というよりは，厳密には**ナノ微結晶**（**NC**）$FeSi_2$ といえる．

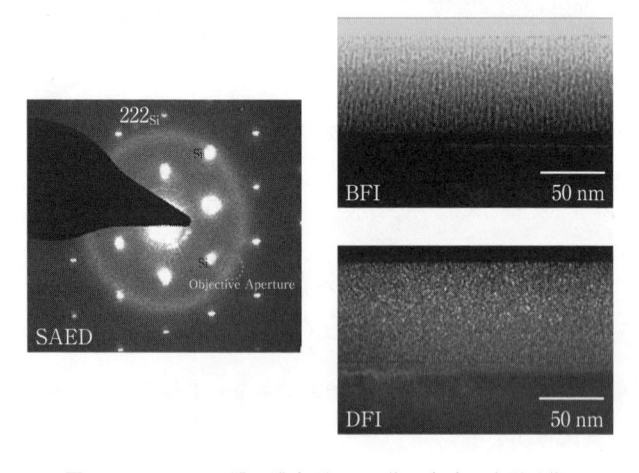

図 3.29 β-$FeSi_2$ 膜の膜表面 SEM 像．（a）2 次電子像，（b）反射電子像．

　次に，**広域 X 線吸収微細構造**（extended x-ray absorption fine structure, **EXAFS**）測定により得られた同径分布関数を，図 3.30 に示す．これによると，β-$FeSi_2$ では，第 1 近接の Fe–Si と第 2 近接の Fe–Fe は少なくとも確実に観測されるのに対して，NC–$FeSi_2$ では，第 1 近接の Fe–Si のみしか観測されない．NC–$FeSi_2$ は，第 2 近接原子から規則化しておらず，単なる β-$FeSi_2$ の微結晶の集合体というわけではない．

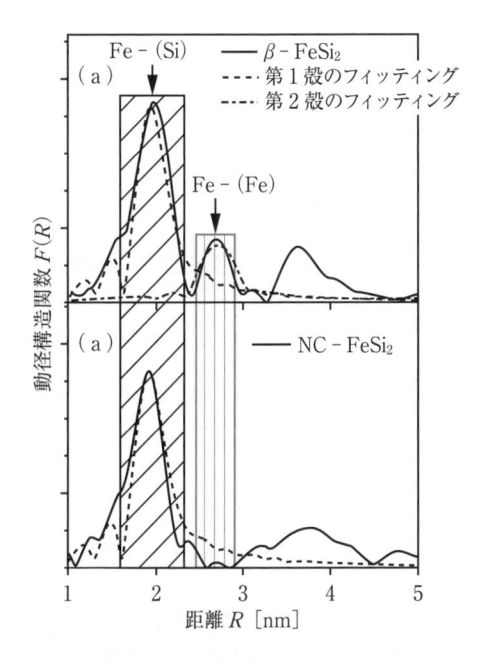

図 3.30 EXAFS 測定より得られた NC‑FeSi$_2$ 膜と β‑FeSi$_2$ 膜の動径構造関数

3.4.5 NC‑FeSi$_2$ の物性

このように作製された NC‑FeSi$_2$ は電気的に n 型を示し,また β‑FeSi$_2$ と同様に大きな光吸収係数を有する[36].少なくともキャリア濃度が 10^{18} cm^{-3} はありそうであるが,膜が均質であるために再現性良く p 型 Si とヘテロ接合を形成した場合に整流性が得られる[37].低温にすれば,キャリア濃度が下がって空乏層が広がるために近赤外光の受光特性は大幅に改善され,同じ温度での既存の材料の**近赤外受光特性**と比べても遜色ない値が得られている[37].室温での固体上への堆積が大概可能であるために,**残留キャリア濃度**を低減できれば,安価な**近赤外域アモルファス系半導体材料**として今後の進展が期待される.

参 考 文 献

[26] D. B. Chrisey and G. K. Hubler: "*Pulsed Laser Deposition of Thin Films*" (Wiley-Interscience, New York, 1994)
[27] J. P. Zheng, Z. Q. Huang, D. T. Shaw and H. S. Kwok: Appl. Phys. Lett. **54** (1989) 280
[28] R. A. Neifeld, S. Gunapala, C. Liang, S. A. Shaheen, M. Croft, J. Price, D. Simons and W. T. Hill: Appl. Phys. Lett. **53** (1988) 703
[29] T. Yoshitake, G. Shiraishi and K. Nagayama: Appl. Surf. Sci. **197/198** (2002) 379
[30] T. Yoshitake, G. Shiraishi and K. Nagayama: Jpn. J. Appl. Phys. **41** (2002) 836
[31] A. Narazaki, R. Kurosaki, T. Sato, Y. Kawaguchi and H. Niino: Appl. Phys. Express **1** (2008) 57001
[32] H. Sugawara, S. Nakamura and M. Oouchi: IEICE Electron. Express **1** (2004) 253
[33] R. Kuroda, Z. Liu, Y. Fukuzawa, Y. Suzuki, M. Osamura, S. Wang, N. Otogawa, T. Ootsuka, T. Mise, Y. Hoshino, Y. Nakayama, H. Tanoue and Y. Makita: Thin Solid Films **461** (2004) 34
[34] V. E. Borisenko ed.: "*Semiconducting Silicides*" (Springer, Berlin, 2000), Chapter. 2.
[35] M. Milosavlievic, G. Shao, N. Bilic, C. N. Mckinty, C. Jeynes and K. P. Homewood: Appl. Phys. Lett. **79** (2001) 1438
[36] K. Takarabe, H. Doi, Y. Mori, K. Fukui, Y. Shim, N. Yamamoto, T. Yoshitake and K. Nagayama: Appl. Phys. Lett. **88** (2006) 061911
[37] N. Promros, R. Iwasaki, S. Funasaki, K. Yamashita and T. Yoshitake: J. Nanosci. Nanotechnol. **13** (2013) 3577

3.5 スパッタリング成膜法

3.5.1 はじめに

スパッタリング（sputtering）法による鉄シリサイド，具体的にはβ-

FeSi$_2$, NC-FeSi$_2$, Fe$_3$Si/FeSi$_2$ 多層膜の薄膜成長について説明する．まずスパッタリング法とは，真空中で不活性ガス（主に Ar）をイオン化して，高速でターゲット表面に衝突させることで，ターゲットを構成する原子をはじき出し，それらの粒子を基板に堆積させる方法をいう．一般的には，ターゲットにマイナスの電圧を印加してグロー放電を起こさせることで，ターゲット表面付近で急激な電圧降下が形成され，その強い電界によりイオン化した不活性ガスが加速されてターゲットに激しく衝突してスパッタリングが起こる．このスパッタリングは 0 K でも生じうる熱的に非平衡な現象で，高融点金属や合金など真空蒸着法では困難な材料でも膜作製が可能である．

3.5.2　対向ターゲット式スパッタリング法

　スパッタリング法といえば，マグネトロンスパッタリング法が一般的である．Fe 膜を Si 上に堆積した後，高温アニールにより β-FeSi$_2$ 膜を成長させる方法がいくつかのグループで報告されているが，その場合の Fe 膜の堆積にはマグネトロンスパッタリング法が用いられる[38]．

　一方で，化学量論比が調整された焼結体ターゲットを用いて，堆積しながらに β-FeSi$_2$ や Fe$_3$Si 膜を成長する場合には，基板がプラズマ中に位置し成長中の膜がプラズマ損傷および再スパッタリングを受ける**マグネトロンスパッタリング法**よりは，基板がプラズマ外に配置される対向ターゲット式スパッタリング法の方が原理的に有利である．対向ターゲット式スパッタリング法では，図 3.31 に示すように 2 枚のターゲットが対向して配置され，その間で磁場と電場が並行する．この電

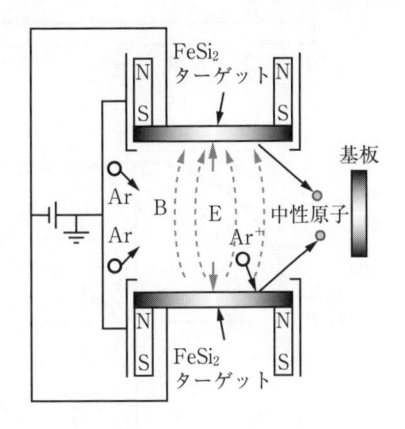

図 3.31　対向ターゲット式直流スパッタリングの概略図

磁場により荷電粒子が捕捉されて，低圧スパッタが可能となるだけでなく，プラズマは基板まで広がらないため，**プラズマ損傷**および**再スパッタリング**により化学量論比のずれのリスクが小さい．

3.5.3 β-FeSi$_2$ のエピタキシャル成長

対向ターゲット式スパッタリング法では，Fe と Si の化学量論比 1：2 の焼結体ターゲットを用いて，基板温度 600℃ の Si (111) 基板上に β-FeSi$_2$ 膜を**エピタキシャル成長**できる[39]．作製された膜の XRD パターンと断面 SEM 像を図 3.32 (a) に示す．これによると，β-220/202 と 440/404 の回折

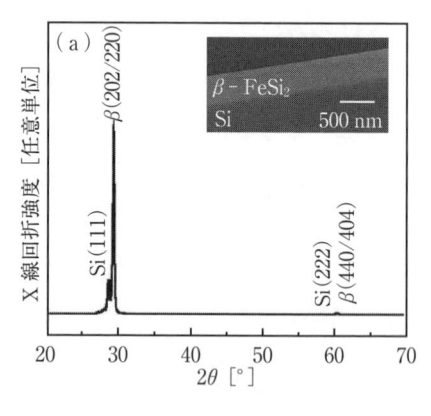

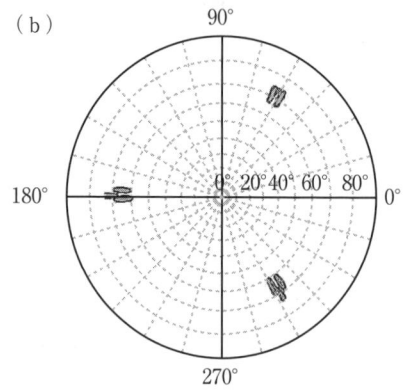

図 3.32 β-FeSi$_2$ 膜の (a) 2θ-θ XRD パターンと断面 SEM 像と，(b) 極点図形．(M. Shaban *et al.*: Appl. Phys. Lett. **94** (2009) 222113 より許可を得て転載)

ピークが見られる．また，図 3.32(b) に示す極点図形から面内にも配向していることがわかる．120°ごとの各スポット群が 3 つのスポットからなるのは，β-FeSi$_2$ の格子定数 b と c が近いことによる 3 通りのバリアント結晶が混在していることによる．2θ 測定では，明確な回折ピークは観測されず，多結晶成分はほとんど含まれていない．

この成長は，エピタキシャル成長が起こる下限の基板温度 600℃で膜堆積を行うことで，β-FeSi$_2$ 結晶の凝集と，またピンホールの発生を抑えることができることによる．さらに，Si との相互拡散も抑制でき，断面 SEM 写真に示すように Si 基板との界面はシャープである．

このようにして得られる β-FeSi$_2$ 膜は n 型伝導を示し，p 型 Si 基板上に堆積することで**ヘテロ接合ダイオード**を形成できる[40-43]．FeSi$_2$ 焼結体ターゲットには純度 4N のものを使用しているが，主な不純物としては Co と Ni である．これらは，β-FeSi$_2$ の n 型ドーパントとしてはたらくことが知られており，n 型化の要因の可能性が高い[40]．キャリア濃度は，電気伝導度と，Si とのヘテロ接合ダイオードの容量-電圧（C-V）測定から，10^{17} cm^{-3} 台になっていると概算された．

ここで，ヘテロ接合ダイオードの分光感度スペクトルを図 3.33 に示す．光子エネルギー 0.8～1.0 eV で β-FeSi$_2$ 膜による光応答が確認される．また，300 K と 50 K における暗状態と，1.31 μm，6 W の近赤外光を照射したときの逆バイアス時の電流を図 3.34 に示す．この構造では，近赤外光は Si 基板を透過した後，β-FeSi$_2$ 膜の空乏層に直ちに入射できる．300 K でも明らかに光電流が観測され，50 K では暗状態との SN 比が大幅に向上する．100 K 以下での検出能（detectivity）は $(1～2) \times 10^{11}$ cmHz$^{1/2}$/W であり，既存の PbS や InAs **フォトダイオード**の同温度での検出能と同等である[44,45]．β-FeSi$_2$ は，NIR **光電変換材料**として高いポテンシャルを有するといえる．その一方で**外部量子効率**はたかだか数％であり，キャリア濃度以外にも改善の余地が多々ある[46]．

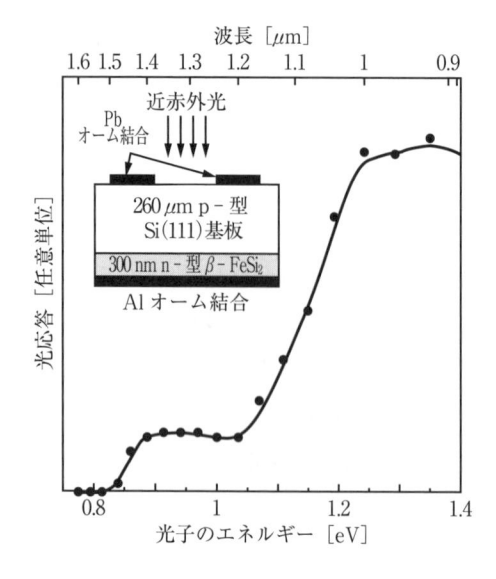

図 3.33 p 型 Si/n 型 β-FeSi₂ ヘテロ接合ダイオードの分光感度スペクトル．(M. Shaban, et al.: Appl. Phys. Lett. **94** (2009) 222113 より許可を得て転載)

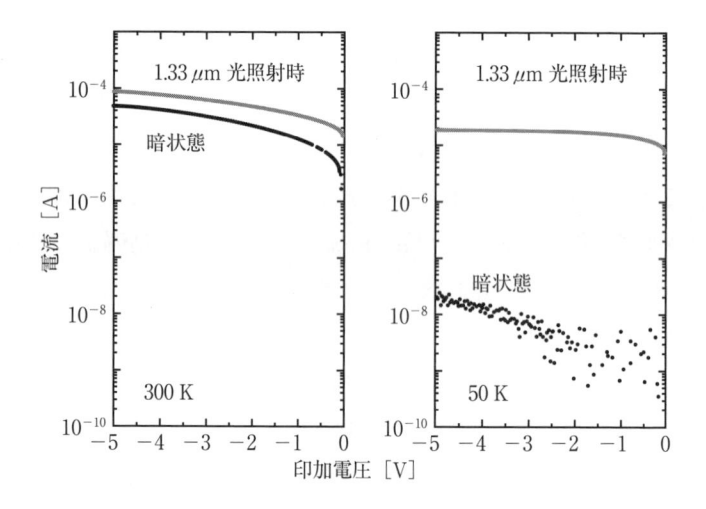

図 3.34 p 型 Si/n 型 β-FeSi₂ ヘテロ接合ダイオードの (a) 300 K と (b) 50 K における，1.33 μm, 6 W の光に対する受光特性．(S. Izumi, et al.: Appl. Phys. Lett. **102** (2013) 032107 より許可を得て転載)

3.5.4 NC-FeSi₂膜のスパッタリング成膜

 前節で述べた NC-FeSi₂ 膜は，対向ターゲット式スパッタリング法でも作製できる．この理由としては，基板がプラズマ外に配置されており，成長中の膜表面温度を上昇させないことがアモルファスライクな構造を形成するのに有利にはたらくためと考えられる．図 3.35 に，上記の方法と PLD 法で作製した NC-FeSi₂ 膜の XRD パターンを示す．PLD 法で生成する NC-FeSi₂ 膜と同様のブロードなピークを示すが，その**半値全幅**はわずかに小さく，PLD 法で形成するものに比べてグレインサイズが多少大きいようである．

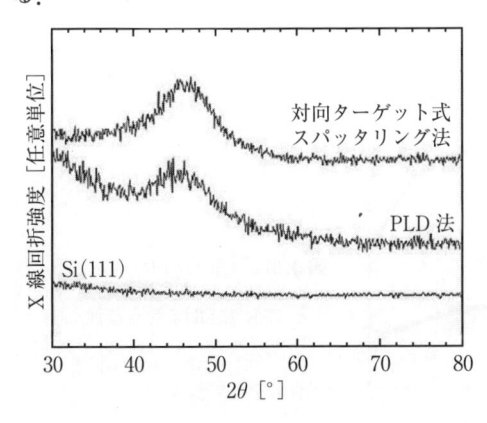

図 3.35 対向ターゲット式スパッタリング法と PLD 法で作製した NC-FeSi₂ 膜の 2θ（Gracing incidence 法）より測定した XRD パターン

 図 3.36 に，EXAFS 測定から得られた β-FeSi₂ と NC-FeSi₂ 膜の**動径構造関数**を示す．NC-FeSi₂ 膜では第 1 近接の Fe-Si のピークのみしか明確に観測されず，単なる β-FeSi₂ の微結晶膜になっているわけではないことがわかる[47]．NC-FeSi₂ 膜はアンドープで n 型を示し，電気伝導度は β-FeSi₂ 膜のエピタキシャル成長膜より 1 桁以上大きい．その大きな電気伝導度は水素化により 1 桁弱まで低減でき，p 型 Si とヘテロ接合を形成すればダイオードとして動作する[48]．NC-FeSi₂ のキャリア濃度が高すぎるために**空乏層**がほとんど NC-FeSi₂ 膜側に広がらずに，図 3.37 に示すように室温での光電流は小さいが，低温では劇的に受光能が改善される[49,50]．NC-

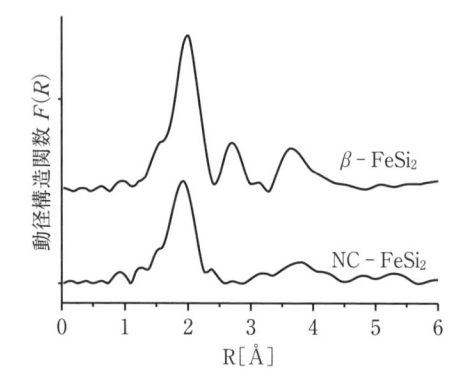

図3.36 EXAFS 測定より得られた NC-FeSi$_2$ 膜と β-FeSi$_2$ 膜の動径構造関数．(N. Promros, *et al.* : Jan. J. Appl. Phys. **51** (2012) 021301 より許可を得て転載)

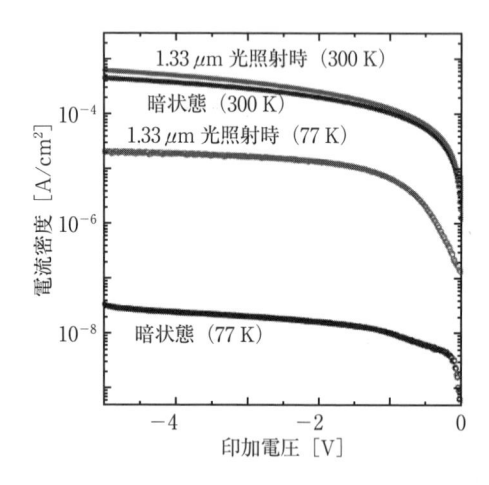

図3.37 p 型 Si/n 型 NC-FeSi$_2$ ヘテロ接合ダイオードの 300 と 77 K における受光特性．(N. Promros, *et al.* : Jan. J. Appl. Phys. **51** (2012) 021301 より許可を得て転載)

FeSi$_2$ 膜は室温で成長可能であることを生かして，ネガの**フォトリソグラフィー**により**メサ型ダイオード**の形成が行われ，低温では同温度での既存の近赤外フォトダイオードに迫る受光性能が得られている．

3.5.5 [FeSi$_2$/Fe$_3$Si]$_{20}$ 積層膜の形成

対向ターゲット式スパッタリング法は，積層膜の形成にも極めて有効である．約 0.1 Pa の低圧でのスパッタリングが可能であるために，ターゲットから放出された粒子がほとんど散乱されることなく基板に到達でき，低温成

長が可能であり，さらには，基板がプラズマ外に配置されているためにシャープな積層界面を有する積層膜を形成することができる．前者の特長を生かして，**強磁性 Fe$_3$Si** は基板を全く加熱することなく室温で Si(111) 基板上にエピタキシャル成長できる[51]．ただし，格子内の原子の規則化は不完全でB2 構造となる．

さらに，**強磁性体/半導体ヘテロ構造**の新しい系の一つである，Fe$_3$Si/NC-FeSi$_2$ 人工格子膜の作製にも極めて有効である[52-54]．ここで，Fe$_3$Si 膜と NC-FeSi$_2$ 膜とを 20 層交互に積層させた，[FeSi$_2$/Fe$_3$Si]$_{20}$ 膜の断面 TEM 写真と小角 XRD パターンを図 3.38 に示す．FeSi$_2$ の層厚 X の増加に対応して，積層構造に起因する回折ピークの位置が低角側にシフトしていくことから，うまく層厚をコントロールできていることがわかる．堆積速度から予想される層厚とのずれは ± 6% であった．また，断面 TEM 写真からは，この積層構造を確かに確認できる．

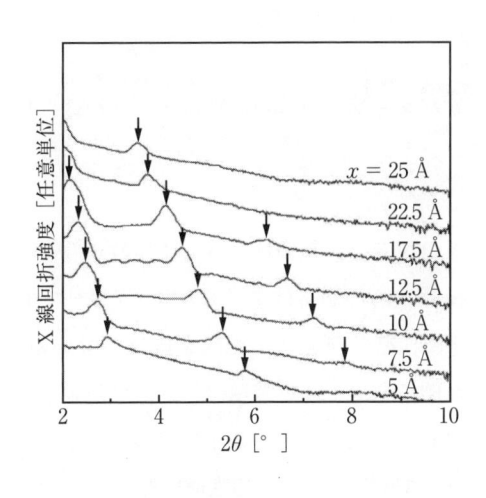

図 3.38 Si(111) 基板上に形成された [FeSi$_2$(x Å)/Fe$_3$Si (25 Å)]$_{20}$ 積層膜の小角 XRD パターン．(T. Yoshitake, et al.: Appl. Phys. Lett. **89** (2006) 253110 より許可を得て転載)

次に，2θ-θ と 2θ スキャンの XRD 測定結果を図 3.39 に示す．$x = 17.5$ Å 以下で，Fe$_3$Si (111) ピークが 2θ-θ パターンで観測されており，それらの膜では，挿入図で示す ϕ スキャンから面内でも配向していることが確認さ

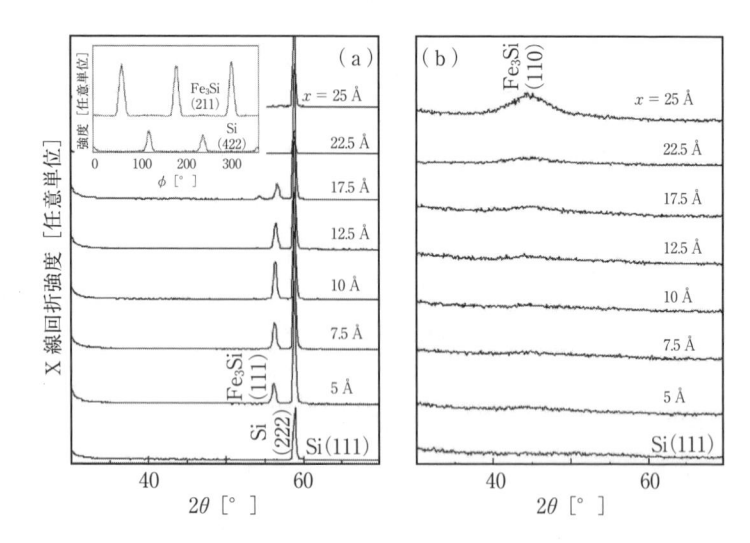

図 3.39 Si(111) 基板上に形成された [FeSi$_2$ (x Å)/Fe$_3$Si (25 Å)]$_{20}$ 積層膜の (a) 2θ-θ スキャン XRD パターンと ϕ スキャンパターンと, (b) 2θ スキャン XRD パターン. (T. Yoshitake et al.: Appl. Phys. Lett. **89** (2006) 253110 より許可を得て転載)

れた. $X = 22.5$ Å 以上では 2θ-θ パターンでの Fe$_3$Si(111) ピークが見られなくなるのに対応して, 2θ パターンで Fe$_3$Si(110) ピークが観測され, Fe$_3$Si 膜が多結晶となることがわかる.

図 3.40 に, 明視野像と膜と基板の両方を含む領域, および膜のみの領域での SAED パターンを示す. Fe$_3$Si 層からの回折はすべてスポッティーであり, Si 基板上から膜最上層まで FeSi$_2$ を飛び越して配向を維持している. Fe$_3$Si の回折スポットに比べて相対的に極めて弱い強度のリングが観測されたが, これは NC‐FeSi$_2$ による. Fe$_3$Si の配向が積層膜全体にわたって維持された場合に, 図 3.41 に示すように Fe$_3$Si 層間に**強磁性層間結合**の振動を誘起できる[55]. 低温でのエピタキシャル成長の実現とシャープな積層界面を出すことは, 積層膜の作製において極めて重要なファクターであり, 対向ターゲット式スパッタリング法はそれに適した有効な方法といえる.

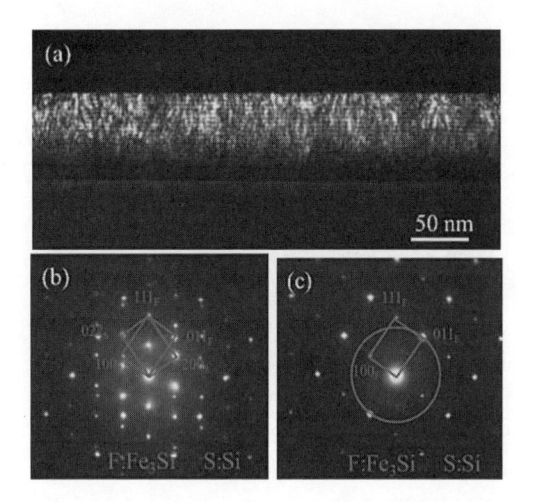

図 3.40 Si(111) 基板上に形成された [FeSi$_2$(7.5Å)/Fe$_3$Si (25 Å)]$_{20}$ 積層膜の（a）暗視野断面 TEM 像，（b）Si 基板と積層膜の界面付近での SAED パターン，（c）積層膜での SAED パターン．(T. Yoshitake, *et al*.: Appl. Phys. Lett. **89** (2006) 253110 より許可を得て転載)

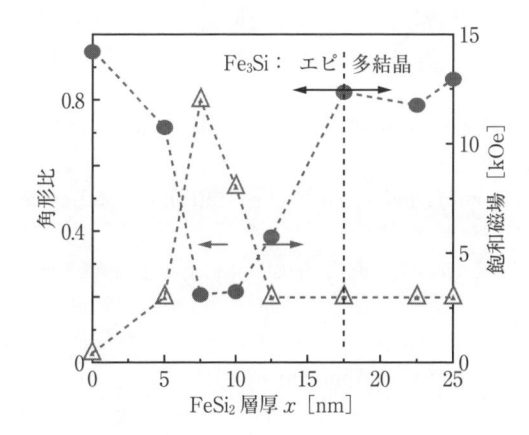

図 3.41 [FeSi$_2$ (x Å)/Fe$_3$Si (25 Å)]$_{20}$ 積層膜の磁化曲線より算出された角形比と飽和磁場の FeSi$_2$ 層厚 x に対する変化 (T. Yoshitake, *et al*.: Appl. Phys. Lett. **89** (2006) 253110 より許可を得て転載)

参 考 文 献

[38] M. Itakura, D. Norizumi, T. Ohta, Y. Tomokiyo and N. Kuwano: Thin Solid Films **461** (2004) 120

[39] T. Yoshitake, Y. Inokuchi, A. Yuri and K. Nagayama: Appl. Phys. Lett. **88** (2006) 182104

[40] M. Shaban, K. Nakashima, W. Yokoyama and T. Yoshitake: Jpn. J. Appl. Phys. **46** (2007) L667
[41] M. Shaban, K. Nomoto, S. Izumi and T. Yoshitake: Appl. Phys. Lett. **94** (2009) 222113
[42] M. Shaban, S. Izumi, K. Nomoto and T. Yoshitake: Appl. Phys. Lett. **95** (2009) 162102
[43] 吉武 剛, 泉 翔太, 川井健司, ポンロス ナタポーン, 野元恵太, 近藤治彦, マハムド シャバーン 共著: 第15回シリサイド系半導体研究会講演予稿集 (2010) 15-18
[44] S. Izumi, M. Shaban, N. Promros, K. Nomoto and T. Yoshitake: Appl. Phys. Lett. **102** (2013) 032107
[45] N. Promros, K. Yamashita, S. Izumi, R. Iwasaki, M. Shaban and T. Yoshitake: Jpn. J. Appl. Phys. **51** (2012) 09MF02
[46] 吉武 剛, 岩崎竜平, 船崎 優, ポンロス ナタポーン, 陳 立, 山下恭平, 泉 翔太 共著: 第20回シリサイド半導体研究会講演予稿集 (2012) 17-20
[47] N. Promros, L. Chen and T. Yoshitake: J. Nanosci. Nanotechnol. **13** (2013) 3577
[48] M. Shaban, H. Kondo, K. Nakashima and T. Yoshitake: Jpn. J. Appl. Phys. **47** (2008) 5420
[49] M. Shaban, K. Kawai, N. Promros and T. Yoshitake: IEEE Electron Device Lett. **31** (2010) 1428
[50] N. Promros, K. Yamashita, R. Iwasaki and T. Yoshitake: Jpn. J. Appl. Phys. **51** (2012) 021301
[51] T. Yoshitake, D. Nakagauchi, T. Ogawa, M. Itakura, N. Kuwano, Y. Tomokiyo, T. Kajiwara and K. Nagayama: Appl. Phys. Lett. **86** (2005) 262505
[52] T. Yoshitake, Y. Inokuchi, A. Yuri and K. Nagayama: Appl. Phys. Lett. **89** (2006) 253110
[53] K. Takeda, T. Yoshitake, Y. Sakamoto, T. Ogawa, D. Hara, M. Itakura, N. Kuwano, T. Kajiwara and K. Nagayama: Appl. Phys. Express **1** (2008) 021302
[54] T. Yoshitake, K. Takeda, D. Nakagauchi, T. Ogawa, D. Hara, M. Itakura, N. Kuwano, Y. Tomokiyo, T. Kajiwara and K. Nagayama:「シリサイド系半導体研究会夏の学校テキスト」(2007) 8-11
[55] K. Takeda, T. Yoshitake, D. Nakagauchi, T. Ogawa, D. Hara, M. Itakura, N. Kuwano, Y. Tomokiyo, T. Kajiwara and K. Nagayama: Jpn. J. Appl. Phys. **46** (2007) 7846

3.6 イオンビームスパッタ成長法

3.6.1 スパッタリング現象

スパッタリング現象(sputtering phenomenon)とは，高い運動エネルギーを持った粒子が物質表面に衝突した際に，物質を構成する原子あるいは分子を空間に放出する現象である．現象としては古くから知られており，発生メカニズムについても種々の説明がされている[56,57]．物質表面に対してイオンを照射すると，その入射エネルギーに応じてさまざまな現象が起こる．数 eV 〜 数 10 eV の比較的低いエネルギーで入射したイオンは，物質表面に堆積する確率が高い．また，数 100 eV 〜 数 10 keV のエネルギーでは，表面を削り取る，いわゆるスパッタリング現象が支配的になる．さらに，MeV を超える高エネルギー領域では，入射粒子が固体中に深く浸透する「**注入**(implantation)」の効果が顕著になる．

ターゲット(標的)となる物質に外部から n_1 個のイオンなどの粒子が入射し，その表面から n_2 個のターゲットを構成する物質の原子または分子がスパッタされて放出されたとき，

$$S = \frac{n_1}{n_2} \qquad (3.3)$$

をその物質の**スパッタ収率**(sputtering yield) S という．このスパッタ収率 S は，粒子の入射条件に加え，ターゲット物質の性質や状態に大きく依存する．

入射エネルギー E に対する S の変化については，おおよそ次のように理解されている．低エネルギー領域では，このエネルギー以下ではスパッタリングが起こらないというしきい値(threshold) E_th が存在する．この値は，おおむねターゲット物質の**昇華熱**(heat of sublimation)に比例して大きくなる．すなわち，入射粒子の衝撃を受けたターゲットの構成原子は，ターゲット内で衝突を繰り返したあげく表面に到達するものの，表面から飛び出

ためには，表面からの束縛エネルギーを上回る運動エネルギーを有していなければならない．このエネルギーに相当するのが E_{th} であり，表面（固相）から原子が真空中（気相）へ飛び出る様子を昇華になぞらえている．

一方，E_{th} 以上では S は E と共に増大する．入射粒子とターゲット物質の組合せにもよるが，S は $10 \sim 100$ keV で最大値を示し，それ以上のエネルギーになると減少する．これは，高エネルギーの入射イオンはターゲットの内部深くまで侵入し，衝突が表面近傍で起こらなくなり，スパッタされる原子数が減少するためである．S の E 依存性に関するデータは，古くからデータ集[58]やハンドブック[59]などに収録されているし，近年では Ziegler ら[60]による **SRIM**（The Stopping and Range of Ions in Matter）などの計算コードが公開されており（http://www.srim.org/），任意の入射粒子-ターゲット物質について計算できるようになっている．図 3.42 は，入射粒子が Ar$^+$ で Fe がターゲットの場合における S の 100 eV ~ 1 MeV の E に対する依存性を，文献[58]に記された手順に従ってプロットしたものである．E_{th} は，さらに低いエネルギーなので図には示されていないが，S が 30 keV 近傍で極大値を取ることが示されている．

スパッタリングによりターゲットから放出された粒子は，非常に大きな運

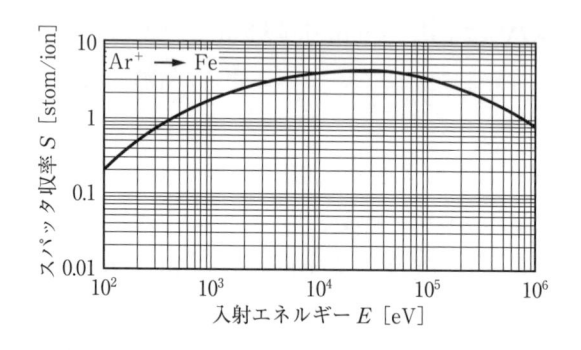

図 3.42 Ar$^+$ イオンビームを Fe に垂直方向より照射したときの，スパッタ収率 S の入射エネルギー E 依存性．文献 [58] の手順に従って計算した．

動エネルギーを付与される．例えば，種々のエネルギーの Kr イオン（80 〜 1200 eV）を Cu (110) へ垂直方向から照射したとき，表面からスパッタされる Cu 原子のエネルギーのピークは 2 〜 3 eV で，入射エネルギーにほとんどよらないが，その最大エネルギーは入射エネルギーの増加に伴い，3 〜 10 eV とより高エネルギー側へとシフトしていく[61]．

3.6.2 イオンビームスパッタ蒸着法の原理と装置構成

前項で述べたスパッタリング現象を利用して，スパッタされる粒子が放出される方向に基板を配置することによって，基板上に薄膜を作製することができる．スパッタリングにより作製した薄膜の特徴として，真空蒸着に比べて，単結晶薄膜の低温合成が可能である．

これは，**スパッタ粒子**の基板到達時のエネルギーが平均で 10 eV 程度と，MBE 法に代表される真空蒸着（約 0.1 eV）に比べ非常に高いためである．さらに，こうした「非平衡」状態にある粒子との反応により，準安定相の作製が可能になる．この他にも，内部応力の増加や薄膜の基板への付着力の増加といった現象も期待できる．また，真空蒸着法では扱うことが難しい高融点材料や反応性の高い材料でもスパッタリングを利用するプロセスであれば，容易に薄膜を作製することができる．このスパッタリング現象を用いた薄膜作製方法は多岐にわたっているが，イオンの発生方法によって分類することができ，**グロー放電プラズマ法**と**イオンビーム法**に分かれる．前者には，**DC 2 極スパッタ法，3 極および 4 極スパッタ法，マグネトロンスパッタリング法**などがあり，後者には**電子サイクロトロン共鳴**（electron cyclotron resonance, ECR）**スパッタ法**や**イオンビームスパッタ蒸着**（ion beam sputter deposition, IBSD）**法**などがある．

イオンビームスパッタ蒸着法では，通常，ターゲットと基板が置かれている成膜室内に希ガスを導入し，グロー放電などによりイオン化させる．そのため，ガス圧が低すぎると放電が持続しないため，成膜中の真空度は

$10^{-1} \sim 10$ Pa 程度にまで達する．一方，イオンビームスパッタ用の装置では，イオンを輸送することにより，イオン化室と成膜室を別々に構成することができる．イオン化室で生成したイオンを加速，集束，あるいは質量分離して成膜室へ導き，ターゲットをスパッタさせることで薄膜を生成させる．このとき，イオン化室と成膜室の間を差動排気することにより，成膜室を $\sim 10^{-2}$ Pa 以下の高真空に保つことができる．イオンビームスパッタ蒸着法の優れた特徴として，高真空で成膜が行えるため，不純物混入の少ない高純度薄膜の作製が可能である．また，基板に対してプラズマ中のイオンや電子による衝撃に直接曝されることがないため，これらの粒子の照射による基板の損傷・損耗や，意図しない基板温度の上昇を避けることができる．

図 3.43 に，実際にシリサイド薄膜の作製に用いられているイオンビームスパッタ法に基づく成膜装置の概略を示す[62,63]．装置は主に **RF イオン源，デュオプラズマトロンイオン源**，成膜室，ロードロック室により構成される．

RF イオン源によって，Ar ガスをイオン化，30 ～ 40 kV まで加速し，分析マグネットにより **質量分離** を行う．これによって，特定の m/z（m：イオンの質量を **統一原子質量単位** で除した値，z：イオンの電荷数）[64] を有するイオンのみがマグネットを通過するので，成膜室には単色のイオンビームが輸送される．同様に，デュオプラズマトロンイオン源[65] からも，質量分離された単色の **イオンビーム**（主に Ne^+ などの希ガスイオン）が輸送されるが，

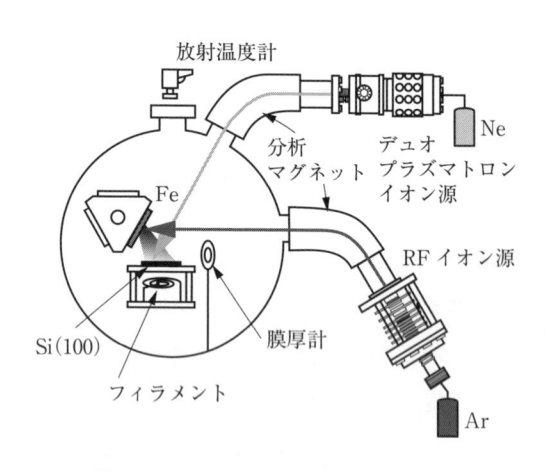

図 3.43 イオンビームスパッタ蒸着法に基づく成膜装置の例

このビームは直接基板に対して，垂直方向から30°の方向より入射する．こうして得られるイオンビームを使って，スパッタ洗浄によるSi基板の前処理が行われる．

　成膜室にはスパッタリング用ターゲットが設置され，イオンビームはターゲットの垂直方向に対して30°の角度で入射し，ターゲット表面をスパッタする．ターゲットは三角柱型のホルダーに固定され，最大3種類までのターゲットを同時に装着することができる．また，回転導入機構により，真空を維持したままターゲットを交換することができる．ターゲットとSi基板との距離はおよそ40 mmである．基板はタングステン（W）製のフィラメントからの輻射熱によって加熱される．基板温度は基板ホルダーに取りつけた熱電対と高温用放射温度計により測定した．膜厚は基板の付近に設置した水晶振動子膜厚計を用いて測定した．

　なお，成膜室の到達真空度は，ターボ分子ポンプとチタン（Ti）ゲッタ（サブリメーション）ポンプの併用により，1×10^{-8} Pa以下となっている．デュオプラズマトロンイオン源使用時の真空度は基板処理条件にもよるが，おおむね2×10^{-6} Pa以下，また，成膜時の真空度は2×10^{-5} Pa以下に保持され，高真空雰囲気中での基板前処理あるいは成膜が可能である．なお，当装置ではSi基板を傍熱的に加熱するため，加熱に伴い真空容器壁面も加熱される．すると，壁面に吸着していた気体原子や分子などが脱離して容器内の真空度を低下させるので，これを抑えるために容器自体も水冷されている．

3.6.3　鉄シリサイド薄膜の作製

　上述したイオンビームスパッタ蒸着法を用いて，シリサイド系半導体薄膜の作製を行った結果を紹介する．どの方法によって成膜するにせよ，購入したばかりの未処理（as‒received）の基板試料の表面には酸素（O），炭素（C）や有機物などが付着しており，成膜過程で結晶成長を阻害する可能性がある

ため，事前に除去する必要がある．すでに，**RCA 洗浄法**[66] や **Shiraki 法**[67] などが手法として確立しているが，こうした化学的な処理だけではなく，高真空下でのイオンビームプロセスが使えるという長所を活かして，ここでは，Ne^+ や Ar^+ などの希ガスイオンにより表面をスパッタするという工程も取り入れている．具体的な例を挙げると，1〜3 keV の Ne^+ イオンビームを 10^{19}〜10^{20} m^{-2} の**フルエンス**で Si(100) 基板に室温で照射した後，基板試料を 1073 K で 30 分間加熱することにより，表面不純物が除去された清浄な表面であることを示す Si(100) 表面の **2×1 構造**，あるいは **Si(111) 表面の 7×7 構造** が RHEED によって確認されている[63]（図 3.44 参照）．

図 3.44 Ne^+ イオンビームによるスパッタ処理を行い，その後 1073 K で 30 分間アニールされた Si(100) 表面に [011] 方向から電子線を入射させたときの RHEED パターン．

実際に，イオンビームスパッタ蒸着法による結果の一例を図 3.45 と図 3.46 に示す．実験では，蒸着に先立ち，Si(100) 基板を 3 keV Ne^+ のイオンビームで 3×10^{20} m^{-2} までスパッタ処理した後，1073 K で 30 分間加熱によるアニールを施している．蒸着は，**高純度 Fe**（公称純度；99.99%）ターゲットに 35 keV Ar^+ イオンビームを照射し，あらかじめ較正された水晶振動子膜厚計で Fe に換算して約 30 nm に達するまで行った．堆積速度は Fe の場合，0.5 nm min^{-1} である．堆積した Fe がすべて β-$FeSi_2$ になると仮定すると，この蒸着量は厚さ約 100 nm の β-$FeSi_2$ 膜に相当する．

図 3.45 は，こうして作製した薄膜の典型的な XRD パターンである．測定した範囲では β 相以外のピークは見られないため，単相膜であると考え

3.6 イオンビームスパッタ成長法 *119*

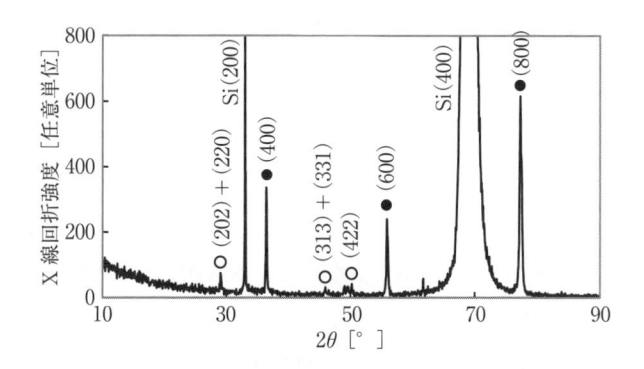

図 3.45 スパッタ処理された Si(100) 基板上に，973 K にてイオンビームスパッタ蒸着法により Fe を蒸着したときに得られる XRD パターンの典型例．●および○は，いずれも β-FeSi$_2$ に由来するピークを示しているが，特に，●は Si(100) 面とエピタキシャル関係にある $\beta(h00)$ ($h = 4, 6, 8$) 面のピークであることを示している．それ以外の β 相のピークは○で示されている．

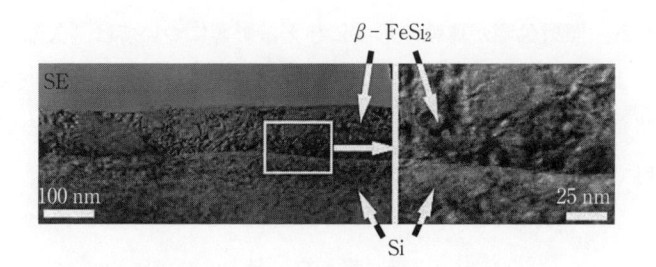

図 3.46 蒸着前にスパッタ処理された Si(100) 基板上に作製された β-FeSi$_2$ 薄膜の断面 TEM 像．(M. Haraguchi, H. Yamamoto, K. Yamaguchi, T. Nakanoya, T. Saito, M. Sasase and K. Hojou : Nucl. Instr. and Meth. **B 206** (2003) 313 より許可を得て転載)

らえる．また，$\beta(400)$，$\beta(600)$ や $\beta(800)$ といった Si(100) 面と**配向関係**にあるとされる $\beta(h00)$ ($h = 4, 6, 8$) 面からのピーク強度が顕著であることから，極めて配向性の高い膜であるといえる．さらに，**TEM** によって，薄膜ならびにその基板との間に形成される界面を観察すると，図 3.46 に示すよ

うに，薄膜は連続膜であるばかりでなく，平坦で，かつ非常に鮮明な界面を形成していることがわかる[68]．

本節で紹介したイオンビームスパッタ蒸着法による成膜は，一方の反応原子（ここではFe）をSi基板上に堆積させ，化学反応を利用してシリサイド薄膜を作製している点では，**RDE**法の1つと考えることができる．その意味では，他の手法，例えば**MBE**法などによるRDE膜の膜質と比較してみると，今後その特徴がより明らかになるだろう．

特に，最近の研究では，成膜温度923Kと973Kにおいて，それぞれ高配向膜が得られる基板のスパッタ処理条件が異なるという結果が得られている[69]．この事実は，スパッタ処理後は，基板を1073Kまで昇温してスパッタ時に注入あるいは導入された希ガスイオンないしは**照射欠陥**を除去しているとはいえ，それらが完全に排除されておらず，**シリサイド化反応**に預かるFeとSi原子の相互拡散に何らかの影響を与えていることを意味していると考えられる．照射欠陥が薄膜の形成に与える影響については，欠陥が関与することによる反応原子間の**相互拡散への促進効果**[70]が指摘されているが，ここで紹介した例は，シリサイド化の反応は非照射下で進行するので，そのまま適用できるかについては慎重な議論を要する．

参 考 文 献

[56]　P. Sigmund: Phys. Rev. **184** (1969) 383
[57]　金原 粲 著:「スパッタリング現象」（東京大学出版会，1984年）など
[58]　N. Matsunami, Y. Yamamura, Y. Itikawa, N. Itoh, Y. Kazumata, S. Miyagawa, K. Morita, R. Shimizu and H. Tawara: At. Data Nucl. Data Tables **31** (1984) 1
[59]　（株）アルバック 編:「真空ハンドブック」（オーム社，2002年）p.256
[60]　J. F. Ziegler, J. P. Biersack and U. Littmark: "*Stopping and Ranges of Ions in Matter*" (Pergamon Press, New York, 1984)
[61]　R. V. Stuart and G. K. Wehner: J. Appl. Phys. **35** (1964) 1819

[62] M. Sasase, T. Nakanoya, H. Yamamoto and K. Hojou : Thin Solid Films **401** (2001) 73
[63] K. Yamaguchi, F. Esaka, M. Sasase, H. Yamamoto and K. Hojou : Trans. Mat. Res. Soc. Japan **37** (2012) 245
[64] 日本質量分析学会 編:「マススペクトロメトリー関係用語集」((株)国際文献社, 2009 年)
[65] 石川順三 著:「イオン源工学」(アイオニクス(株), 1986 年) p. 441
[66] W. Kern and D. A. Puotinen : RCA Review (1970) 187
[67] A. Ishizuka and Y. Shiraki : J. Electrochem. Soc. **133** (1986) 666
[68] M. Haraguchi, H. Yamamoto, K. Yamaguchi, T. Nakanoya, T. Saito, M. Sasase and K. Hojou : Nucl. Instr. and Meth. **B 206** (2003) 313
[69] S. Hamamoto, K. Yamaguchi and K. Hojou : Trans. Mat. Res. Soc. Japan **38** (2013) 89
[70] M. M. Mitan, D. P. Pivin, T. L. Alford and J. W. Mayer : Appl. Phys. Lett. **78** (2001) 2727

3.7 シリサイド系半導体ナノ構造

3.7.1 はじめに

多彩な機能を有しうる鉄シリサイドの**ナノ構造**を,産業利用面で優れたSi 基板上へエピタキシャル成長するという取り組みは,学術的興味に加え,元素戦略上の優位性から,精力的に行われてきた.一般には,Si と Fe の反応性の高さのため,Fe と基板 Si とのミキシングを抑え,急峻な界面を持つ鉄シリサイドナノ構造を Si 基板上にエピタキシャル成長することは難しい.本節では,急峻な界面を持つ**ナノドット**を超高密度にエピタキシャル成長する**極薄 Si 酸化膜技術**について触れ,この技術を鉄シリサイドナノドット形成へと応用した例と,そのナノドットの物性について紹介する.

3.7.2 極薄 Si 酸化膜技術:超高密度エピタキシャルナノドット形成

Si 基板表面を清浄化した後,酸素分圧 2×10^{-4} Pa 程度,基板温度 400 〜

600℃の条件で10分間程度熱酸化を施すと，たった一層だけの膜厚を持つ極薄 Si 酸化膜を形成することができる．この極薄 Si 酸化膜上に，450～650℃の基板温度範囲で Si あるいは Ge を蒸着することで，Si や Ge のナノドットを超高密度にエピタキシャル成長することができる[71-73]．**極薄 Si 酸化膜技術**を用いて Ge ナノドットをエピタキシャル成長した例を図 3.47 に示す．**走査型トンネル顕微鏡**（scanning tunneling microscope, STM）と RHEED の観察結果から，超高密度にナノドットがエピタキシャル成長したことがわかる．**断面高分解能透過型電子顕微鏡**（high-resolution TEM, HRTEM）像からも，球状のナノドットが Si 基板に対して急峻な界面を持ち，結晶方位を揃えて，成長していることが確認できる．

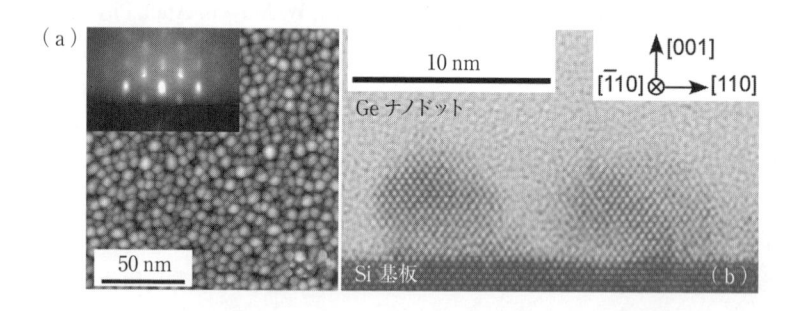

図 3.47 （a）極薄 Si 酸化膜上に形成した Ge ナノドットの STM 像と RHEED 図形（（a）挿入図），（b）HRTEM 像．(Y. Nakamura, *et al.*: Cryst. Growth Des. **11** (2011) 3301 より許可を得て転載)

通常の Si 酸化膜に Si や Ge を蒸着すると，Si や Ge の**アイランド**が形成されるが，酸化膜が**アイランド**結晶と基板との接触を妨げるため，基板の結晶情報はアイランドに伝わらず，エピタキシャル成長しない．前述の極薄 Si 酸化膜に Si や Ge を蒸着した場合は，極薄 Si 酸化膜は欠陥を多く含むため，下に示す反応によって**酸化膜の脱離**が起こりやすい．

$$\left. \begin{array}{l} \text{Si} + \text{SiO}_2 \rightarrow 2\text{SiO}\uparrow \quad\quad (\text{Si 蒸着}) \\ \text{Ge} + \text{SiO}_2 \rightarrow \text{SiO}\uparrow + \text{GeO}\uparrow \quad (\text{Ge 蒸着}) \end{array} \right\} \quad (3.4)$$

反応(3.4)を起こしたサイトでは，**ダングリングボンド**の存在のために Si や Ge 原子に対する化学ポテンシャルが低く，Si や Ge の蒸着原子が捕獲される．そのため，この反応サイトを成長核としてナノドットが形成される．この場合，**蒸着原子の表面拡散寿命** τ は，反応(3.4)で決定される．**拡散係数**を D とすると，この反応サイト間の平均間隔は $\sqrt{D\tau}$ 程度となる．400～500℃程度の基板温度において，この値は 10 nm 程度であるため，この反応サイト（すなわちナノドット成長核）の密度は，～$10^{12}\,\mathrm{cm}^{-2}$ となる．また，十分に反応(3.4)が進行する温度で蒸着を行った場合（>～450℃），反応サイトでは極薄 Si 酸化膜にナノ開口が形成され，そのサイト上に成長したナノドットは，Si 基板と接触し，**エピタキシャル成長**する．低温で蒸着すると（<～400℃）**開口形成**が不十分であるため，非エピタキシャル成長したナノドットが形成される．

3.7.3 Si 基板上へのシリサイドナノドットのエピタキシャル成長

上述した極薄 Si 酸化膜技術では，**ナノ開口**の存在がエピタキシャル成長と超高密度成長を可能としている．図 3.48 に示すように，この超高密度ナノ開口を利用することで，さまざまな材料のナノドットを Si 基板上に**超高密度エピタキシャル成長**する技術が考案された[74-78]．

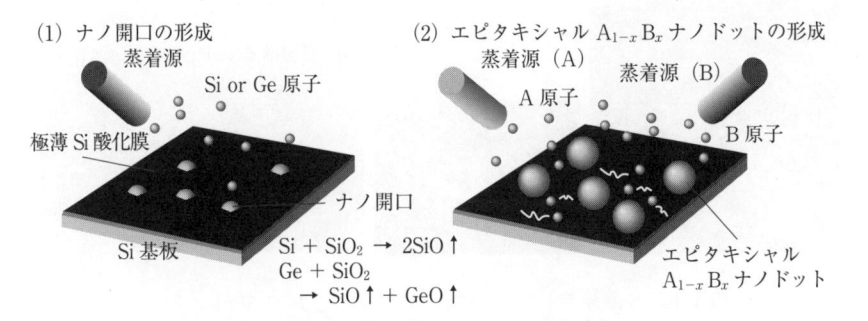

図 3.48 さまざまな材料のナノドットを，超高密度に Si 基板上にエピタキシャル成長する技術．

まず，極薄 Si 酸化膜に少量の Si あるいは Ge を蒸着し，反応(3.4)を起こして，ナノ開口を超高密度に形成する．その後，材料 A, B を同時に蒸着する．そして，（1）ナノ開口が蒸着原子 A, B の捕獲サイトとしてはたらき，（2）極薄 Si 酸化膜が蒸着原子 A, B の Si 基板への拡散を十分抑制できる，という2つの条件が満たされれば，$A_{1-x}B_x$ 材料のナノドットが超高密度にエピタキシャル成長可能となる．

ここでは，蒸着原子 A, B を Fe, Si とすることにより，鉄シリサイドナノドットを超高密度エピタキシャル成長させた例を紹介する．まず，超高真空中（$\sim 2 \times 10^{-8}$ Pa）で，Si(111)基板に対してフラッシング処理を施して清浄表面を得た．その後，極薄 Si 酸化膜を形成し，1原子層（ML）の Si を 500℃で蒸着して超高密度にナノ開口を形成した．その極薄 Si 酸化膜上に，Fe と Si を 1：2 の蒸着速度比，基板温度 500℃の条件で同時蒸着を行い，鉄シリサイドのナノドットを作製した．

その **STM** 像と RHEED 図形を図 3.49 に示す．数 nm サイズの半球状ナノドットが超高密度（$\sim 10^{12}$ cm^{-2}）に形成されていることが認められる．RHEED 図形から，このナノドットは，$(110)_{FeSi_2}/(111)_{Si}$ あるいは $(101)_{FeSi_2}/(111)_{Si}$ の**エピタキシャル関係**を持つ β-FeSi$_2$ であることがわかる．また，

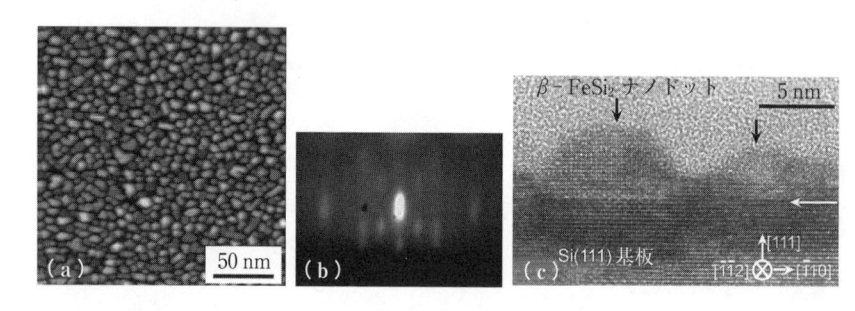

図 3.49 極薄 Si 酸化膜技術によって形成した β-FeSi$_2$ ナノドットの（a）STM像，（b）RHEED図形と（c）HRTEM像．(Y. Nakamura, *et al.*: J. Appl. Phys. **100** (2006) 044313 より許可を得て転載)

HRTEM像からも，半球状のナノドットがSi基板に対して急峻な界面を持ち，結晶方位を揃えて成長していることが確認できる．

このナノドットに対して650℃でアニール処理を施すと結晶性は改善されるが，ナノドットが平坦化し，直径数十nmの**フラットナノドット**となることがわかっている．一方，Si(001)基板においては，Fe原子のSi基板への拡散が起こりやすいため，形成プロセスを少し工夫する必要がある．まず，極薄Si酸化膜をSi(001)基板に形成後，基板温度670℃で2MLのSiを蒸着してナノ開口を形成する．その後，室温でFeとSiを1:2の蒸着速度比で蒸着した後，450〜650℃の範囲でアニール処理を行うことで，β-FeSi$_2$**ナノドットをSi(001)基板上に固相エピタキシャル成長**させることができる．このとき，アニール処理温度が450〜550℃の範囲であると，ドーム状のナノドットが，650℃程度の場合は，フラットナノドットが形成できる[79]．

一方，ナノ開口を形成した極薄Si酸化膜/Si(111)基板上にFeとSiを3:1の蒸着速度比で，基板温度300℃で同時蒸着した場合の例を図3.50に示す．図3.49と同様に数nmサイズの**半球状ナノドット**が超高密度に形成される．しかし，RHEED図形からは，これが(111)$_{Fe_3Si}$/(111)$_{Si}$のエピタキシャル関係を持つFe$_3$Siであることがわかる．

この極薄Si酸化膜技術を用いると，半球状のナノドットを超高密度にSi基板上にエピタキシャル成長させることができる．また，蒸着速度比と基板温度を制御することで，半導体β-FeSi$_2$から**強磁性Fe$_3$Si**まで自由に材料

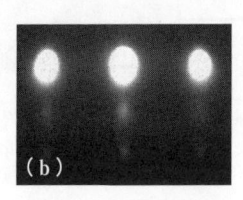

図3.50 極薄Si酸化膜技術によって形成したFe$_3$Siナノドットの(a)STM像と(b)RHEED図形．(Y. Nakamura, *et al.*: Jpn. J. Appl. Phys. **50** (2011) 015501 より許可を得て転載)

および結晶構造を選択することが可能である．

3.7.4 β-FeSi$_2$ 半導体ナノドット：光学特性

β-FeSi$_2$ 半導体ナノドットの個々の光学特性を調べるために，**STM-変調分光法**（STM-electric field modulation spectroscopy, STM-EFMS 法）を用いてナノ吸収分光測定を行った[79]．Si(111) 基板上にエピタキシャル成長した半球状 β-FeSi$_2$ ナノドットを，650℃でアニール処理を施して結晶性を高めたフラット β-FeSi$_2$ ナノドットについて測定を行った．STM-EFMS 法は，個々のナノドットの吸収分光特性が測定可能となる技術である．STM-EFMS 法の詳細は，他の文献を参照されたい[80]．

ここでは，STM-EFMS 法の概略について述べる．STM-EFMS 法の原理は，STM 探針-試料間にプローブ光を照射し，光吸収により発生する表面光起電力（surface photovoltage, SPV）を利用して，STM 探針-試料間に流れる電流の変化を検知するというものである．電圧印加あるいは変調光照射により，SPV を変調して信号検出を行う．

100 K での Si(001) 基板上の，β-FeSi$_2$ フラットナノドットの STM-EFMS スペクトルの結果を図 3.51 に示す．0.7 eV と 0.9 eV 付近に吸収端を示すピークが観察される（図 3.51(a)）．このピークを用いてマッピング

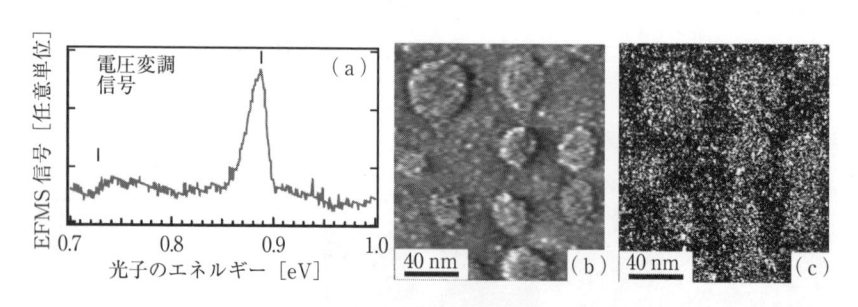

図 3.51 β-FeSi$_2$ ナノドットの（a）STM-EFMS スペクトル，（b）STM 像，（c）マッピング．(Y. Nakamura *et al.*: Cryst. Growth Des. **8** (2008) 3019 より許可を得て転載)

を行い（図3.51(c)），STM像（図3.51(b)）と比較した結果，このピークシグナルは，β-FeSi$_2$ ナノドット由来のものであることがわかる．これら2つのピークは，β-FeSi$_2$ バルクの間接遷移吸収端，直接遷移吸収端の位置[81]と良い一致を示していることから，β-FeSi$_2$ ナノドット/Si(001)においては，バルクと類似したエネルギーバンド構造を有していると考えられる．

3.7.5 Fe$_3$Si 強磁性体ナノドット：磁性

図3.50に示すFe$_3$Si 強磁性体エピタキシャルナノドット/Si(111)基板の磁性測定を行った．**超伝導量子干渉素子**を用いて**磁化曲線**を測定した結果，低温（10 K）では強磁性を示した（図3.52を参照）．しかし，温度を増加すると**常磁性**を示し，ナノ構造固有の**超常磁性**に近い性質が観測された．また，Fe$_3$Si 形成において，Feの組成比を増加させると，ナノドットは平坦化し，薄膜形状へと近づくことがわかった．ナノドットの場合は超常磁性を示すが，薄膜形状の場合は室温でも**強磁性**を示した．

以上の結果は，極薄Si酸化膜技術の応用性の広さを表しており，複雑な相図を持つ鉄シリサイドにおいても，結晶構造・物性（半導体，金属，強磁性材料）を選択したエピタキシャル成長が可能であることを意味している．

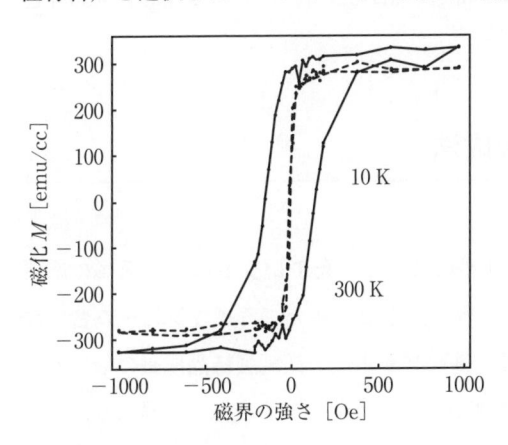

図 3.52 エピタキシャル Fe$_3$Si ナノドットの磁化曲線

参 考 文 献

[71] Y. Nakamura, K. Watanabe, Y. Fukuzawa and M. Ichikawa : Appl. Phys. Lett. **87**（2005）133119

[72] Y. Nakamura, M. Ichikawa, K. Watanabe and Y. Hatsugai : Appl. Phys. Lett. **90**（2007）153104

[73] Y. Nakamura, A. Murayama, R. Watanabe, T. Iyoda and M. Ichikawa : Nanotechnology **21**（2010）095305

[74] Y. Nakamura, Y. Nagadomi, S.‐P. Cho, N. Tanaka and M. Ichikawa : J. Appl. Phys. **100**（2006）044313

[75] Y. Nakamura, A. Masada, S.‐P. Cho, N. Tanaka and M. Ichikawa : J. Appl. Phys. **102**（2007）124302

[76] Y. Nakamura, A. Masada and M. Ichikawa : Appl. Phys. Lett. **91**（2007）013109

[77] Y. Nakamura, T. Sugimoto and M. Ichikawa : J. Appl. Phys. **105**（2009）014308

[78] Y. Nakamura, S. Amari, S.‐P. Cho, N. Tanaka and M. Ichikawa : Jpn. J. Appl. Phys. **50**（2011）015501

[79] Y. Nakamura, S. Amari, N. Naruse, Y. Mera, K. Maeda and M. Ichikawa : Cryst. Growth Des. **8**（2008）3019

[80] N. Naruse, Y. Mera, Y. Nakamura, M. Ichikawa and K. Maeda : J. Appl Phys. **104**（2008）074321

[81] H. Udono, I. Kikuma, T. Okuno, Y. Masumoto, H. Tajima and S. Komuro : Thin Solid Films **461**（2004）182

3.8 イオンビーム合成法

3.8.1 はじめに

β‐$FeSi_2$ 結晶の成長技術の進展によって，**光エレクトロニクス**への応用に端緒を開くことができている[82‐86]．本節で紹介する**イオンビーム合成法**（ion beam synthesis：IBS）は，鉄シリサイドの**高純度結晶成長**の最も有力な方法の一つである．本章に説明されている他の成膜方法とは異なり，シリ

コン基板自体と**イオン注入**した元素とを化合させてシリサイドを形成する．したがって，元素の注入深さを変えることで，基板表面から内部まで結晶を成長させる深さを制御することができるユニークな成長方法といえる．

β-FeSi$_2$バルク結晶や薄膜成長に用いられていたFe原料の一般的な純度は3N～4N程度であるために，**電気特性**，**光学特性**，特に**発光特性**は原料に由来した不純物の量や種類に大きく影響を受ける．初期の研究では，β-FeSi$_2$結晶の純粋な物性・特性が検証し難い状況であった[83,84]．

こうしたなか，シリサイドのIBS法が開発された．サリー大学（英国）[87]，ユーリッヒ研究所（ドイツ）[88]，産業技術総合研究所（つくば）[89]，大阪府立大学[90]のグループは，FeイオンビームをSi基板に高密度イオン注入することで，鉄シリサイドβ-FeSi$_2$結晶のIBSに成功し，結晶成長，微細構造，光吸収や発光特性など光学特性，電気伝導特性の研究が本格的に始まった．特に，K. P. Homewoodら（サリー大学）は，イオンプロセスを用いて，発光ダイオードを試作し，液体窒素温度ではあるが，β-FeSi$_2$からの1.5 μm帯域の**エレクトロルミネッセンス**を実現した[91,92]．その後，IBS法で形成した高純度β-FeSi$_2$結晶からの**発光特性**や**光物性**が詳細に研究され，真性発光の物理が明らかにされている[93,94]．

本節では，β-FeSi$_2$結晶のイオンビーム合成と作製条件による特性改善例について紹介する．

3.8.2 鉄イオン注入

IBS法による鉄シリサイド結晶の成長方法について説明する．この方法は，鉄イオン注入と注入後アニールの2つのプロセスからなる．鉄イオン注入に用いられる**鉄イオン源**には，**硫化鉄**（FeS），**第2塩化鉄**（FeCl$_3$）を熱分解する**アークチャンバー**，**スパッタ源**などが用いられている．このなかで，第2塩化鉄を使用したイオン源からは，数mA程度の**イオン電流**が確保できるために，**高密度**（高ドーズ）**注入**が必要な化合物形成には非常に有

利なイオン源である[95].

イオン注入では,**質量分離**された^{56}Fe$^+$（質量数56の1価のイオン）は,シリサイドを形成する深さに応じて必要なエネルギーに加速され,イオンがSi基板結晶中で特定の結晶軸や面において**チャネリング**を起こさない入射角（7°程度）で,シリサイド形成に必要なドーズ（**注入量**）になるまで照射される.イオン注入法の詳細については文献[96-98]を参考にされたい.注入された元素の深さ分布は,深さR_p(Å)にピーク,ΔR_p(Å)の縦射影分散を持つガウス分布として近似できる.

$$\left.\begin{aligned} N_{\mathrm{Fe}}(x) &= \frac{\phi_{\mathrm{Fe}}}{\sqrt{2\pi}\Delta R_p} \exp\left[-\frac{(x-R_p)^2}{2\Delta R_p^2}\right] \times 10^8 [\mathrm{cm}^{-3}] \\ C_{\mathrm{Fe}}(x) &= \frac{N_{\mathrm{Fe}}(x)}{N_{\mathrm{Fe}}(x)+N_{\mathrm{Si}}} \times 100 [\mathrm{at.\%}] \end{aligned}\right\} \quad (3.5)$$

ここで,N_{Fe}, ϕ_{Fe}, N_{Si}, R_p, ΔR_p, $C_{\mathrm{Fe}}(x)$はそれぞれ,深さxのFeの原子密度,Feイオンのドーズ,Siの原子密度,**射影飛程**,**縦射影分散**,深さxのFeの組成（%）である.

化合物が形成される中心深さは,通常は**射影飛程**R_p付近になる.Si原子を標的（ターゲット）にしてSRIMシミュレーション[100]を行うと,図3.53に示したように^{56}Fe$^+$イオンの注入エネルギーE(keV)に対応した,R_p, ΔR_pを知ることができる.

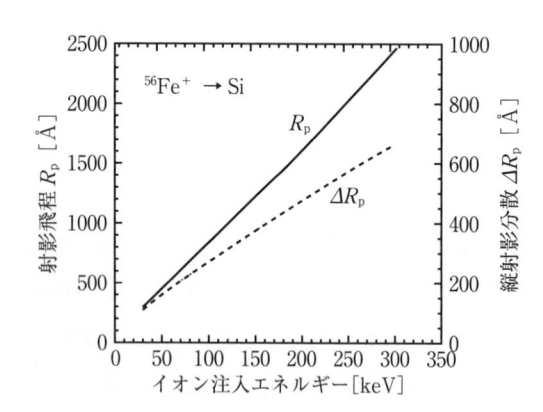

図3.53 イオン注入エネルギーとイオン射影飛程(R_p)と縦射影分散(ΔR_p).SRIMコードによる計算.

さらに，化合物形成に必要なドーズ ϕ_{Fe} を見積もることができる．注入エネルギー 50 〜 300 keV としたとき，それぞれの射影飛程 R_p での Fe 濃度が 33.3 at.%（FeSi$_2$ 組成の対応）と 10 at.% になるのに必要なドーズを計算したものを図 3.54 に示す．表面から 500 Å 以上の深さで FeSi$_2$ 組成を実現するには，目安として $\phi_{Fe} = 1 \times 10^{17}$ イオン/cm^2 以上の高ドーズが必要となることがわかる．

図 3.55 に同一のドーズ（$\phi_{Fe} = 1 \times 10^{17}$ イオン/cm^2）で，(3.5) から得られ

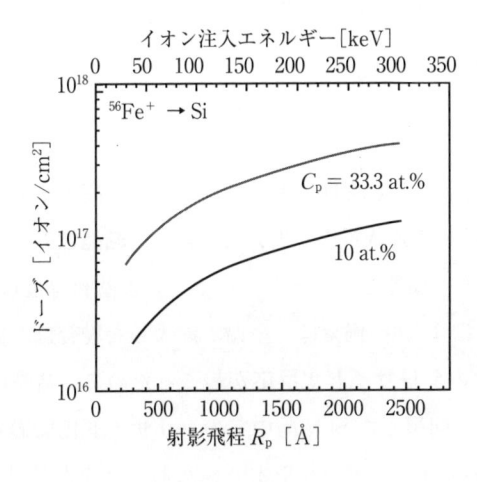

図 3.54 注入深さ（イオン射影飛程（R_p））でのピーク濃度 C_p を得るために必要なイオンドーズ

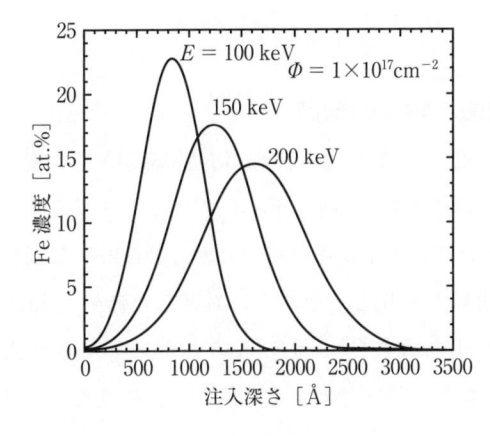

図 3.55 注入した Fe 濃度の深さ分布（推定）．鉄イオンドーズは 1×10^{17} イオン/cm^2 である．

る注入された Fe の深さ分布を示す．注入エネルギーが大きくなるに従って，ピーク濃度 C_{Fe} の位置は深くなり（R_p が大きくなり），分布がますます広がる（ΔR_p が大きくなる）ことがわかる．

ただし，(3.5)は，注入された溶質原子の蓄積を考慮していない低ドーズ近似であるために，化合物を形成するような IBS で用いられる高ドーズでは，注入後や**熱処理（アニール）**後にラザフォード後方散乱分光法（Rutherford backscattering spectrometry, **RBS**，4.3 節を参照）[101]）や **2 次イオン質量分析**（secondary ion mass spectrometry, **SIMS**）[102] などによって，組成分布を測定する必要がある．

3.8.3 基板温度

イオン注入中の基板は室温から 350℃ 程度に保持されている．高イオンビームでは単位時間に発生する基板の**注入損傷**が増えるために，**結晶性の回復**を同時に起こすには 350℃ 程度に加熱して注入している．この基板温度は，その後の結晶成長に影響を及ぼす[103]．例えば，室温で注入した場合は，アモルファス状態の Si 中で Fe の**シリサイド化反応**が起こるために，結晶成長が起こりやすくなる．一方，回復した Si 結晶中でのシリサイド化反応では，成長速度が遅く，微小な結晶が格子整合しやすい Si の特定結晶面 {111}，{100} で成長しやすくなる．

3.8.4 注入条件による組織と物性の制御

イオン注入条件 (E, ϕ) を変化させると，β-FeSi$_2$ 結晶組織が著しく変化することが報告されている．図 3.56 に，同じ Fe イオンのドーズを 1×10^{17} イオン/cm^2 として，イオン注入エネルギーを 100 から 200 keV に変化させたときの β-FeSi$_2$ 結晶組織の変化と，それらに対応した**赤外**（Infrared, **IR**）**吸収スペクトル**の変化を示す[104]．図 3.55 のイオン注入後の Fe の深さ分布に対応して，注入エネルギーが大きくなると，結晶成長がより

3.8 イオンビーム合成法 133

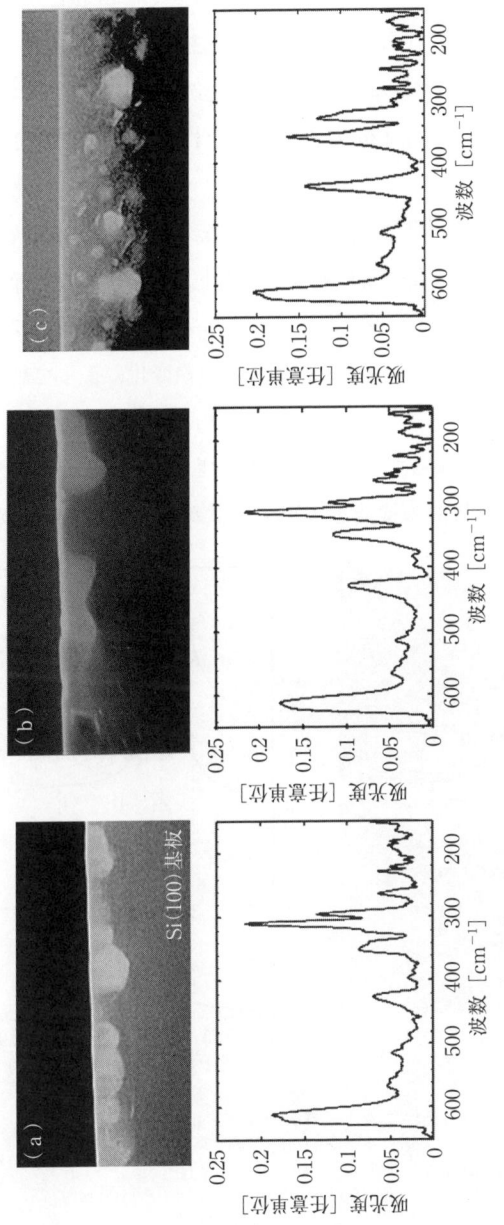

図 3.56 イオン注入エネルギーによる β-FeSi₂ 結晶組織の変化と対応した赤外吸収 (IR) スペクトルの変化. 注入エネルギーはそれぞれ, (a) 100 keV, (b) 150 keV, (c) 200 keV, ドーズは 1×10^{17} イオン/cm² である. エネルギーが大きくなると Si 基板内部で結晶成長が起こり, 結晶のサイズが小さくなる. 組織の変化に対応して, IR スペクトル (5.4 節を参照) が系統的に変化している様子が観察できる.

Si 基板内部で起こり,成長した結晶のサイズが小さくなることがわかる.これは,ドーズ一定での深い注入(**高エネルギー注入**)では,同じ R_p での Fe 濃度が減少するために,大きな結晶が成長できないためである.後述するが低濃度での成長では,数十 nm の**ナノ結晶**を作製することも可能になる.

図 3.56 下段に,組織の変化に対応して赤外吸収スペクトルが系統的に変化している様子を示した.なお,赤外吸収スペクトルの詳細は 5.4 節を参照されたい.これらの IR スペクトルの変化は,β-FeSi$_2$ **格子振動**(**フォノン物性**,5.4 節を参照)が,薄膜から**ナノ結晶**など組織変化によって制御できることを示している.

このように,結晶組織によって緒特性が大きく変化することが知られているので,IBS 法によって目的の機能を実現する試料を探索することができ

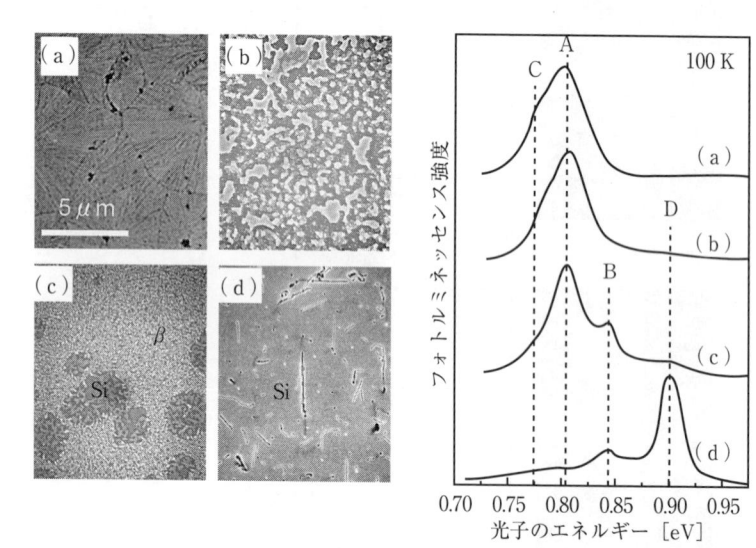

図 3.57 イオン注入条件による組織の変化(表面 SEM 像)と対応した PL スペクトル(100 K)の変化.(a)$E=$ 50-80-100 keV(3 重注入),$\phi_{Fe}=1.3\times10^{17}$cm^{-2}.(b)100 keV,$5\times10^{16}$cm^{-2},(c)100 keV,$5\times10^{15}$cm^{-2},(d)100 keV,$5\times10^{14}$cm^{-2}.アニールは 800 ℃ で,2 時間行った.

る[82,105-116]．ここで，組織変化による**発光特性**（フォトルミネッセンス：photoluminescence, PL）の挙動について図 3.57 に示す[112]．これは，β-FeSi$_2$ の（a）**薄膜**，（b）大きく成長した**表面析出物**，（c）微細な表面析出物，（d）β-FeSi$_2$ が成長できない低ドーズの場合についてをそれぞれ示しており，SEM 像は図 3.57 左に示している．

組織変化に対応して，β-FeSi$_2$ の**固有発光**である **A バンド**（ピークは 0.80 eV 付近）とそれに付随した **C バンド**（0.77 eV 付近）が，β-FeSi$_2$ の成長が明らかな（a），（b），（c）の場合には明瞭に観察できる．しかし，（d）の場合は，**注入損傷**に起因した**欠陥**（ループ状転位）由来の発光ピーク D が顕著になっている．ただし，B バンドについては現在のところ由来が不明であるが，図 3.57 の挙動を見ると β-FeSi$_2$ には関係のない発光であると思われる．

3.8.5 ナノ結晶形成と発光特性の改善

イオン注入（200 keV, 1×10^{17} イオン/cm^2）をしつつ，800℃，2 時間程度の**赤外線ランプアニール**を真空中で行うと，図 3.58 右図上の SEM 像に示したように Si 基板内部に β-FeSi$_2$ ナノ結晶が析出する[94,106,109,112]．また，図 3.58 右下に示すように，ナノ結晶の直径分布は対数正規分布に従い，その平均直径は 14 nm と非常に小さい[106]．平均直径は，ピーク位置での Fe 組成とアニール条件によって変化する．図 3.58 左に 10 K で測定された PL スペクトルを示す．スペクトルは鋭い A バンドピークからなり，C バンドを少し肩に持つ**ローレンツ関数形**である．ナノ結晶の発光強度は薄膜試料（図 3.57(a)）に比べて 10 倍程度大きい．

このように IBS による組織制御によって発光特性を改善することができる．また，原料やプロセス由来の不純物の混入がなく，高純度であるために**非発光再結合過程**の原因を少なくできる．

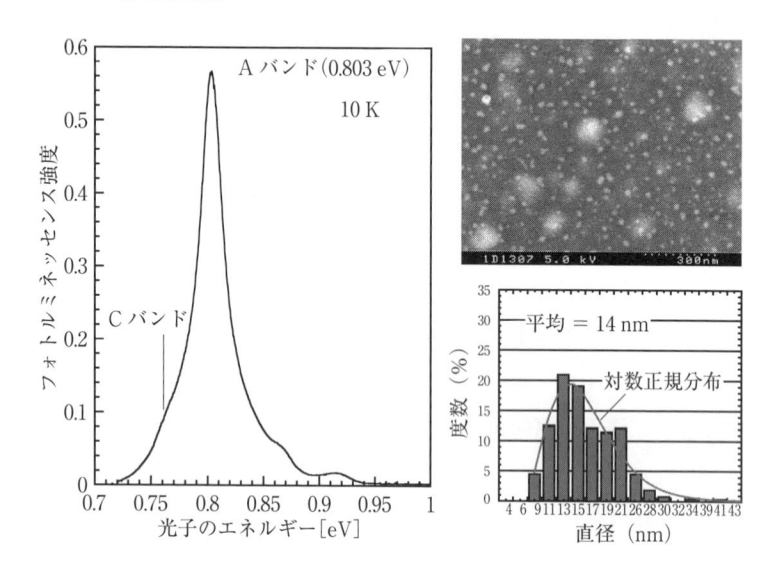

図 3.58 イオン注入 (200 keV, 1×10^{17} イオン/cm^2), 800 ℃, 2 時間の赤外線ランプアニールを真空中で行って, Si 基板内部に析出した β-FeSi$_2$ ナノ結晶（右図上）の PL スペクトル. ナノ結晶の平均直径は 14 nm. PL スペクトルの A バンドピークは, 間接バンド間遷移による発光. C バンドはアクセプタ-伝導バンド間遷移による発光.

3.8.6 薄膜成長と電気伝導特性の改善

薄膜を形成する場合は, 表面付近から膜厚相当の深さまで $C_{Fe} = 33.3$

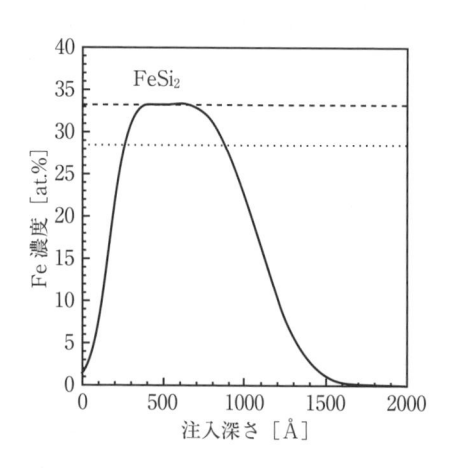

図 3.59 4 重イオン注入によって得られる Fe の平坦組成分布の例. 300～600 Å で FeSi$_2$ に対応した一定組成が得られる. 注入条件は表 3.2 に示した.

at.％になるように，複数のエネルギーやドーズでイオン注入を行う多重注入が必要になる．図3.59に，4つの注入エネルギーとドーズでイオン注入を行う4重イオン注入によるFeの分布を一例として示す．300〜600Åの深さで，FeSi$_2$に対応した一定の平坦組成（33.3 at.％Fe）が得られることがわかる．このときの注入条件を表3.2に示した．

表3.2 平坦組成を得るための4重イオン注入の条件例

E [keV]	ドーズ [×10^{16}イオン/cm^2]
30	3.1
50	3.9
80	5.5
100	9.0

図3.60に，**3重イオン注入**によって作製した多結晶薄膜の(a)断面SEM像，(b)表面SEM像，(c)粒界付近のAFM表面像をそれぞれ示す．この実験によって，Si(100)基板上に膜厚65 nmの多結晶薄膜を成長させることができた．10 μmに及ぶ大粒径のβ-FeSi$_2$の結晶粒が得られている．**AFM**で測定した薄膜表面の平均面粗さは$R_a = 7.6$ Åと非常に小さく平坦で，結晶粒界には隙間がなく連続膜であった．このIBS多結晶薄膜はP型の伝導特性を示した．

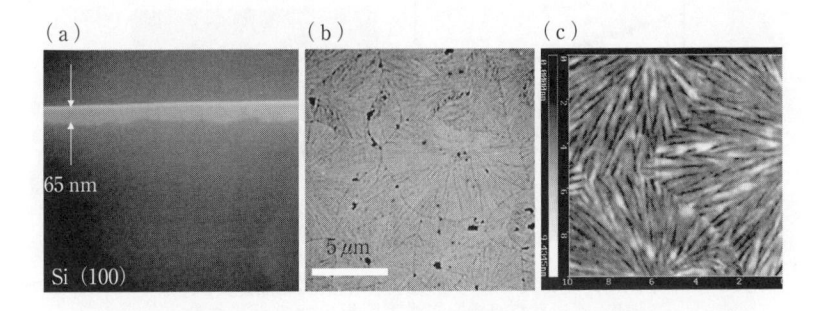

図3.60 3重イオン注入によって作製した膜厚65 nmの多結晶薄膜．(a)断面SEM像，(b)表面SEM像，(c)粒界付近のAFM表面像．10 μmにおよぶ大粒径のβ-FeSi$_2$の結晶粒が得られている．AFMで測定した平均面粗さは，$R_a = 7.6$ Åであった．(c)から粒界には隙間がなく連続膜であることがわかる．これらは，800 ℃で2時間アニールした試料である．Feイオンの総ドーズは1.3×10^{17}イオン/cm^{2}である．

図 3.61 に**正孔移動度** μ の温度特性を示す．表面の析出物は不連続な組織を持ち，そのために移動度が小さいが，3 重イオン注入によって作製した多結晶薄膜では室温（300 K）での移動度が 450 cm^2/Vs となった[116]．これは，従来の移動度の 30 倍程度改善したことになる．β-FeSi$_2$ の**伝導特性**を支配する主な要因に，結晶粒界での散乱がある（5.1 節を参照）．3 重イオン注入によって作製した多結晶薄膜は，高純度で結晶粒界が大きいために移動度が大幅に向上したと考えられる．薄膜の温度特性を見てみると $\mu \sim T^{-2.0 \sim 2.2}$ となっている．これは，通常の**フォノン散乱**による $\mu \sim T^{-1.5}$ よりも温度依存性が顕著であることを示している．その理由は，さまざまな散乱要因の重ね合わせとして，**移動度の温度特性**が決まっていると考えられている（5.1 節を参照）．

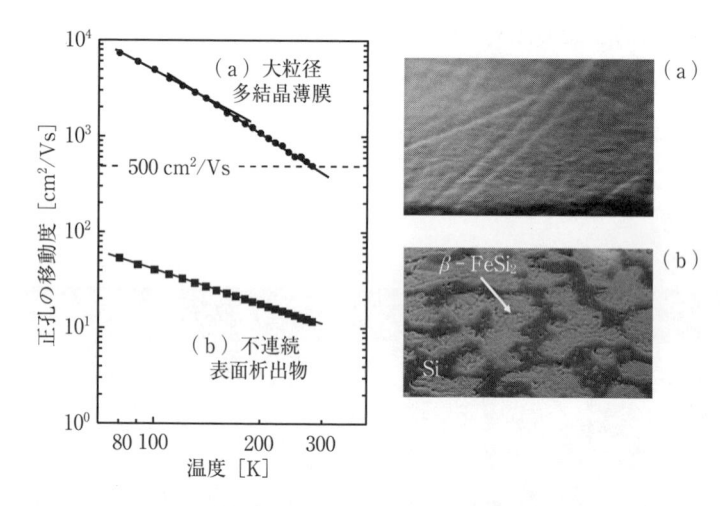

図 3.61 IBS で作製した(a)大粒径の多結晶薄膜と，(b)不連続な組織を持つ表面析出物の正孔移動度とその温度変化．右図は斜め方向からのそれぞれの SEM 像．

3.8.7 Si 中の Fe の固溶度と拡散

Si 中に注入された Fe がどの程度固溶できるかは，シリサイド成長後に残留する Fe 濃度を評価する意味で重要である．Si 中の Fe とその複合体の諸挙動については文献[118]が考察に役立つ．Si 中の Fe の固溶度 S が以下の (3.6) で与えられている．

$$S = 1.8 \times 10^{26} \exp\left(-\frac{2.94 \pm 0.05 \text{ eV}}{k_B T}\right) [\text{cm}^{-3}] \quad (3.6)$$

これによると，典型的なシリサイド成長温度 800℃ では $S = 3.2 \times 10^{12}$ cm^{-3} となり，Si の原子密度 4.99×10^{22} cm^{-3} と比べてかなり少量であることがわかる．

ただし，拡散によって SiO$_2$/Si 界面に偏析して濃縮することがある．200℃ 以下の Si 結晶の Fe の**拡散係数**は

$$D = 10^{-3} \exp\left(-\frac{0.84 \text{ eV}}{k_B T}\right) [\text{cm}^2/\text{s}] \quad (3.7)$$

で与えられる．これから，200℃ でも Fe は 1 時間に 2.5 μm も拡散し，拡散速度が大きいことがわかる．

3.8.8 損傷促進拡散と表面偏析

IBS の留意点について述べておきたい．IBS 法では，高エネルギーで高ドーズのイオン注入が必要である．したがって，注入領域の Si 基板結晶が大きな**注入損傷**（implantation damage）を受ける．基板温度を高くした場合は，**回復速度**と**注入速度**によって**基板損傷**の程度は変わる．すべてのイオンが通過する基板表面付近はより大きく損傷を受け，10^{17} に及ぶ高ドーズ注入では注入領域の Si は非晶質化している[*1]．注入後はシリサイド化を起こすために，600～850℃ で**ポストアニール**を行う．このアニール過程で Fe 分

[*1] 注入損傷の分布は，空孔量として SRIM コードにあるモンテカルロ・シミュレーションによって推定することができる．

布に大きな変化が起こる．基板表面付近はより大きく損傷を受けるために，注入した Fe 原子が表面に拡散して**表面偏析**する現象（**照射増殖拡散**：radiation enhanced diffusion，**RED**）が起こる[107, 117]．そのために，実際に得られた結晶の分布が大きく異なることもある．

図 3.62 にアニールの違いによる Fe 分布（鉄シリサイドの分布に一致）の変化を示す．（a）の 800℃ でアニールした場合，アニール後でも注入分布と大きな差はないが，（b）の 600℃ と 800℃ での 2 段階アニールでは，アニール後の分布は表面偏析を起こしている．これは，600℃ で優位な Fe の増殖拡散の速度と 800℃ で優位なシリサイド化の反応速度との競合が原因である．このやっかいな RED を利用することで表面偏析を起こして低ドーズでも連続膜を形成したり，欠陥の少ない領域で結晶成長させて，PL の発光増強をすることもできる[107]．

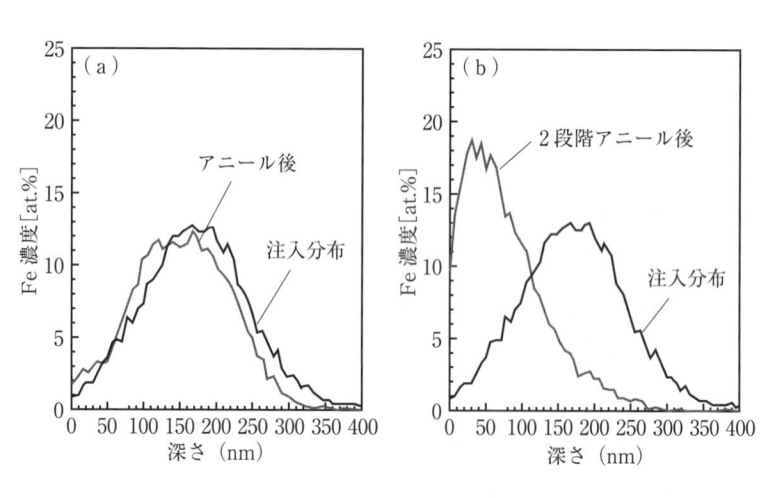

図 3.62 アニールの違いによる Fe 分布（鉄シリサイドの分布に一致）の違い．（a）800℃ でアニールした場合，アニール後でも注入分布と大きな差はない，（b）600℃ と 800℃ での 2 段階アニールでは，アニール後の分布は表面偏析を起こしている．

このように，目標とする結晶組織を得るためには，イオン注入条件やアニール条件を系統的に検討しておく必要がある．

3.8.9 まとめ

イオンビーム合成による β-FeSi$_2$ 結晶の成長は，低純度の Fe 素材からイオンプロセスを経て，高純度結晶成長を可能にするシリサイド成長法の主力である．**Si 集積化プロセス**にも**整合性**が良い成長方法といえる．イオン注入条件によって再現性の良い結晶組織の制御が可能で，特性の改善にも有力な方法といえる．一方，注入損傷の回復など課題が残るが，**不純物添加**による**欠陥抑制**[108,111,114]など研究が続けられており，一定の成果が得られている．

参 考 文 献

[82] 前田佳均 著：応用物理 **79**（2010）135
[83] 前田佳均 著：金属 **81**（2011）66
[84] 前田佳均 著：金属 **72**（2002）16
[85] 前田佳均 著：真空 **45**（2002）10
[86] 前田佳均 著：寺井慶和 共著：まてりあ **44**（2005）471
[87] T. D. Hunt, K. J. Reeson, R. M. Gwilliam, K. P. Homewood, R. J. Wilson, R. S. Spraggs, B. J. Sealy, C. D. Meekison, G. R. Booker and P. Oberscachisick: Mater. Soc. Symp. Proc. **260**（1992）239
[88] K. Randermacher, S. Mantl, R. Apetz, Ch. Dieker and H. Lueth: Mater. Sci. Eng. **B 12**（1992）115
[89] H. Katsumata, Y. Makita, N. Kobayashi, H. Shibata, M. Hasegawa and S. Uekusa: J. Appl. Phys. **80**（1996）5955
[90] Y. Maeda, T. Fujita, T. Akita, K. Umezawa and K. Miyake: Mater. Soc. Symp. Proc. **486**（1998）329
[91] D. N. Leong, M. A. Harry, K. J. Reeson and K. P. Homewood: Nature **387**（1997）686

[92] D. N. Leong, M. A. Harry, K. J. Reeson and K. P. Homewood : Appl. Phys. Lett. **68** (1996) 1649
[93] 日本学術振興会薄膜第 131 委員会 編：「薄膜ハンドブック第 2 版」（オーム社，2008 年）4.24 化合物半導体薄膜（V）Fe‐Si 薄膜
[94] Y. Maeda : Appl. Surf. Sci. **254** (2008) 6242
[95] 関根幸平，三宅 潔，前田佳均 著：「FeCl$_2$，FeCl$_3$ を用いた Fe$^+$ イオンの発生の検討」（第 44 回応用物理学関係連合講演会予稿集 29pG8，2009 年）
[96] 日本学術振興会第 132 委員会 編：「電子・イオンビームハンドブック」（日刊工業新聞社，1998 年）第 22 章
[97] G. Dearnaley, J. H. Freeman, R. S. Nelson and J. Stephen : *"Ion Implantation"* (North‐Holland Publishing Co., Amsterdam, 1973)
[98] 藤本文範，小牧研一郎 共編：「イオンビームによる物質分析・物質改質」（内田老鶴圃，2000 年）
[99] S. M. ジィー著，南日康夫，川辺光央，長谷川文夫 共訳：「半導体デバイス ―基礎理論とプロセス技術 第 2 版」（産業図書，2004 年）
[100] J. Zigler : URL（http://www.srim.org/）から SRIM コードと説明書がダウンロードできる．
[101] Wei‐Kan Chu, James W. Mayer and Marc‐A. Nicolet : *"Backscattering Spectrometry"* (Academic Press, New York, 1978)
[102] 日本表面科学会 編：「表面分析技術選書 二次イオン質量分析法」（丸善出版，1999 年）
[103] Y. Gao, S. P. Wong, W. Y. Cheung, G. Shao and K. P. Homewood : Appl. Phys. Lett. **83** (2003) 42
[104] Y. Maeda, T. Nakajima, B. Matsukura, T. Ikeda and Y. Hiraiwa : Physics Procedia **11** (2011) 167
[105] Y. Maeda, K. Umezawa, K. Miyake and M. Sagawa : Proc. of SPIE on Photonics Materials **3419** (1998) 354
[106] Y. Maeda, K. Nishimura, T. Nakajima, B. Matsukura, K. Narumi and S. Sakai : physica status solidi (c) **9** (2012) 1888
[107] Y. Ando, A. Imai, K. Akiyama, Y. Terai and Y. Maeda : Thin Solid Films **515** (2007) 8133
[108] Y. Terai and Y. Maeda : Appl. Phys. Lett. **84** (2004) 903
[109] T. Nakajima, T. Ichikawa, B. Matsukura and Y. Maeda : Physics Procedia **23** (2012) 25
[110] Y. Maeda, Y. Terai and M. Itakura : Jpn. J. Appl. Phys. **44** (2005) 2502

[111]   Y. Maeda, Y. Terai and M. Itakura : Optical Materials **27/5** (2005) 920
[112]   Y. Maeda, Y. Terai, M. Itakura and N. Kuwano : Thin Solid Films **461** (2004) 160
[113]   Y. Maeda, K. Umezawa, Y. Hayashi, K. Miyake and K. Ohashi : Thin Solid Films **381** (2001) 256
[114]   Y. Terai and Y. Maeda : Optical Materials **27/5** (2005) 925
[115]   Y. Maeda, K. Umezawa, K. Miyake and K. Ohashi : Mater. Res. Soc. Symp. Proc. **607** (2000) 315
[116]   前田佳均, 三宅 潔, 大橋健也 共著：レーザー研究 **28** (2000) 93
[117]   Y. Maeda, T. Fujita, T. Akita, K. Umezawa and K. Miyake, ed. by A. G. Cullis and J. L. Hutchinson : Microscopy of Semiconducting Materials 1997 (CRC Press, Boca Raton, 1997) p511
[118]   A. A. Istratov, H. Hieslmair and E. R. Weber : Appl. Phys. A, Materials Science & Processing **69** (1999) 13

第 4 章

構造解析

4.1 電子顕微鏡観察

4.1.1 はじめに

シリサイド系半導体は複雑な結晶構造を持つものが多く，状態図に包晶反応を含むなど単相を得ることは困難な場合が少なくない．また，応用上 Si 基板にエピタキシャル成長させることが多いので，① 形態（外形，大きさ），② 生成相の種類，③ **界面構造**（**エピタキシャル関係，欠陥，格子ひずみ**），④ 組成などの微細構造解析が極めて重要となる．ここでは，鉄シリサイドを中心に**走査型電子顕微鏡**（scanning electron microscope, **SEM**），**透過型電子顕微鏡**（transmission electron microscope, **TEM**）および**走査透過型電子顕微鏡**（scanning transmission electron microscope, **STEM**）を用いた解析例を紹介する．

4.1.2 走査型電子顕微鏡（SEM）観察

作製した試料の全体像を把握するには，ミリオーダーの広範な領域を無破壊に近い状態で観察できる SEM が威力を発揮する．特に，加速電圧を数 kV 以下にした低加速 SEM では，観察試料への電子線の侵入深さが桁違いに浅くなるだけでなく，電気伝導性が良くない試料についても表面コーティング処理なしで観察できるので，試料表面近傍のみの情報を取得できる．一

例として，図 4.1 は Si (111) 基板に成長させた FeSi$_2$ 微結晶を加速電圧 2 kV で撮影した SEM 像である[1]．この像は**後方散乱電子**（back scattered electron, **BSE**）を用いて結像したもので，組成を強調した像コントラストが得られている．

SEM 観察では通常，試料の同一箇所から **2 次電子**（secondary electron, **SE**）を用いた凹凸強調像

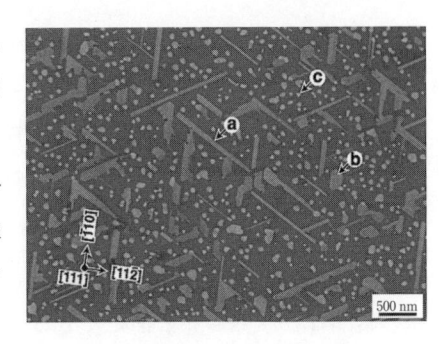

図 4.1 Si (111) 基板にスパッタ法で成長させた FeSi$_2$ 微結晶の低加速 SEM 後方散乱電子像

なども取得できるので，それらの情報も併せて試料表面近傍の微細組織を理解できる．また，Si 基板はへき開して用いることが多いが，その場合は，試料端のへき開面の方向から生成相と基板との結晶方位関係を容易に特定できる．

図 4.1 では，細長い棒状（a），台形平板状（b）および微細な三角形状（c）の 3 種類の形態を持った結晶が，いずれも Si 基板の〈110〉方向に沿って生成している様子が理解できる．さらに，**電子線後方散乱回折**（electron back-scattered diffraction, **EBSD**）法を用いれば，数十 nm 程度以上の微結晶についても，SEM により結晶構造や結晶方位を同定することが可能である．

4.1.3　透過型電子顕微鏡（TEM）観察

鉄シリサイドを Si 基板に成長させた場合には，目的とする β-FeSi$_2$ 半導体相の他に，α-FeSi$_2$ や ε-FeSi などの金属相，さらには状態図には載っていない γ-FeSi$_2$ などの準安定相がしばしば生成することが知られている[2]．複数の生成相が混在している場合には，**制限視野電子線回折**（selected area diffraction, **SAD**）が有用である．

ここで，SAD 解析の一例を図 4.2 に示す．図 4.1 の SEM 写真を撮影した試料から，**集束イオンビーム**（focused ion beam, **FIB**）により Si 基板の (112) へき開面に沿って断面 TEM 試料を切り出して観察したものである．図 4.2 の明視野像には，Si 基板の表面付近に何種類かの形状の異なる微結晶が観察される．これらの微結晶から SAD 図形を撮影することで，図 4.1 で観察された微細な三角形状の結晶は α-FeSi$_2$ 相，それ以外の棒状と平板状の結晶は β-FeSi$_2$ 相と同定できる．また，基板内部の Si{111} 面に沿って伸びた線状コントラストは γ-FeSi$_2$ 相に由来するものである．いずれの微結晶も，Si 基板と特定の結晶方位関係を持って**エピタキシャル成長**している．ただし，等価な方位関係を持った複数の**方位バリアント**（orientation variants）の生成も認められる．

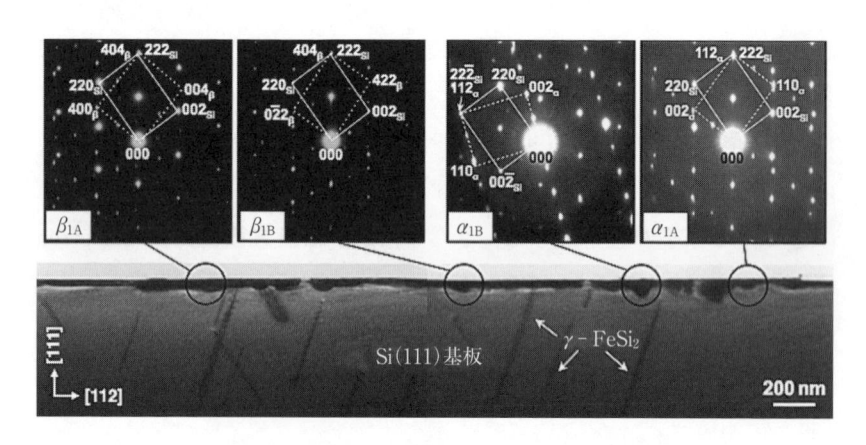

図 4.2 断面 TEM 明視野像，および Si 基板を含む β-FeSi$_2$ 相と α-FeSi$_2$ 相の微結晶からの典型的な SAD 図形．明視野像中の黒丸位置に，それぞれ制限視野絞りを入れて撮影している．

なお，α-FeSi$_2$ 結晶はすべて $\alpha(112)$ // Si{111} の方位関係を持っており，Si[110] 方向に対して α_{1A} では α[110]，α_{1B} では α[021] 方向がそれぞれ平行な関係で生成している．すなわち，基板内部の Si{111} 面のいずれかにエピ

タキシャル成長していることになる.[*1]

　一方, β-FeSi$_2$ 結晶はすべて $\beta(101)$ // Si(111) かつ $\beta[10\bar{1}]$ // Si(112) の方位関係を持っており, これは Lange[3] の分類における Type A のエピタキシャル関係に相当する. これらは, 図 4.3 に図示するように, 1つの Si(111) 面上には3つの等価な $\langle 112 \rangle$ 方向が存在するので, Si(111) 面内で互いに 120° 回転した3種類の方位バリアントが生成できる. また, それぞれの結晶が 180° 回転することで, 2種類の方位バリアントが生成することになる. さらに, β-FeSi$_2$ 相は基本的には斜方晶であるが, b 軸と c 軸の格子定数 ($b = 0.7791$ nm, $c = 0.7833$ nm) の差は約 0.5% しかないので正方晶に近い. そのため, a 軸周りに 90° 回転して b 軸と c 軸が入れかわった2種類の方位バリアントも現れる. 結局, 1つの Si(111) 面上に $3 \times 2 \times 2 = 12$ 通りの方位バリアントが生成する可能性がある. 実際に, Si(111) 基板では通常多くの方位バリアントが生成するので, 均一な膜厚を有する β-FeSi$_2$ 結晶の連続膜を得ることは現状では極めて難しい. β-FeSi$_2$ 微結晶では, Si 基板の面方位に関わらず b 軸と c 軸が入れかわった **90° 方位バリアント**が頻

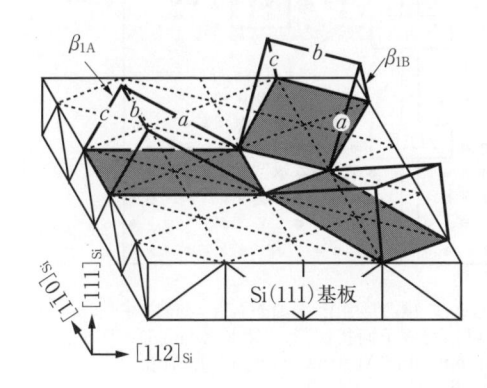

図 4.3 Si(111) 基板上にエピタキシャル成長した β-FeSi$_2$ 結晶の方位バリアントの模式図

---

　*1　結晶格子の1つの方向は $[uvw]$, 等価な方向のファミリーは $\langle uvw \rangle$ で表す. また, 1つの格子面は (hkl), 等価な面のファミリーは $\{uvw\}$ で表す. ただし, 回折図形中の指数 hkl には括弧をつけない.

148　4. 構造解析

繁に発生する．β-FeSi$_2$では透過波を含んだ通常の電子回折，すなわち**0次ラウエゾーン**（zeroth order Laue zone, **ZOLZ**）の回折図形では，[010]入射と[001]入射とでほとんど同じになるので，90°方位バリアントの判別は難しい．これに対してKuwanoら[4]は，**1次ラウエゾーン**（first order Laue zone, **FOLZ**）における回折スポットの配列を利用して，b軸とc軸を識別する簡便な方法を提案している．図4.4は，β-FeSi$_2$結晶の[001]および[010]**晶帯軸**方向からそれぞれ3°傾けて電子線を入射した際に得られる電子回折図形を計算機で再現したものである．回折スポットの配列はZOLZではほぼ同一で区別できないのに対し，FOLZでは菱形と長方形の全く異なるスポット配列となるため，b軸とc軸を容易に判別できる．

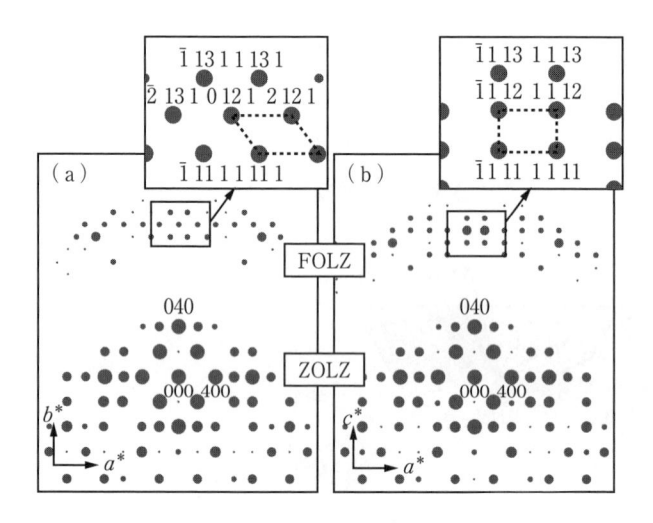

図4.4　（a）[001]および（b）[010]入射から3°傾斜した場合を計算で再現した電子回折図形．（N. Kuwano, D. Norizumi, T. Fukuyama and M. Itakura : Jpn. J. Appl. Phys. 42 (2006) 86 より許可を得て転載）

このFOLZ図形を用いた方位バリアント解析の一例を図4.5に示す[5]．結晶粒ごとにb軸とc軸が入れかわった90°方位バリアントが，ランダムに

生成していることがわかる．β-FeSi$_2$ の b 軸と c 軸の判別は本来，軸長の大小ではなく結晶構造の対称性に基づくべきである．本手法は，晶帯軸入射から約 3° 傾斜させて FOLZ の回折図形の消滅則[*2] を観察するだけなので，高度な結晶学や回折理論の知識は不要であり，しかも，結晶中に多少の欠陥を含む場合にも適用できる優れた方法といえる．

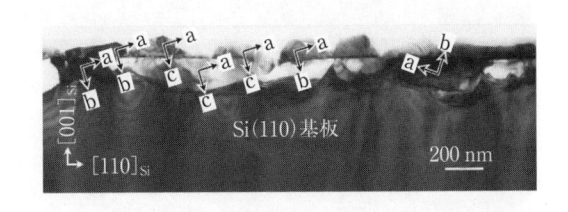

図 4.5 β-FeSi$_2$ 微結晶の方位バリアント解析の一例．(M. Itakura, D. Norizumi, T. Ohta, Y. Tomokiyo and N. Kuwano : Thin Solid Films **461** (2004) 120 より許可を得て転載)

Si 基板との接合界面や β-FeSi$_2$ 結晶内部の欠陥構造を評価するには，断面 TEM 観察が適している．その一例を図 4.6 に示す．これによると，Si (001) 基板に直接成長させた場合には，β-FeSi$_2$ 多結晶からなる膜厚 50 nm ほどの連続膜が (100)[011]$_\beta$ // (001)[110]$_{Si}$ の**エピタキシャル関係**で生成している（図 4.6(a)）．ただし，界面の Si 側には多数の微小なひずみコントラストが現れており，β-FeSi$_2$ 膜内にも非常に多くの転位の生成が認められる．

これに対して，Cu 層を 20 nm ほど蒸着した Si(001) 基板に成長させた場合には，β-FeSi$_2$ は**ファセット**化した粒子状となり，Si 基板に埋め込まれてジャストエピから少しずれている（図 4.6(b)）．しかし，直接成長させた場合に見られた界面での**ひずみコントラスト**や，β-FeSi$_2$ 粒内の**転位**はほとんど観察されず，Cu 層の挿入によって界面および β-FeSi$_2$ 内部の欠陥が大幅に減少することがわかる．

[*2] β-FeSi$_2$ 結晶の空間群は *Cmca* (No. 64) であり，その消滅則は T. Hahn ed. : "*International Tables for Crystallography*" Volume A, 4th ed. (Kluwer Academic Publishers, Netherlands, 1995) を参照のこと．

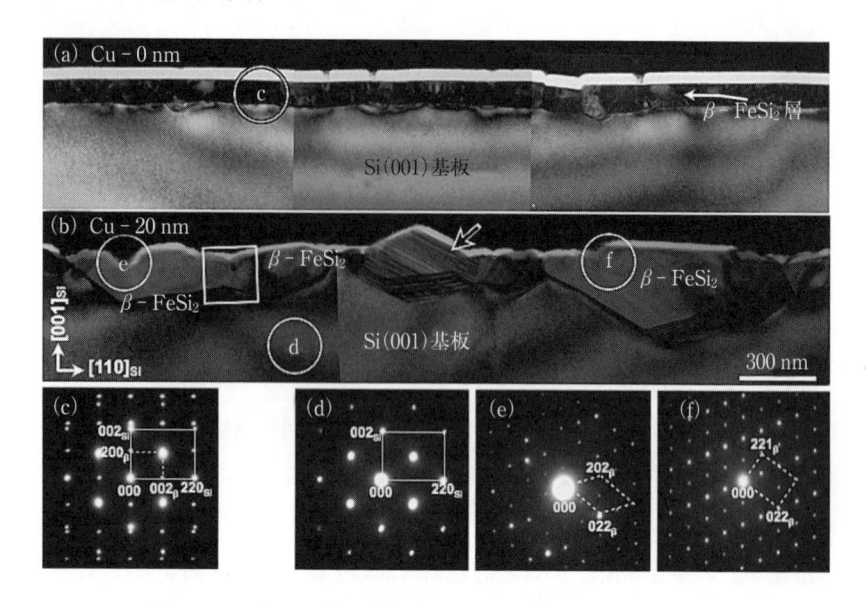

図 4.6 Cu 蒸着の有無による β-FeSi$_2$ 結晶膜の微細構造変化を観察した断面 TEM 明視野像と SAD 図形．（a）は Si(001) 基板に直接成膜，（b）は Cu を 20 nm 蒸着させた Si(001) 基板に成膜した試料．（c）～（f）の SAD 図形は，それぞれ明視野像中の丸で囲った領域から得たもの．

図 4.6(b) において矢印で示すように，β-FeSi$_2$ 微結晶では Si [001] 方向から約 45° 傾いた多数の縞状コントラストを持つものがしばしば観察される．これは，成長途中に b 軸と c 軸が頻繁に入れかわることで，2 種類の方位バリアントの平板状ドメインが交互に積層したものである．このような平板状に積層した 90° ドメイン構造の詳細については，高分解能 TEM 観察による Shao ら[6] の論文を参照していただきたい．

4.1.4 走査透過型電子顕微鏡（STEM）観察

STEM 装置を用いると，サブナノメータサイズに収束した電子線を走査しながら試料に入射し，散乱された透過電子を検出して走査像を得ることができる．なかでも，数十 mrad 以上の高角度に散乱された電子を円環状検出

器で捉えて画像化した**高角散乱環状暗視野**（high angle annual dark field, **HAADF**）**像**は，試料の原子番号 Z に依存したコントラスト（いわゆる Z-contrast）を呈するので，高い空間分解能で組成情報を得ることができる．

HAADF 像観察の一例を，図 4.7（a）に示す．この像は図 4.6（b）中の白枠領域から得たものである．β-FeSi$_2$ 粒は Si 基板よりも暗いコントラストとなっており，Si よりも重い元素，すなわち Fe を含んでいることがわかる．しかし，蒸着で導入した Cu は微量な上に Fe と原子番号が近いので，HAADF 像から直接 Cu の情報を得ることは困難である．そこで，同一領域について**エネルギー分散型 X 線分光法**（energy dispersive X-ray spectroscopy, **EDS**）による元素マップ像を取得した（図 4.7（b）〜（d））．Cu は，β-FeSi$_2$ 同士の**結晶粒界**（grain boundary, **G. B.**）や Si 基板との界面に偏析することがわかる．また，微量ではあるが β-FeSi$_2$ 粒の内部からも Cu が検出された．

Cu 蒸着 Si 基板を用いた場合には，Si 基板に直接成膜したものに比べて高輝度**フォトルミネッセンス**（photoluminescence, **PL**）発光を示す β-FeSi$_2$ 結晶が得られることがわかっている[7]．すなわち，Cu には**非発光再結合中**

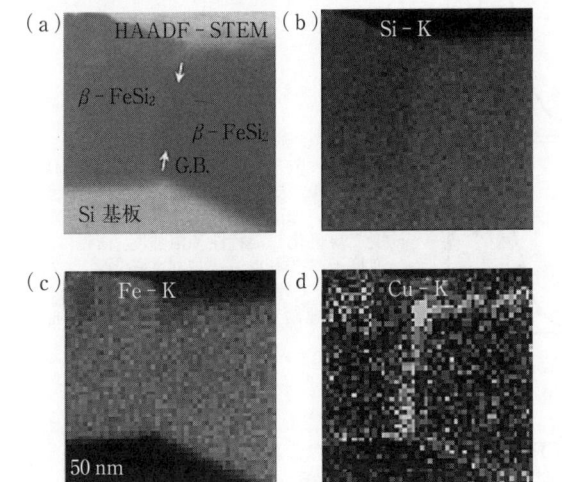

図 4.7 Cu 蒸着 Si (001) 基板に成長させた β-FeSi$_2$ 微結晶粒の (a) STEM による HAADF 像と (b)〜(d) EDS 組成マップ像．

心を減少させるはたらきがあることになる.そこで,蒸着により導入されたCuが,β-FeSi$_2$のどの原子サイトを占有しているかを**ALCHEMI**(Atom Location by CHanneling Enhanced MIcroanalysis)**法**[8]により評価した.この方法は,結晶に入射した電子線が,入射方位に依存してある特定の原子列に集中して通り抜ける**チャネリング現象**を利用したもので,入射方位を少しずつ変えながら各元素からの特性 X 線強度を測定することにより,原子配列や原子座標についての情報を得ることができる.*3

この ALCHEMI 測定の一例を図 4.8 に示す.回折条件(試料への電子線の入射方位)の変化に伴う Cu の**特性 X 線強度**の変化は,Fe と同様の挙動を示している.すなわち,Cu は β-FeSi$_2$ の Fe サイトを優先的に占有する

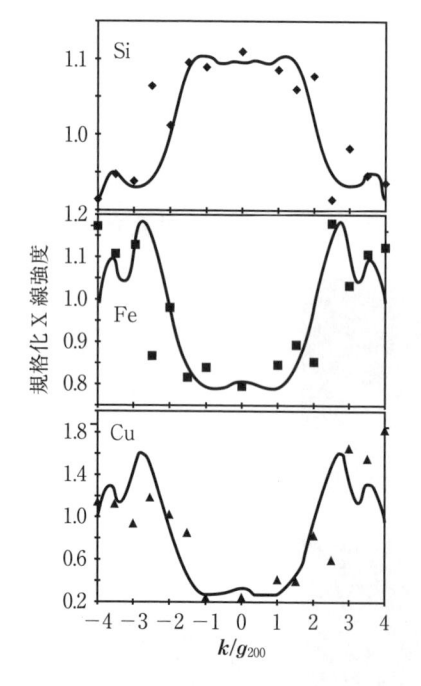

図 4.8 Cu 蒸着 Si(001) 基板に成長させた β-FeSi$_2$ 微結晶粒の ALCHEMI 実験結果.縦軸は,特定の反射を励起させない kinematical 条件での測定強度で規格化した特性 X 線強度.横軸は,逆格子ベクトル g_{200} に対する散乱ベクトル k で示した回折条件.実線は,Bethe 理論を用いて計算した理論曲線.

---

*3 β-FeSi$_2$ 構造への ALCHEMI 法の適用については,森村らの論文(森村隆夫,羽坂雅之 共著:長崎大学工学部研究報告 **35**(2005)120)を参照のこと.

ことがわかる．このように ALCHEMI 法は微量元素についても有効であり，構成元素の種類が増えても解析が可能である．

4.1.5 まとめ

シリサイド半導体では，半導体相そのものの結晶性を向上させるだけでなく，デバイスとして機能発現に適した微細組織を形成させる研究が重要となってきている．したがって，今後は最新の SEM，TEM，さらには収差補正機を搭載した STEM などを組み合わせた，広範なマルチスケールでの微細構造解析がますます不可欠なツールになっていく．

参 考 文 献

[1] M. Itakura, N. Kuwano, K. Sato and S. Tachibana : J. Electron Microscopy **59** (2010) S165
[2] M. Behar, H. Bernas, J. Desimoni, X. W. Lin and R. L. Maltez : J. Appl. Phys. **79** (1996) 752
[3] H. Lange : phys. stat. sol. (b) **201** (1997) 3
[4] N. Kuwano, D. Norizumi, T. Fukuyama and M. Itakura : Jpn. J. Appl. Phys. **42** (2003) 86
[5] M. Itakura, D. Norizumi, T. Ohta, Y. Tomokiyo and N. Kuwano : Thin Solid Films **461** (2004) 120
[6] G. Shao and K. P. Homewood : Intermetallics **8** (2000) 1405
[7] K. Akiyama, S. Kaneko, H. Funakubo and M. Itakura : Appl. Phys. Lett. **91** (2007) 071903
[8] J. C. H. Spence and J. Taftφ : J. Microscopy **130** (1983) 147

4.2 X線回折法

4.2.1 はじめに

X線回折（X‐ray diffraction, **XRD**）法を用いた結晶構造解析は古くから幅広く用いられている．その理論についてはすでに多くの専門書があるので，ここではX線回折法による鉄シリサイド（β‐$FeSi_2$）の薄膜の結晶構造解析例を紹介する．

4.2.2 θ‐2θスキャン

XRDでの構造解析では，次式で表される**ブラッグ反射**を用いたθ‐2θ測定が最も基本的な測定となる．図4.9にその概念図を示す．

$$2d \sin\theta = n\lambda \quad (n = 1, 2, 3, 4, \cdots) \tag{4.1}$$

ここで，dは結晶格子の面間隔，θはブラッグ角，λはX線の波長を表す．この測定では，基板垂直方向の試料の結晶面間隔（薄膜試料内，および基板内）を測定して，構造の評価をする．

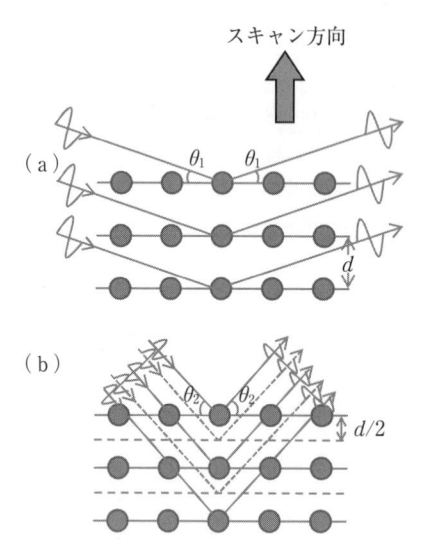

図4.9 X線による（a）1次，および（b）2次のブラッグ反射．

例として，**サファイア基板**（α-Al_2O_3）の種々の結晶面に成長した鉄シリサイド薄膜試料（非晶質（アモルファス）構造，多結晶構造，そして単結晶（あるいは単一配向の）構造）の測定結果を図4.10に示す．

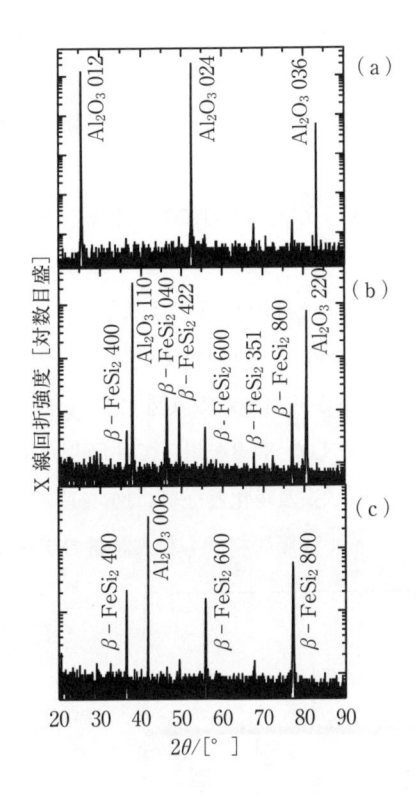

図 4.10 サファイア（α-Al_2O_3）単結晶基板の異なる方位の面上に合成した，Fe-Si膜のθ-2θスキャン・プロファイル

図4.10(a)に示すように，**アモルファス構造**の薄膜試料では基板の回折ピークのみが観察されるのに対して，多結晶構造の薄膜試料では鉄シリサイド薄膜に起因した複数の回折ピークが観察される（図4.10(b)）．そして，単結晶（あるいは単一配向の）構造を有する薄膜試料では単一のピークのみ（あるいは単一面に起因した高次ピークのみ）が観察される（図4.10(c)）．単結晶構造と単一配向構造の違いをこの評価によって区別する方法としては，後節にて述べる極点図形評価を用いる．

4. 構造解析

　Si 単結晶基板上にエピタキシャル成長させた鉄シリサイド薄膜では，基板とエピタキシャル膜との結晶格子の大きさが異なっているため，薄膜の格子は基板の格子に整合する．このため，基板結晶の格子拘束を受けて鉄シリサイドの結晶はひずまされている．この現象は，θ-2θスキャンでのピーク位置のシフトとなって現れる．また，基板と膜の結晶格子における熱による膨張や収縮は違っているために，温度によって膜のピーク位置は**粉末試料**のピーク位置とは違ってくる．

　これらの様子を Si 基板の (100) 面，および (111) 面にエピタキシャル成長した (100) 配向，および (101) 配向鉄シリサイド薄膜の評価結果として以下に説明する．図 4.11 (b) に示すように，Si(100) 面では鉄シリサイドの (400)，(600)，(800) 面からの回折ピークのみが観察される．一方，Si(101) 面では (202)，および (404) 面からピークが観察される（図 4.11 (a)）．

　これらの試料を **2 結晶回折法**で単色化した X 線を用いて評価した格子定数および格子面間隔の温度変化を，基板 Si の変化と一緒に図 4.12 に示す．300 K において，いずれのエピタキシャル薄膜の格子も粉末試料のデータよ

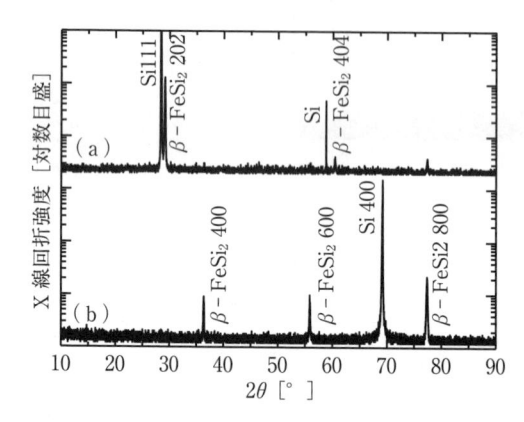

図 4.11 Si の (a) (111) 面，(b) (100) 面上の鉄シリサイド膜の θ-2θ スキャンプロファイル．Si(111) 面上には (101) 配向，Si (100) 面上には (100) 配向した β-FeSi$_2$ がエピタキシャル成長している．（秋山賢輔 著：神奈川県産業技術センター研究報告 **19** (2013) 25 より許可を得て転載）

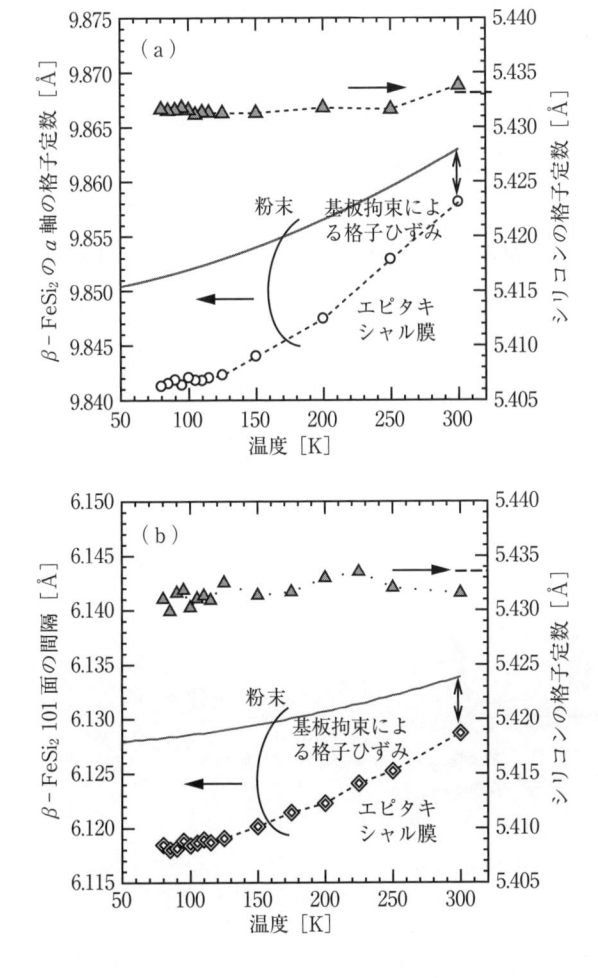

図 4.12 エピタキシャル β-FeSi$_2$ 薄膜の (a) a 軸,および (b) (101) 面間隔の温度変化.(秋山賢輔著:神奈川県産業技術センター研究報告 **19** (2013) 25 より許可を得て転載)

り小さいことがわかる.Si 基板の格子定数は粉末のデータと一致することから,エピタキシャル鉄シリサイド薄膜の格子は基板による拘束を受けて,ひずんでいることがわかる.また,測定温度の減少によって格子が小さくなる.(100) 面と (101) 面との温度による変化率はほぼ同じであることから,(101) 面においても a 軸の格子温度変化が支配的であることが示唆され,バルク試料での a 軸,および c 軸の温度変化と一致する.

4.2.3 ロッキングカーブ・スキャン

ロッキングカーブ測定は,基板面垂直方向からの結晶面の乱れの程度を評価し,結晶配向の完全性を評価する方法である.測定概念を図4.13に示すように,この測定ではブラッグ回折を起こす角度2θを固定し,試料へのX線入射角度$\theta(\omega)$をスキャンする.薄膜試料の評価において注意せねばならないのは,膜厚によって結晶配向の完全性が大きく変化することにある.そのため,指標値となる回折ピークの**ロッキングカーブ半価幅**(full width at half maximum, **FWHM**)値は,膜厚が薄い場合に大きな値を示す.この様子を図4.14に示す.この測定結果は,図4.11(b)で示した,(100)面シリコン基板にエピタキシャル成長した(100)配向鉄シリサイド薄膜における

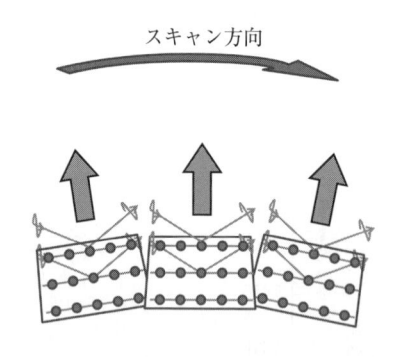

図 4.13 ロッキングカーブスキャンの概念図

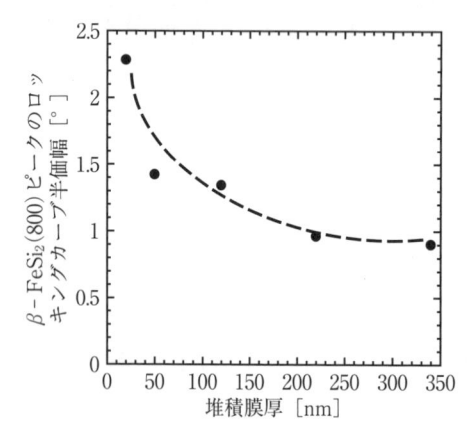

図 4.14 (100)配向した鉄シリサイド薄膜における,(800)回折ピークのロッキングカーブ半価幅の膜厚による変化.(K. Akiyama, S. Kaneko, Y. Hirabayashi, T. Suemasu and H. Funakubo : J. Cryst. Growth **287** (2006) 694 より許可を得て転載)

(800) 面の FWHM 値の膜厚による変化である．膜厚が 20 nm から 340 nm へと増大化するに伴い，FWHM 値は 2.3° から 0.9° へと減少する．そのため，一般にバルク単結晶との結晶配向の完全性の比較をするには，1 μm 以上の膜厚が必要とされる．

4.2.4 極点図形測定

前項の評価方法は，試料面に垂直方向の回折面（**対照反射面**）への評価であるのに対して，極点測定は試料面内の配向（**非対照反射面**）を対象とした評価である．薄膜を構成する結晶構造が異なる場合には図 4.15 に示すように，極点図形評価結果の違いから上述した 1 軸配向の膜が，面内に配向性を持ったエピタキシャル膜か，あるいは面内に配向性を持たない **1 軸配向**（ファイバー・テクスチャー）構造の膜なのか判別される．さらに，エピタキシャル膜を構成するドメイン構造も明らかとなり，単一ドメインで構成される単結晶膜か，あるいは複数ドメインで構成されるドメイン構造膜なのか判別される．

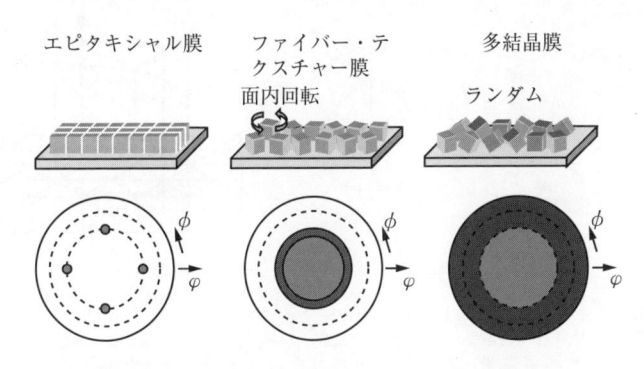

図 4.15 異なる結晶構造で構成される薄膜を評価した場合の極点図形測定の結果

図 4.16 に，Si，あるいは SiC（3C-SiC）結晶面上へ作製した鉄シリサイド薄膜の極点図形測定結果と，それを基に解析されたエピタキシャル関係の

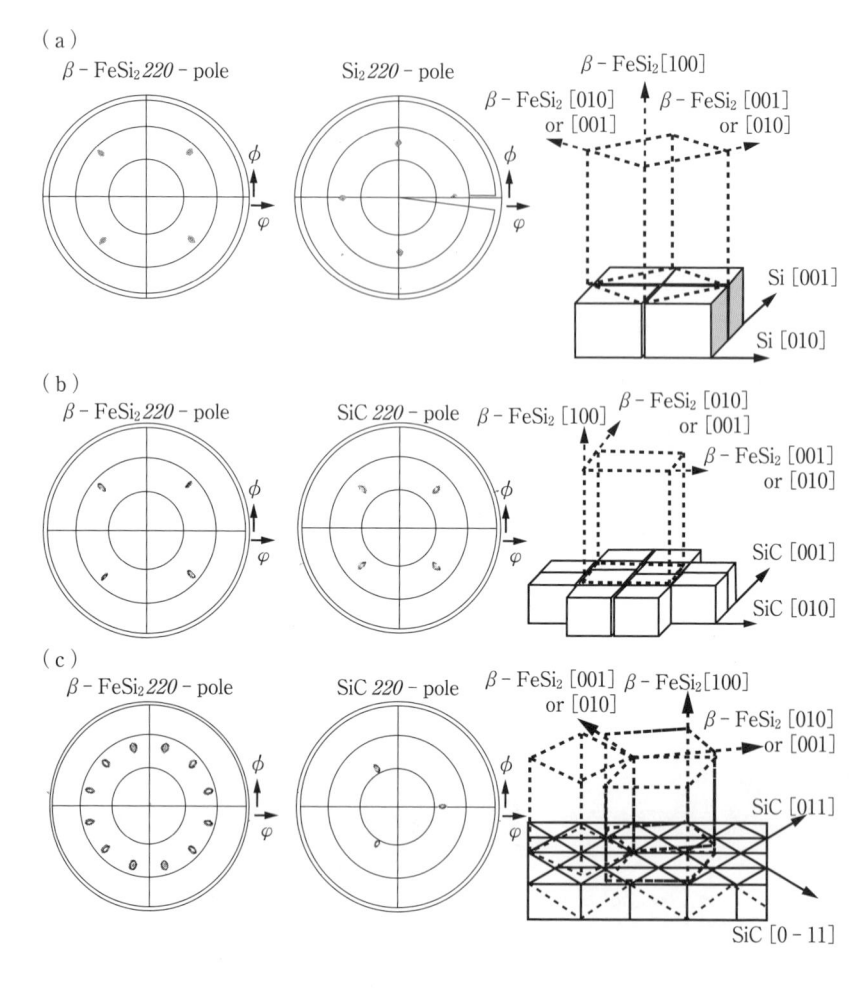

図 4.16 （a）Si（100），（b）SiC（100），（c）SiC（111）基板上のエピタキシャル鉄シリサイド薄膜の β-FeSi$_2$-（220）の極点図形と，Si(3C-SiC)-（220）の極点図形測定結果，および解析されたエピタキシャル関係の模式図．(K. Akiyama, T. Kimura, T. Suemasu, F. Hasegawa, Y. Maeda and H. Funakubo : Jpn. J. Appl. Phys. Lett. **45**（2004）L551, K. Akiyama, T. Kadowaki, Y. Hirabayashi, M. Yoshimoto, H. Funakubo and S. Kaneko : J. Cryst. Growth **316**（2011）10, K. Akiyama, S. Kaneko, T. Kadowaki and Y. Hirabayashi : Jpn. J. Appl. Phys. **49**（2010）08JF06 より許可を得て転載)

模式図とを示す．Si(100)面，SiC(100)面，およびSiC(111)面に成長したこれらの鉄シリサイド薄膜は，(100)に配向していることがあらかじめ $\theta-2\theta$ スキャン評価から明らかとなっている．

X線極点図形では鉄シリサイド(220)面と基板Si，および基板SiC(220)面の評価を行った．Si(100)面，およびSiC(100)面の単結晶では，結晶構造が立方晶であるために，基板表面の(100)面と45°傾いた(110)面が4つ存在する．そのために，図4.16(a)，および4.16(b)に示すように4つのSi(3C-SiC)-(220)面の回折スポットが極点図内に観察される．これら基板面上の(100)配向鉄シリサイド膜の(220)面の極点評価結果でも，図4.16(a)および4.16(b)に示すように，4つの β-FeSi$_2$-(220)回折スポットが観察されている．この結果は，鉄シリサイド結晶格子が面内においても配向していることを示し，鉄シリサイド膜が基板上にエピタキシャル成長していることがわかる．また，Si(100)面とSiC(100)面では，(100)配向鉄シリサイドとのエピタキシャル関係は異なっている．Si(100)面の鉄シリサイド結晶格子は模式図に示すように，基板Siの格子に対して45°回転した整合界面（**A-type整合**）を形成するのに対して，SiC(100)面上にはcube-on-cubeの整合界面（**B-type整合**）を形成することがわかる．

一方，SiC(111)面上の鉄シリサイド膜の場合には，図4.16(c)に示すように，3C-SiC-(220)極点図において，3つの回折スポットが回転（ϕ）方向に120°の間隔で観察される．この基板上の β-FeSi$_2$-(220)極点評価結果では，12個の回折スポットが観察される．図4.16(a)，および図4.16(b)に示すように，1つの鉄シリサイド結晶のドメインで構成されるエピタキシャル膜では，β-FeSi$_2$-(220)極点において4つの回折スポットが観察されることから，SiC(111)面上に3回対称な鉄シリサイド結晶のドメインで構成されることを示している．

以上の議論を踏まえ，エピタキシャル成長が確認された単結晶面上の鉄シリサイド膜の配向面，ドメイン構造，配向面のロッキングカーブ評価で得ら

れた半価幅，および基板単結晶の結晶と鉄シリサイドの単位格子との間での格子ミスマッチを表4.1にまとめた．(100)配向，および(110)/(101)配向の2種類のエピタキシャル膜が確認され，面内には2回対称か3回対称のいずれかの構造で構成される．結晶配向の完全性の指標であるロッキングカーブ半価幅は，**格子ミスマッチや配向面よりもむしろ，ドメイン構造**（2回対称，あるいは3回対称）に依存することがわかる．

表4.1 エピタキシャル鉄シリサイド薄膜のロッキングカーブ半価幅と配向面，ドメイン構造，および基板格子とのミスマッチの大きさ

基板面	エピタキシャル β-FeSi$_2$の配向面	ドメイン構造	ロッキングカーブの半価値幅(°)	格子ミスマッチ(%)
(100)Si	(100)	2回対称ドメイン	1.0	1.4
(100)SiC	(100)	2回対称ドメイン	0.96	0.6
(100)YSZ	(100)	2回対称ドメイン	0.74	7.2
(0001)Al$_2$O$_3$	(100)	3回対称ドメイン	0.11	1.0
(111)Si	(101)/(110)	3回対称ドメイン	0.23	6.0(1.7)
(111)SiC	(100)	3回対称ドメイン	0.37	1.8
(111)YSZ	(101)/(110)	3回対称ドメイン	0.15	7.0(0.1)

すなわち，2回対称のドメイン構造からなるエピタキシャル鉄シリサイド薄膜の半価幅よりも，3回対称のドメイン構造からなるエピタキシャル鉄シリサイド薄膜の半価幅がより小さく，結晶配向の完全性が高いことがわかる．このことは，基板と鉄シリサイド結晶格子とのミスマッチによって生じるひずみエネルギーを，ドメイン構造で緩和するためと理解できる．

参 考 文 献

[9] 秋山賢輔 著：神奈川県産業技術センター研究報告 **19** (2013) 25
[10] K. Akiyama, S. Kaneko, Y. Hirabayashi, T. Suemasu and H. Funakubo: J. Cryst. Growth **287** (2006) 694
[11] K. Akiyama, T. Kimura, T. Suemasu, F. Hasegawa, Y. Maeda and H.

Funakubo: Jpn. J. Appl. Phys. Lett. **43** (2004) L551
[12]　K. Akiyama, T. Kadowaki, Y. Hirabayashi, M. Yoshimoto, H. Funakubo and S. Kaneko: J. Cryst. Growth **316** (2011) 10
[13]　K. Akiyama, S. Kaneko, T. Kadowaki and Y. Hirabayashi: Jpn. J. Appl. Phys. **49** (2010) 08JF06

4.3　ラザフォード後方散乱分光法

4.3.1　はじめに

ラザフォード後方散乱分光法（Rutherford backscattering apectrometry, RBS）は，数 MeV 程度に加速した**高速イオン**（^{4}He$^+$ など）を試料に一定量照射して，試料元素（ターゲット）から後方散乱されたイオン数とエネルギーを測定することで，試料の**結晶性**や元素の**深さ分布**などを非破壊に測定できる方法である．半導体技術では，Si 基板などにイオン注入（3.8 節参照）された元素分布を測定するために RBS は利用される．

さて，シリサイドは Si と遷移金属元素との化合物であり，それら元素の質量差は大きい．そのため，ターゲットの Si や遷移金属元素に散乱されたイオンのエネルギーは大きく異なる．これは，各元素の RBS スペクトルの分離を容易にする利点をもたらす．ただし，後述するように Ge 基板を使用した場合，Ge よりも軽い元素からの RBS は，基板からの RBS を考慮した取り扱いが必要となる．本節では，RBS の原理と鉄シリサイド解析への応用について紹介する．

4.3.2　RBS の原理[14]

RBS スペクトルには，**ランダムスペクトル**と**アラインドスペクトル**がある．ランダムスペクトル測定では，イオン照射を結晶の晶帯軸より数度傾斜させて，結晶面や結晶軸の**チャネリング**が起こらないようにする．**軸傾斜**さ

せると,結晶であっても原子がランダムの重なり合った状態を生み出すことができる.ただし,傾斜角の方向や角度の選択は,あらかじめ特定の結晶方位での粗いスキャンを行い,結晶面や結晶軸のチャネリングを避けて最大収量になる条件を見出す.

このランダム散乱条件では,元素 i の検出される後方散乱収量 A_i は

$$A_i = \sigma_i \cdot \Omega \cdot Q \cdot N_i t_i \tag{4.2}$$

で与えられる.ここで,$N_i t_i$ は元素 i の原子密度と存在厚さの積,σ_i は**後方散乱断面積**,Q は**照射イオン量**,Ω は**検出器の開口角**(立体角)である.したがって,(4.2)から $N_i t_i$ を A_i から測定できる.ただし,測定できるのは,あくまで $N_i t_i$ の積であることに留意されたい.N_i と t_i それぞれを求めるには,それぞれ適切な N_i と t_i の値を初期値として,最小二乗法によって RBS スペクトルのフィティングで決定する[15].

次に,散乱されたイオンのエネルギーによる元素分析の原理を説明する.イオンの質量 M_1,ターゲット(試料)原子の質量 M_2 とし,$M_1 < M_2$ の場合,ターゲットによる弾性散乱でイオンのエネルギーが初期の E_0 から E_1 に減少したとき,**動力学的因子**(kinetic factor)を次の(4.3)で定義する.

$$K \equiv \frac{E_1}{E_0} \tag{4.3}$$

図 4.17 の後方散乱角 θ として,

$$K_{M_2} = \left[\frac{(M_2^2 - M_1^2 \sin^2 \theta)^{1/2} + M_1 \cos \theta}{M_2 + M_1} \right]^2 \tag{4.4}$$

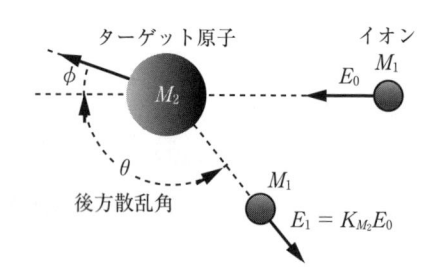

図 4.17 古典的弾性衝突の配置図

4.3 ラザフォード後方散乱分光法

が得られる．よって，(4.3)から，**後方散乱角 θ** でイオンのエネルギーを測定できればターゲットの**元素分析**ができる．試料表面の原子との衝突でのみ(4.4)が成り立ち，弾性衝突後のイオンのエネルギーは KE_0 となる．図4.18 に $E_0 = 2\,\mathrm{MeV}$, $\theta = 165°$，照射イオンが $^4\mathrm{He}^+(M_1 = 4)$ の場合について K と KE_0 を計算した結果を示す．ターゲット元素の質量数が小さくなると，K が小さくなるために弾性衝突後のイオンのエネルギーは小さくなる．

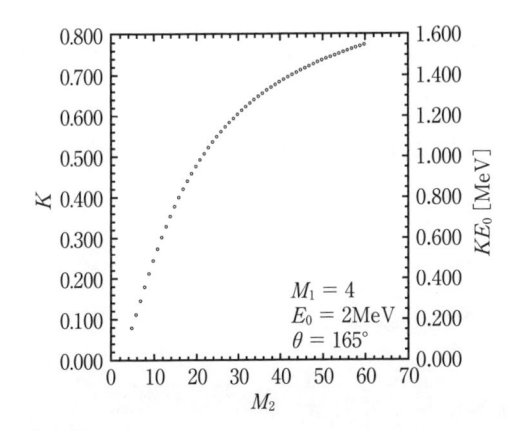

図 4.18 動力学的因子 K とターゲット元素の質量数 M_2 との関係 ($M_2 > M_1$)

試料深さ方向 (x) に元素が分布している場合は，散乱されたイオンのエネルギーは深さに依存する．表面で散乱されたイオンのエネルギー KE_0 と，深さ x で散乱されたイオンのエネルギー E_1 の差を ΔE として，

$$\Delta E = KE_0 - E_1 = [S]x \tag{4.5}$$

と書ける．$[S]$ は**エネルギー損失因子**であり，図4.19に示す配置では

$$[S] = \left[\frac{K}{\cos\theta_1}\frac{dE}{dx}\bigg|_{\mathrm{in}} + \frac{1}{\cos\theta_2}\frac{dE}{dx}\bigg|_{\mathrm{out}}\right] \tag{4.6}$$

で与えられる．ここで，(dE/dx) は入射 (in) と出射 (out) イオンのそれぞれの**エネルギー阻止能**である．つまり，試料単位長当りにイオンが失うエネルギーを示す．詳細は文献[14]を参照されたい．

通常は，測定したRBSランダムスペクトルからの元素分析やその深さ分

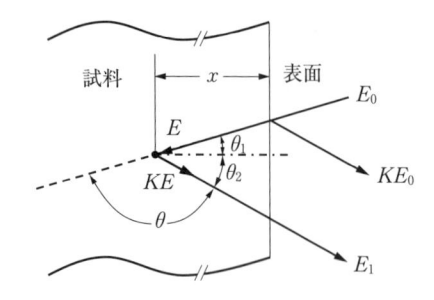

図 4.19 試料内部でのイオン散乱の配置図. θ_1：入射角, θ：後方散乱角

析には，**SIMNRA**®[15] などに代表されるイオンビーム分析の解析コードが利用されている．ターゲットが複数の元素からなる合金の場合は，**ブラッグ則（Bragg rule）**を利用する．**阻止断面積**（stopping cross section）ε は

$$\varepsilon \equiv \frac{1}{N}\left(\frac{dE}{dx}\right) [\text{eV}\cdot\text{cm}^2] \tag{4.7}$$

で定義されている．2元合金 A_mB_n では

$$\varepsilon^{A_mB_n} = m\varepsilon_A + n\varepsilon_B \tag{4.8}$$

であり，**平均阻止能**は

$$\frac{dE^{A_mB_n}}{dx} = N^{A_mB_n}\varepsilon^{A_mB_n} \tag{4.9}$$

となり，これを用いて，合金の所定の深さで散乱されたイオンのエネルギーが計算できる．

4.3.3 ホイスラー合金/半導体のヘテロ界面の評価

図 4.20 に，**DO_3 規則格子**を持つ強磁性体ホイスラー（Heusler）**合金** Fe_3Si を，Si(111) 基板上にエピタキシャル成長させた Fe_3Si/Si 試料の RBS ランダムスペクトルを示す．試料を深さ方向で複数層に分割し，それぞれの層の元素組成を仮定して，スペクトルに一致する元素の深さ分布を求める．図 4.20 では解析誤差（1 at.%程度）の範囲で，Fe_3Si 組成を仮定して測定スペクトルに一致したスペクトルを計算することができた．これは，Fe_3Si

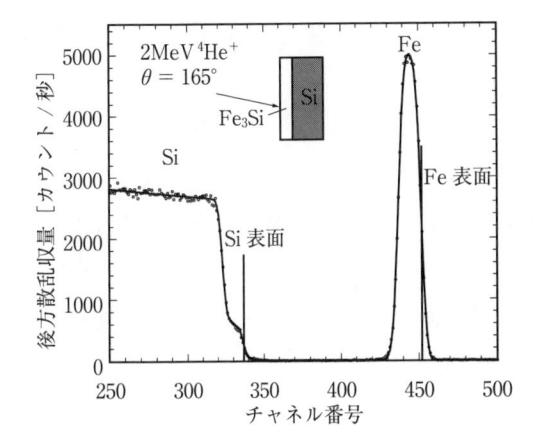

4.3 ラザフォード後方散乱分光法　167

図 4.20 Fe$_3$Si/Si (111) 試料の RBS ランダムスペクトル．$E_0 = 2$ MeV．

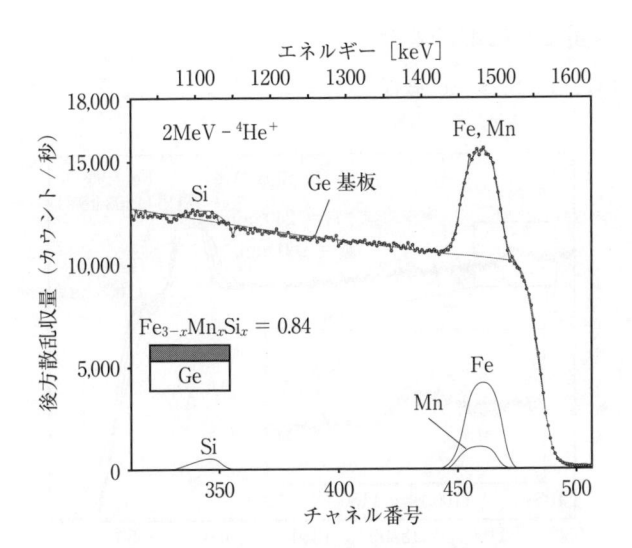

図 4.21 Fe$_{3-x}$Mn$_x$Si/Ge (FMS/Ge) 試料の RBS ランダムスペクトル．Ge 基板のスペクトル上に Fe, Mn, Si のスペクトルが乗っている形として解釈できる．SIMNRA® によって組成の解析を行った結果，$x = 0.84$ でスペクトル全体を適合させることができた．

がSi基板上に非常に均一にエピタキシャル成長していることを示している．

図4.21に，**$L2_1$規則格子**を持つ強磁性体**3元系ホイスラー合金**$Fe_{3-x}Mn_xSi/Ge$(FMS/Ge)試料のRBSランダムスペクトルを示す[16]．このRBSスペクトルは，Ge基板のスペクトル上にFe，Mn，Siのスペクトルが乗っている形を取る．SIMNRA®を利用して3元系の組成解析を行い，$x = 0.84$でスペクトル全体を計算したスペクトル（実線）と適合させることができた．$x = 0.84$は，$L2_1$規則格子ではMn原子のBサイトの占有率に対応する．なお，サイトの占有挙動によって，磁性やスピン偏極度が変化する（5.6節を参照）ために，この例のようにRBSランダム測定からサイト置換の挙動を議論することは重要である[17]．

4.3.4 界面相互拡散の解析

図4.22に，Fe_3SiをGe基板上でエピタキシャル成長させたFe_3Si/Ge

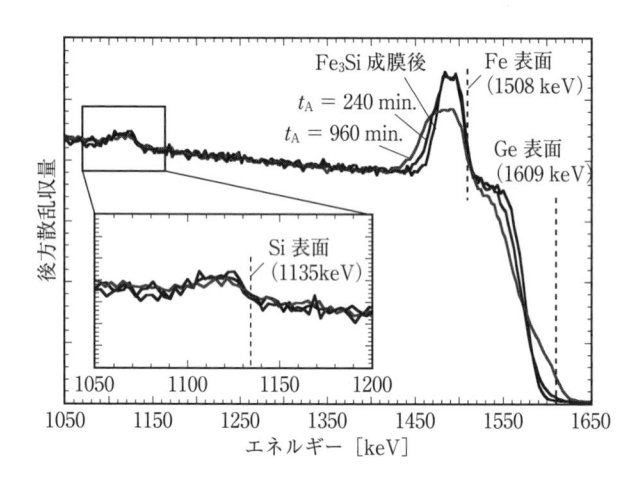

図4.22 Fe_3Si/Ge試料における450℃でアニールしたときのRBSスペクトルの変化．アニール時間t_Aが長くなるにつれて，界面でのFeとGe原子の相互拡散によるスペクトルの変化が見られる．しかし，Si原子の拡散によるスペクトルの変化は，非常に小さい（挿入図）．

ヘテロ界面の熱的安定性を，RBS で解析した例として紹介する[18]．Fe₃Si/Ge 試料を 450℃でアニールしたときの RBS スペクトルの顕著な変化が観察できる．アニール時間が長くなるにつれて，**初期ヘテロ界面**での Fe と Ge 原子の相互拡散によるスペクトルの大きな変化が見られる．しかし，Si 原子には大きな変化は見られなかった（図中拡大図）．Ge 原子は基板から Fe₃Si 層に向かって拡散しているために，Ge スペクトルは高エネルギー側の収量を増加させている．逆に，Fe 原子は Ge 基板方向に向かって拡散しているために低エネルギー側の収量を増加させている．いわゆる**相互拡散**が確認できた．

このことを定量的に明らかにするために，SIMNRA® を用いて元素の深さ分析を行ったものを図 4.23 に示す．成膜後（アニール前）からアニール時間が長くなるにつれて，Fe と Ge 原子の分布が大きく変化し，界面で相互拡散が起こっていることがわかる．最終段階（960 分後）では合金膜中の Fe 濃

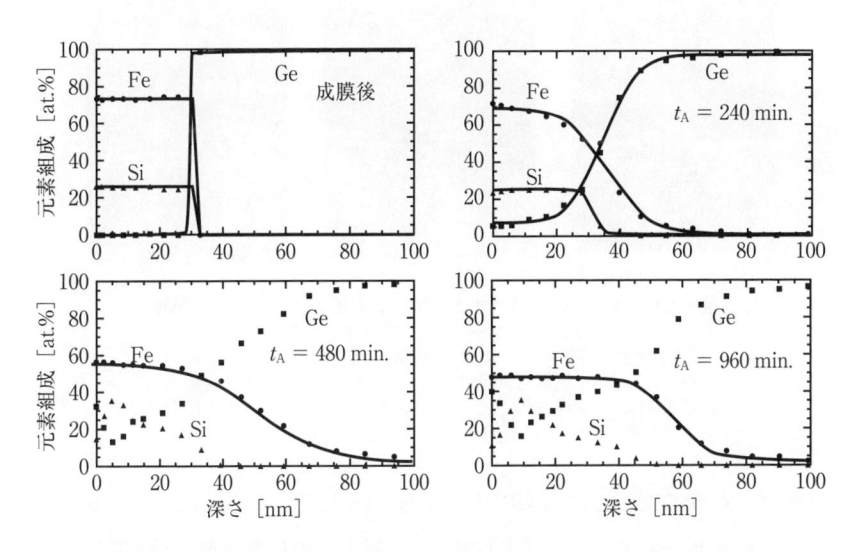

図 4.23 RBS スペクトル（図 4.22）の解析から得られた元素組成の深さ分布．アニール時間が長くなると，界面での Fe と Ge 原子の相互拡散が促進し界面が移動していることがわかる．しかし，Si 原子の分布の変化は非常に小さいことがわかる．

度が大きく減少し，Ge濃度は逆に大きく増加しているために，もはやFe$_3$Si合金ではなく，FeGeとFeSiが交互に積層した構造（FeGe/FeSi/FeGe/Ge）が自己組織化されていることがわかった[19].

なお，この構造の電気伝導は特異な温度特性を示す．低温から順に金属（温度が上昇すると抵抗が増加），絶縁体（温度が上昇すると抵抗が減少），金属となり電気伝導の挙動は変化した．これは，**FeSiがKondo絶縁体**としてその特性を変化させていることで理解されている[19].

この例のようにRBSは非破壊であるために，同じ試料の継続的な処理による拡散挙動を検討できる大きな長所がある．この顕著な相互拡散による変化は，図4.24に示した電子顕微鏡像観察で捉えられた界面構造の変化と良く一致しており，相互拡散層の形成（b）を経て，界面でのFeGe層の形成（c）など図4.23のRBSの結果と良く対応していることがわかる．

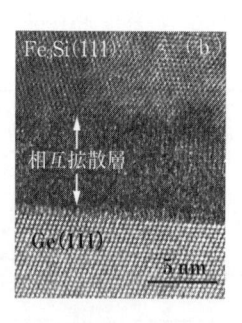

図4.24 Fe$_3$Si/Ge界面のアニールによる構造変化．（a）成膜後，（b）450℃，80分アニール後，（c）450℃，960分アニール後の界面のTEM像．RBSの結果に対応して，ヘテロ界面でFeとGe原子が相互拡散することで界面に新しい混合層ができている．最終段階（c）には，FeGeとFeSiの混晶になることが明らかにされている．

また，RBSで測定した元素の深さ分布（図4.23）から，例えばMultiDi-Flux（パデュー大学）[20]を利用して，3元素までの拡散流速や相互拡散定数などを計算し，**拡散経路**を検討することができる[21].

4.3.5 チャネリング測定[14]

結晶面の晶帯軸に沿って平行性の良いイオンを照射すると，イオンの後方散乱収量は極小になる．この現象を**軸チャネリング現象**という．この現象を利用すると，図4.25右図に示したように，特定の**晶帯軸**方向に配列した原子列（atomic raw）の乱れを評価することができる．ここでは，$L2_1$規則格子を持つ，強磁性体3元系ホイスラー合金$Fe_{3-x}Mn_xSi/Ge$(FMS/Ge) 試料のチャネリング測定例を紹介する[16, 22, 23]．この試料のエピタキシャル結晶方位・面関係は

$$FMS\langle 111\rangle /\!/ Ge\langle 111\rangle,\quad FMS(111) /\!/ Ge(111)$$

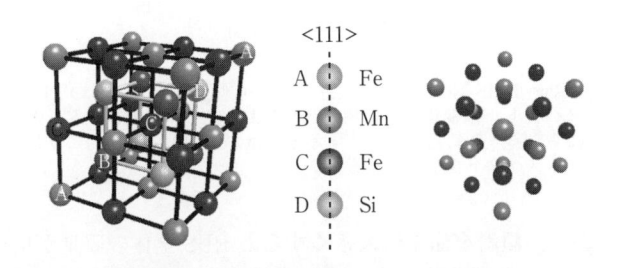

図4.25 $L2_1$型規則格子の単位胞（左）とFe_2MnSiの$\langle 111\rangle$軸方向の原子配列（中）．A，B，C，Dは格子のサイト．および(111)面の原子配列（右）．$\langle 111\rangle$軸に沿った原子列の隙間が見える．

である．図4.23で見たように，合金・基板間の相互拡散を成長中に起こさないように，成長温度を200℃以下に保持する低温分子線エピタキシャル成長法が開発され，そのヘテロ界面は原子レベルで平坦であることが報告されている[24-27]．

このFMS(111)/Ge(111)試料について，Ge$\langle 111\rangle$**軸チャネリング測定**を行った．図4.26にGe$\langle 111\rangle$軸に対して**傾斜角**ϕのときのRBSスペクトルの変化を示す．イオン入射ベクトル$\boldsymbol{g}/\!/Ge\langle 111\rangle$($\phi=0°$)では，いずれの元素のチャネルでも最小収量スペクトル（アラインドスペクトル）になってい

172　4. 構 造 解 析

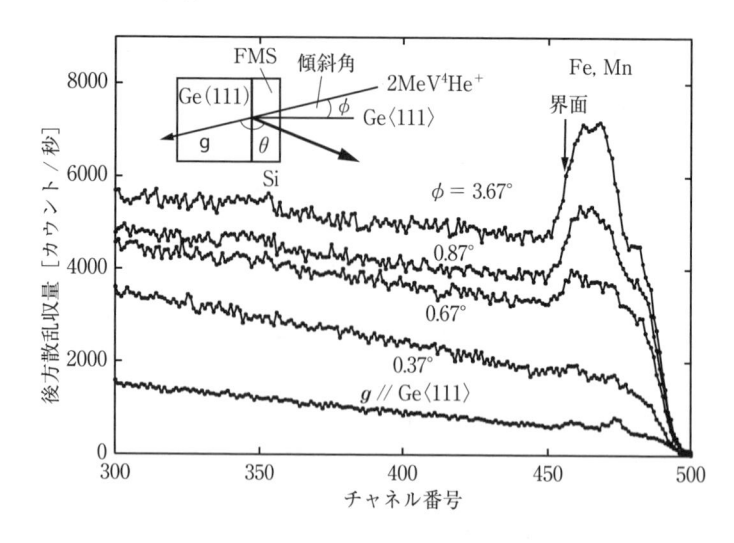

図 4.26　FMS/Ge 試料の Ge⟨111⟩ 軸から傾斜させたときの RBS スペクトルの変化. 傾斜角が 0° ではアラインドスペクトルが得られる. 傾斜角を大きくすると収量が増加し, 最終的にランダムスペクトルが得られる.

ることがわかる. 傾斜を徐々に大きくすると RBS 全体の収量が増加していく. 最終的には, 4°近く傾斜させると最大収量になるランダムスペクトルが得られる. この測定では, Ge 基板からの収量がベースになっているために, 各元素の正味の収量はそれを差し引く必要がある.

図 4.20 で示したように, Fe_3Si/Si 試料では Fe と Si の質量差が大きい(約 2 倍)ために, それぞれの元素チャネルは分離していて, 図 4.26 のようにオーバーラップしていないため解析は容易になる. Ge 基板からのベース収量は, Fe, Mn, Si が存在しないチャンネル範囲(図 4.26 の 350〜450 チャネル)の収量から, 最小二乗法によって Fe, Mn が存在する 450〜500 チャネルの収量を外挿して求めて, 全体の収量から差し引く. 残りが Fe, Mn からの正味の散乱収量になる. この正味の収量を傾斜角 ϕ の関数として描いたものが**チャネリングディップ曲線**(または angular yield profile)である[14].

図 4.27 に典型的な Ge⟨111⟩ チャネリングディップ曲線 $Y(\phi)$ を示した．この曲線は**結晶の乱れ**を良く表し，以下の式で表すことができる[1, 9]．

$$Y(\phi) = 1 - (1 - \chi_{\min})\exp\left(-\ln 2\left(\frac{\phi - \delta}{\psi_{1/2}}\right)^m\right) \quad (4.10)$$

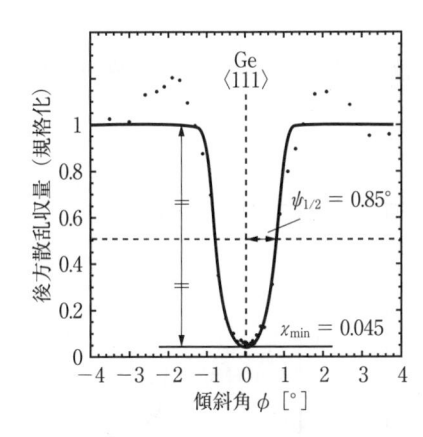

図 4.27 典型的な Ge⟨111⟩ 軸チャネリングディップ曲線．試料は図 4.21 と同じもの．測定点を (4.10) で適合させて最小収量 $\chi_{\min} = 0.045$，臨界半値角 $\psi_{1/2} = 0.85°$ が得られている．本例では，エピタキシャル軸のずれ δ は $\delta < 0.1°$ であった．

ここで，$\chi_{\min}$, ϕ, $\psi_{1/2}$, δ, m は，それぞれ最小収量，軸からの傾斜角，**チャネリング半値角**，合金膜と基板とのエピタキシャル軸のずれの大きさ，構造乱れに関係した指数（ランダム，$m = 2$）である．

図 4.27 によると，試料は，図 4.21 と同じ FMS(111) // Ge(111) ($x = 0.84$) である．収量の測定点を $m = 4$ とした (4.10) で適合させて，最小収量 $\chi_{\min} = 0.045(4.5\%)$，臨界半値角 $\psi_{1/2} = 0.85°$ が得られた．また，**エピタキシャル軸**のずれは $\delta < 0.1°$ であった．この例からもわかるように，**電子顕微鏡観察**や**電子線回折**ではわからないような微小な結晶軸方向の乱れを測定することが可能である．

次に，物性的理解のために，Mn 組成の異なる FMS(111)/Ge(111) ヘテロ接合のチャネリング測定を行った例を示す．**DO_3 規則格子**の Fe_3Si の B サイトに Mn が優先的に占有し，$L2_1$ 規則格子になる（図 4.25, 5.6 節を参照）．そこで，B サイト占有率の違いと軸方向の原子列の乱れとの相関を調

べた.界面での,この測定結果を図4.28に示す.Mn濃度が増加(Bサイトの占有率が増加)するにつれてχ_{min}が増加し,同時に$\psi_{1/2}$が減少することが見出された.これは,Mn濃度の増加によって,A,CサイトのFe原子とBサイトのFe,Mn原子列における〈111〉軸での配向性が乱れていくことを意味する.

界面と合金薄膜内部との結果を比較して議論すると,Mn組成が増加する

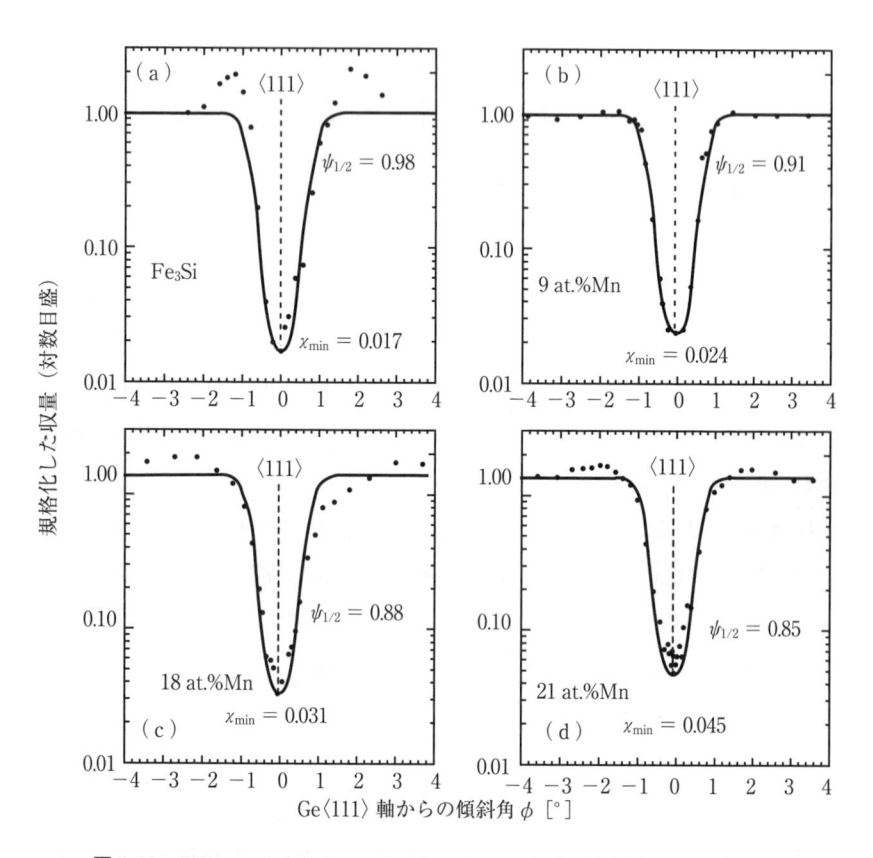

図4.28 RBSスペクトルのFe, Mnチャネルスペクトルの傾斜角ϕに対する,収量の変化から求めたチャネリングディップ曲線.極小値から最小収量χ_{min},収量が半分になる角度からチャネリング臨界半値角$\psi_{1/2}$が求まる.Mn濃度が増加するにつれて,χ_{min}が増加し,$\psi_{1/2}$が減少している.これはFe, Mn原子の〈111〉軸での配向性が乱れていることを意味する.

と同時に Ge 基板との**格子不整合率**も大きくなるために，界面での乱れは格子不整合が主な原因であるとされている[22]．また，合金薄膜内部でも Mn 組成の増加で界面と同じ挙動であったことから，周囲の Fe 原子との化学結合の弱い Mn が多く，B サイトを占有することによる**化学的な効果**が**構造乱れ**を引き起こしていると考えられている[28]．

4.3.6 原子レベルでの評価

上述したような，**チャネリングパラメータ**（$\chi_{\min}, \psi_{1/2}$）の大小を比較した半定量的な評価は，それなりに結晶の良し悪しの評価に意味がある．しかし，原子レベルでの定量的な議論をするにはさらに進んだ解析が必要となる．ここでは，測定したチャネリングパラメータ（$\chi_{\min}, \psi_{1/2}$）から，原子変位 $\langle u \rangle$ を計算する方法を紹介する[*4]．チャネリングパラメータ（$\chi_{\min}, \psi_{1/2}$）はそれぞれ独立ではなく，お互い次式のように $\langle u \rangle$ を介して関係し合っている[29, 30]．

$$\chi_{\min} = 18.8 N d \langle u \rangle^2 \sqrt{1 + \frac{1}{\zeta^2}} \quad (4.11)$$

$$\zeta = \frac{126 \langle u \rangle}{\psi_{1/2} d} \quad (4.12)$$

ここで，d は軸方向での**原子間隔**であり，結晶構造や原子の配置に依存し，N は**原子密度**である．(4.11) と (4.12) を連立させて解くと，チャネリングパラメータ（$\chi_{\min}, \psi_{1/2}$）から**原子変位** $\langle u \rangle$ が求められる．

$$\left. \begin{array}{l} A = \left(\dfrac{\psi_{1/2} d}{126} \right)^2, \quad B = \left(\dfrac{\chi_{\min}}{18.8 N d} \right)^2 \\ \langle u \rangle [\text{Å}] = \dfrac{1}{\sqrt{2}} \sqrt{\sqrt{A^2 + 4B} - A} \end{array} \right\} \quad (4.13)$$

[*4] イオン散乱で得られる $\chi_{\min}$ はイオンのエネルギー E_0 に強く依存するので，同一の測定条件でのみしか，(4.13) の計算で求めた原子変位 $\langle u \rangle$ は比較できないことに注意する必要がある．

4. 構造解析

チャネリング現象に影響する原子変位 $\langle u \rangle$ には，熱振動振幅 $\langle u_\mathrm{th} \rangle$ と結晶の不完全性による寄与 $\langle u_\mathrm{s} \rangle$ がある．

$$\langle u \rangle^2 = \langle u_\mathrm{th} \rangle^2 + \langle u_\mathrm{s} \rangle^2 \tag{4.14}$$

完全結晶である場合は，$\langle u \rangle^2 = \langle u_\mathrm{th} \rangle^2$ となる．

したがって，熱振動振幅 $\langle u_\mathrm{th} \rangle$ の寄与がわかれば，(4.13) と (4.14) から結晶の不完全性による寄与 $\langle u_\mathrm{s} \rangle$ を知ることができる．対象とする物質のデバイ温度 Θ_D が既知であれば，**熱振動振幅 $\langle u_\mathrm{th} \rangle$** は**デバイモデル**から計算することができる[14]．

$$\left. \begin{aligned} \langle u_\mathrm{th} \rangle [\text{Å}] &= 12.1 \left[\left(\frac{\phi(x)}{x} + \frac{1}{4} \right) \Big/ \mu \Theta_\mathrm{D} \right]^{1/2} \\ \phi(x) &= \frac{1}{x} \int_0^x \frac{t}{e^t - 1} dt, \qquad x = \frac{\Theta_\mathrm{D}}{T} \end{aligned} \right\} \tag{4.15}$$

ここで，$\phi(x)$ は **1 次のデバイ関数**，T は測定温度，μ は振動する原子の質量，または換算質量，Θ_D は**デバイ温度**をそれぞれ表す．図 4.29 に 1 次のデバイ関数を示す．FMS の場合，$\Theta_\mathrm{D} = 420\,\mathrm{K}$，$T = 300\,\mathrm{K}$ として，$x = 1.4$ だから $\phi(1.4) = 0.7$ が得られる．また，(4.15) からデバイ温度 Θ_D が室温より低い ($x < 1$) ものは，熱振動振幅 $\langle u_\mathrm{th} \rangle$ が大きいことがわかる．

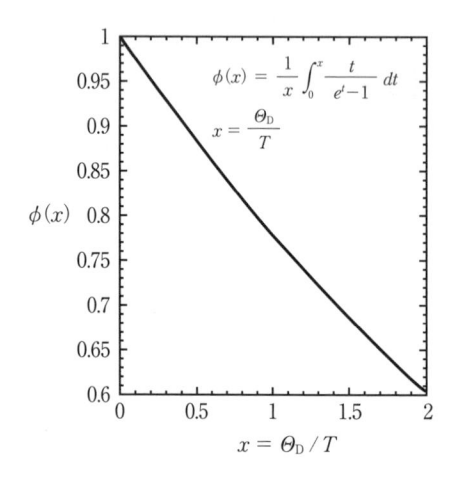

図 4.29 1 次のデバイ関数の値．FMS の場合，$\Theta_\mathrm{D} = 420\,\mathrm{K}$，$T = 300\,\mathrm{K}$ として，$x = 1.4$ だから $\phi(1.4) = 0.7$ が得られる．

以上のことから，結晶の不完全性による寄与である**静的原子変位** $\langle u_s \rangle$ は以下の式から計算できる[22]．

$$\left.\begin{array}{ll} \text{(i)} & \langle u \rangle^2 \geq \langle u_{\text{th}} \rangle^2 \\ & \langle u_s \rangle = \sqrt{\langle u \rangle^2 - \langle u_{\text{th}} \rangle^2} \\ \text{(ii)} & \langle u \rangle^2 \leq \langle u_{\text{th}} \rangle^2 \\ & \langle u_s \rangle = 0 \end{array}\right\} \quad (4.16)$$

図 4.28 でチャネリング測定して求めたチャネリングパラメータ $(\chi_{\min}, \psi_{1/2})$ から，各 Mn 組成で静的原子変位 $\langle u_s \rangle$ を計算すると，上述したように，Mn 組成によって FMS の格子定数が変化し，Ge 基板との格子不整合率 δ は，x を Mn の分率とすると，以下の式のように変化する[31]．

$$\delta(x) = \left(\frac{(5.653 + 0.011x) - 5.657}{5.657} \right) \times 100 \quad (4.17)$$

ここで，図 4.30 に，静的原子変位 $\langle u_s \rangle$ と Ge 基板との格子不整合率 δ との関係を示す．正の相関が得られていることから，ヘテロ界面での静的原子変位 $\langle u_s \rangle$ の原因は，Ge 基板との格子不整合によるものである．しかし，興味深いことに，$x = 0.36$ 組成では格子不整合率 $\delta = 0$ となり，負の格子不整合率 δ を持ち Mn を含まない $\text{Fe}_3\text{Si/Ge}$ よりも $\langle u_s \rangle$ が大きくなる．これは，B サイト占有による化学的効果によるものと考えられる[22,28]．いずれ

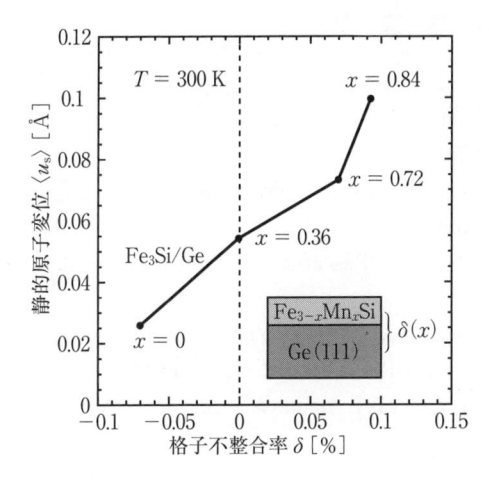

図 4.30 FMS/Ge(111) 系試料の界面のチャネリングパラメータ $(\chi_{\min}, \psi_{1/2})$ から計算した，静的原子変位 $\langle u_s \rangle$ と格子不整合率 δ との関係．

も静的原子変位 $\langle u_\mathrm{s} \rangle$ は，格子定数の数十分の一から数百分の一程度と小さな変位量であった．

図 4.30 で示したように，Mn 組成に対して系統的な結果が本節で紹介した解析方法で得られており，チャネリングパラメータ ($\chi_\mathrm{min}, \psi_{1/2}$) をより有効に利用する定量的な方法といえる．この他にも，$L2_1$ 規則格子を持つ 3 元系ホイスラー合金 Fe_2CoSi/Ge (111)，Co_2FeSi/Ge (111)，4 元系ホイスラー合金 $Co_2(Fe_{2-x}Co_x)Si$ に適用され，静的原子変位 $\langle u_\mathrm{s} \rangle$ の評価が報告されている[22,32]．

4.3.7 まとめ

本節では，RBS の基礎と，主に**スピントロニクス**の基本構造の 1 つであるシリサイド強磁性体/半導体界面の評価に，RBS やチャネリング測定を応用した事例について述べた．さらに，チャネリングパラメータ ($\chi_\mathrm{min}, \psi_{1/2}$) から原子変位を計算する方法と事例について述べた．RBS の非破壊で深さ方向の元素分布の情報が得られる長所や，チャネリング現象を生かしたシリサイドへの応用研究が今後も進展することを期待する．

参 考 文 献

[14] W-K. Chu, J. W. Mayer and M-A. Nicolet : *"Backscattering Spectrometry"* (Academic Press, New York, 1987)

[15] M. Mayer : SIMNRA® User's Guide (http://www.simnra.com)

[16] Y. Maeda, Y. Hiraiwa, K. Narumi, A. Kawasuso, Y. Terai, Y. Ando, K. Ueda, T. Sadoh, K. Hamaya and M. Miyao : Materials Research Society Proc. 1119E (2009) 1119-L05-02

[17] K. Hamaya, H. Itoh, O. Nakatsuka, K. Ueda, K. Yamamoto, M. Itakura, T. Taniyama, T. Ono and M. Miyao : Phys. Rev. Lett. **102** (2009) 137204

[18] Y. Maeda, K. Narumi, S. Sakai, Y. Terai, K. Hamaya, T. Sadoh and M. Miyao : Appl. Phys. Lett. **91** (2007) 171910-1

[19] B. Matsukura, Y. Hiraiwa, T. Nakajima, K. Narumi, S. Sakai, T. Sadoh, M. Miyao and Y. Maeda : Physics Procedia **23** (2012) 21
[20] https://engineering.purdue.edu/MSE/Research/MultiDiFlux/index.html を参照
[21] Y. Maeda, T. Sadoh, Y. Ando, K. Narumi, T. Jonishi and Y. Hiraiwa : JAEA Takasaki Annual Report 2007 (2007) 143
[22] Y. Maeda, K. Narumi, S. Sakai, Y. Terai, K. Hamaya, T. Sadoh and M. Miyao : Thin Solid Films **519** (2011) 8461
[23] Y. Maeda, Y. Hiraiwa, K. Narumi, Y. Ando, T. Sadoh and M. Miyao : JAEA Takasaki Annual Report 2008 (2008) 138
[24] K. Ueda, K. Hamaya, K. Yamamoto, Y. Ando, T. Sadoh, Y. Maeda and M. Miyao : Appl. Phys. Lett. **93** (2008) 112108-1
[25] M. Miyao, K. Ueda, Y. Ando, M. Kumano, T. Sadoh, K. Narumi and Y. Maeda : Thin Solid Films **517** (2008) 181
[26] K. Ueda, Y. Ando, T. Jonishi, K. Narumi, Y. Maeda and M. Miyao : Thin Solid Films **517** (2008) 422
[27] M. Miyao, K. Hamaya, T. Sadoh, H. Itoh and Y. Maeda : Thin Solid Films **518** (2010) S273
[28] J. I. Budnick, A. Tan and D. M. Pease : Physica **B 158** (1989) 31
[29] J. H. Barrett : Phys. Rev. **B 3** (1971) 1527
[30] D. S. Gemmell : Rev. Mod. Phys. **46** (1974) 129
[31] S. Yoon and J. G. Booth : J. Phys. F, Metal Phys. **7** (1977) 1079
[32] Y. Kawakubo, Y. Noguchi, T. Hirata, K. Narumi, S. Sakai, S. Yamada, K. Hamaya, M. Miyao and Y. Maeda : Abstract of APAC-SILICIDE 2013 (University of Tsukuba, July 27-29) 27-P16, Phys. Stat. Sol. (c) in press

第 5 章

鉄シリサイドの物性

5.1 電気物性

5.1.1 アンドープ鉄シリサイドの伝導型

　本節では，各種の方法で作製された鉄シリサイド（β-FeSi$_2$）の**電気伝導特性**とその機構について，これまでの研究成果をまとめて紹介する．

　まず，アンドープ鉄シリサイドの伝導型について説明する．アンドープ鉄シリサイドの伝導型はp型，n型いずれも報告されている．例えば，**化学気相成長**（chemical vapor transport, **CVT**）法で作製した単結晶鉄シリサイドは，アンドープでn型であるが[1]，鉄シリサイド薄膜や焼結法で作製した多結晶鉄シリサイドの伝導型はn型，p型の両方が報告されている[2-6]．

　アンドープの伝導型が定まらない一因としては，鉄原料中に含まれる不純物が鉄シリサイド中に取り込まれ，それらが**ドナー**および**アクセプタ**としてキャリアの供給源となっていることが挙げられる．すなわち，実験で観測される伝導型やキャリア密度は，キャリア補償された後の見かけの値であるため，伝導型が定まらないと解釈される．高純度（5 N）の鉄を用いるとn型を示すことが報告されているが，この場合も，鉄原料中の不純物が混入したためn型伝導を示すと報告されている[4,7,8]．

　一方，鉄シリサイドのSiとFeの**化学量論組成比**からのずれが，電気特性に影響するという報告がある．スパッタ法や焼結法で作製した鉄シリサイ

ド膜では，Fe が過剰になると伝導型は p 型に，Si が過剰になると伝導型は n 型に変化する．第一原理計算などを利用した数値計算によっても，鉄シリサイド中に導入された **Si 空孔** および **Fe 空孔** は，それぞれアクセプタおよびドナーになると示唆されている[9,10]．電子スピン共鳴などから，p 型伝導を示す Fe 過剰試料では Si 空孔が，n 型伝導を示す Si 過剰試料では Fe 空孔が観測され，それぞれがアクセプタおよびドナーになっていると考えられている[11,12]．また，イオン注入法で作製した鉄シリサイド膜は，質量分離を行って得た高純度 Fe^+ イオンを原料として用いるが，膜中に Si 空孔が形成されるために p 型伝導を示す[5]．

さらに，伝導型に関わらず，アンドープ鉄シリサイドの残留キャリア密度は，室温で 10^{16} cm^{-3} 台から 10^{18} cm^{-3} 台と幅広い値が報告されている[4,5,7,8,11]．この原因も，混入する不純物量と欠陥密度が試料ごとに異なるためと考えられる．以上のように，鉄シリサイドの電気物性の制御には，さらなる Fe 原料の高純度化と欠陥（空孔）制御技術の構築が必要である．

5.1.2　不純物添加による鉄シリサイドの伝導型制御

次に，**不純物添加** による鉄シリサイドの **伝導型制御** について説明する．キャリアを放出する不純物として，遷移金属が多数存在する．Ti, V, Cr, Mn, Zr, および Nb はアクセプタ型，Co, Ni, Pd, および Pt はドナー型不純物として知られている[13-15]．これらは，Fe と置換することが透過型電子顕微鏡（transmission electron microscope, TEM）観則[16] や電子スピン共鳴[17]によって確認されている．

ここで，不純物の特徴をまとめる．Mn は，最も一般的な p 型不純物である．添加によって，a 軸の格子定数は不変となるが，b 軸および c 軸が増加する．固溶限界は 10% 程度で，添加量が増すと，マンガンシリサイドとして析出する．バンドギャップは減少し，**アクセプタ準位** $E_A \cong 100$ meV を形成する．Cr は，アクセプタ（$E_A = 75, 130$ meV）型の不純物で，添加

量 5% 程度まで完全固溶する．c 軸の格子定数が増加し，**活性化率**は Mn (0.43%) よりも Cr (4.8%) の方が 1 桁高い．Co は，$E_D = 13$ meV から 38 meV のドナー型不純物で，添加量 13% までは，ほぼ 100% 活性化する．添加により a 軸だけが増加し禁制帯幅は減少する．Ni は固溶限が小さく，1% 以下との報告がある．活性化率は 10% 程度で，**ドナー準位** $E_D = 45$ meV と 150 meV を形成する．

これに対して，周期表の Si の近くに存在する元素では，Al, In, Ga, および Zn はアクセプタ型，P はドナー型不純物である[13,18-20]．これらの元素は，Si と置換してキャリアを放出する．Al の活性化率は 10% 程度とアクセプタ型不純物としては高く，$E_A \cong 100$ meV である．B は**熱電係数**や**耐熱衝撃特性**が格段に向上する[21]．**固溶限**は 1% 程度と考えられ，Fe と置換してドナーとなり a 軸の格子定数を減少させるという報告[21]や，Si と置換してアクセプタとなるという報告[22]もあり，キャリアタイプは定まっていない．

5.1.3　鉄シリサイドの伝導機構

鉄シリサイドの伝導機構は，温度範囲ごとにさまざまである．室温付近では，移動度の温度傾斜は $T^{-1.5}$ よりも大きく，さまざまな**散乱要因の重ね合わせ**として移動度の温度特性を再現している[23,24]．散乱要因の重ね合わせを以下に簡単に説明する[25,26]．

音響フォノン散乱は，

$$\mu_{ac} = \frac{2\sqrt{2\pi}}{3} \frac{q\hbar^4 \rho \mu_l^2}{m^{*2.5} k_B^{1.5} E_{ac}^2} T^{-1.5} \tag{5.1}$$

と表現できる．つまり，$T^{-1.5}$ に比例して温度変化する．ここで，q は素電荷量，$\hbar$ はプランク定数，k_B はボルツマン定数で，その他の鉄シリサイドの物性値は表 5.1 にまとめた．E_{ac} は**音響フォノンの変形ポテンシャル**である．変形ポテンシャルは，**電子－格子相互作用**に起因する**バンド構造の変化**の大きさに対応する物理量を表す．

表5.1 鉄シリサイドの物性値

記号	物性値	記号	物性値
ρ 密度	4.93 g/cm^3	θ デバイ温度	640 K
μ_l 音速	1.8×10^6 cm/s	ε_∞ 比誘電率（高周波）	23
m^* 有効質量	0.75 m_0	ε_0 比誘電率（直流）	29.9

無極性光学フォノン散乱の影響を考慮すると,

$$\mu_{\mathrm{acnpo}} = \mu_{\mathrm{ac}}\left[1 + \frac{1.34\theta/T}{e^{\theta/T} - 0.914}\left(\frac{E_{\mathrm{npo}}}{E_{\mathrm{ac}}}\right)^2\right]^{-1} \quad (5.2)$$

と記述できる．なお, E_{npo} は**無極性光学フォノン**の変形ポテンシャルである．さらに, 構成原子がイオン性を有する場合, **局所的な分極**を生じているため, 以下に示す極性光学フォノン散乱の影響も考慮する．

$$\mu_{\mathrm{po}} = 25.4 \frac{T^{0.5}}{\theta(m^*/m_0)^{1.5}}\left(\frac{1}{\varepsilon_\infty} - \frac{1}{\varepsilon_0}\right)^{-1}(e^{\theta/T} - 1)\left(0.4 + \frac{0.148\theta}{T}\right) \quad (5.3)$$

これは, 温度の逆数に対して指数関数的に大きく変化する．
また, **イオン化不純物散乱**は,

$$\mu_i = \frac{AT^{1.5}}{N_\mathrm{I}[\ln(1+\beta^2) - \beta^2/(1+\beta^2)]} \quad (5.4)$$

と得られる．なお, A は定数で, N_I はイオン化不純物密度である[26]．β は N_I の大きさにより適用される値が変わり, 高不純物密度では以下の Brooks - Herring の式を用いる．

$$\beta_{\mathrm{BH}} = \frac{2m^*}{\hbar}\left(\frac{2}{m^*}3k_\mathrm{B}T\right)^{0.5}L_\mathrm{D} \quad (5.5)$$

なお, L_D は**デバイ長**である．また, 低不純物密度では, 次に示す Conwell - Weisskopf の式が用いられる．

$$\beta_{\mathrm{CW}} = \frac{1}{Z}\frac{\varepsilon_0}{16}\frac{T}{100}\left(\frac{2.35 \times 10^{19}}{N_\mathrm{I}}\right)^{1/3} \quad (5.6)$$

ここで, Z は**イオン価数**である．以上より, **マティーセンの法則**を適用して

散乱要因を合成すると，

$$\mu_{tot}^{-1} = \mu_{acnpo}^{-1} + \mu_{po}^{-1} + \mu_i^{-1} \tag{5.7}$$

のようになる．

　実際に，鉄シリサイド膜で移動度の温度特性を測定し，**散乱因子**を解析した例を図5.1に示す[24]．この解析では，変形ポテンシャルE_{ac}およびE_{npo}をフィッティングパラメータとし，移動度の各要素と合成した結果が記載されている．この解析の結果，測定に用いた鉄シリサイド膜では音響フォノン散乱と，無極性光学フォノン散乱が支配的であると報告されている．

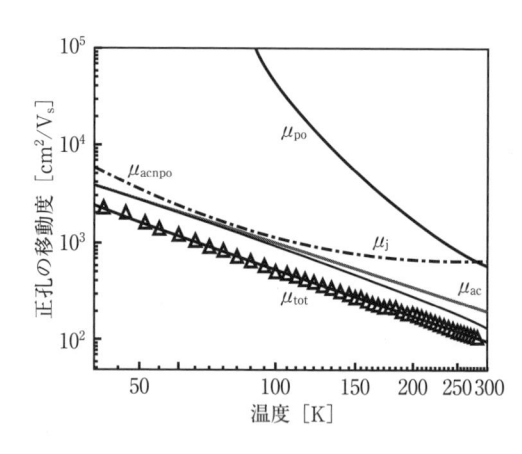

図 5.1 鉄シリサイドの正孔移動度の温度特性(M. Suzuno, Y. Ugajin, T. Suemasu, M. Uchikoshi and M. Issiki : J. Appl. Phys. **102** (2007) 103706 より許可を得て転載)

　また，抵抗率の温度依存性からは，室温よりも高い温度領域では**小ポーラロン伝導**が支配的である可能性が指摘されている．この小ポーラロン伝導とは，図5.2のように，**局在化した伝導電子**が**格子ひずみ**を伴って移動するものである．伝導電子により誘起された格子ひずみが分極すると，伝導電子と電気分極が相互作用し，伝導電子のエネルギーを低下させて局在化する．伝導電子は電気分極を伴って移動することになり，これらの複合状態を**ポーラロン**とよぶ．誘起される格子ひずみ量と結晶の単位胞の大きさを比べ，**大ポーラロン**と**小ポーラロン**に分類される．**局在準位**間のエネルギー障壁を超え

るために熱などによりエネルギーを得る場合（**ホッピング伝導**）と，トンネル効果により障壁を透過する場合があるが，鉄シリサイドの場合，前者による伝導機構が支配的と主張されている[21]．小ポーラロンによるホッピング伝導における抵抗率 ρ_{pol} の温度特性は，

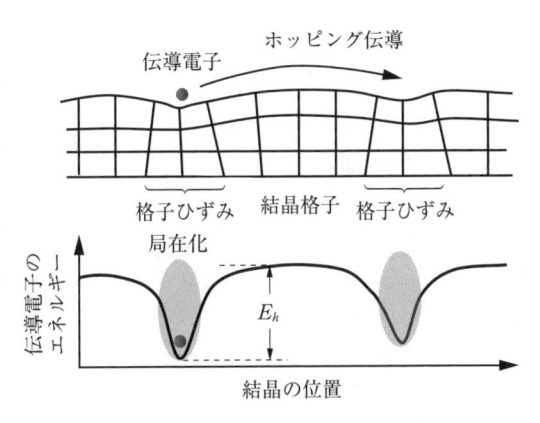

図5.2 小ポーラロン伝導の模式図

$$\frac{\rho_{\mathrm{pol}}}{T} = \rho_{\mathrm{oh}} \exp\left(\frac{E_{\mathrm{h}}}{k_{\mathrm{B}} T}\right) \tag{5.8}$$

と表される．ここで ρ_{oh} は温度依存のない抵抗率，E_{h} は**ホッピング伝導**のエネルギー障壁，k_{B} はボルツマン定数である．

低温領域においては，**バリアブルレンジホッピング**（variable-range hopping, VRH）**伝導機構**が関与すると示唆されている[23, 27]．Brehme らは，低温・磁場中でのホール効果測定で，**負の磁気抵抗効果**（negative magneto-resistance, NMR）を発生することが，VRH 伝導機構の関与を裏づけていると考えており，実際に低温でのホール効果測定により NMR の発生が確認されている[4, 27]．

5.1.4 まとめ

以上，伝導機構に関する報告例を述べてきたが，伝導機構も測定する試料内に含まれる不純物および欠陥に大きく依存するため，いまだに伝導機構の統一的理解には達していないといえる．伝導機構を理解するためにも不純物や欠陥といった外因的要素をできるだけ排除し，電子構造を反映した真性の伝導機構を今後調べていく必要がある．

参 考 文 献

[1] K. Arushanov, K. G. Lisunov, U. Malang, Ch. Kloc and E. Bucher : Phys. Rev. B **56** (1997) 1005
[2] K. Radermacher, R. Carius and S. Mantl : Nucl. Instrum. Method. Phys. Res. B **84** (1994) 163
[3] T. Suemasu, K. Takakura, M. Tanaka, T. Fujii and F. Hasegawa : Jpn. J. Appl. Phys. **37** (1998) L333
[4] Y. Terai, K. Yoneda, K. Noda, N. Miura and Y. Fujiwara : J. Appl. Phys. **112** (2012) 013702
[5] Y. Murakami, Y. Tsukahara, A. Kenjo, T. Sadoh, Y. Maeda and M. Miyao : Thin Solid Films **461** (2004) 198
[6] Z. Liu, M. Osamura, T Ootsuka, S. Wang, R. Kuroda, Y. Fukuzawa, Y. Suzuki, T. Mise, N. Otogawa, Y. Nakayama, H. Tanoue and Y. Makita : Jpn. J. Appl. Phys. **43** (2004) L504
[7] K. Gotoh, H. Suzuki, H. Udono, I. Kikuma, F. Esaka, M. Uchikoshi and M. Issiki : Thin Solid Films **515** (2007) 8263
[8] G. Behr, L. Ivanenko, H. Vinzelberg and A. Heinrich : Thin Solid Films **381** (2001) 276
[9] J. Tani and H. Kido : J. Alloys Compd. **352** (2003) 153
[10] Y. Imai, M Mukaida and T. Tsunoda : Thin Solid Films **381** (2001) 176
[11] T. Miki, Y. Matsumi, K. Matsubara and K. Kishimoto : J. Appl. Phys. **75** (1994) 1693
[12] I. Aksenov, H. Katsumata, Y. Makita, Y. Kimura, T. Shinzato and K. Sato : J. Appl. Phys. **80** (1996) 1678
[13] U. Birkholz and J. Schelm : Phys. Staus Solidi (b) **27** (1968) 413
[14] I. Nishida : Phys. Rev. B **8** (1973) 2710
[15] M. Komabayashi, K. Hijikata and S. Ido : Jpn. J. Appl. Phys. **30** (1991) 311
[16] T. Morimura, N. Frangis, G. van Tendeloo, J. van Landuyt, M. Hasaka and K. Hisatsune : J. Electron Microscopy **46** (1997) 221
[17] K. Irmscher, W. Gehlhoff, Y. Tomm, H. Lnage and B. Alex : Phys. Rev. B **55** (1997) 4417
[18] H. Udono and I. Kikuma : Jpn. J. Appl. Phys. **39** (2000) L225
[19] P. Lengsfeld, S. Brehme, G. Ehlers, H. Lange, N. Stusser, Y. Tomm and W.

Fuhs: Phys. Rev. **B 58** (1998) 16154
[20] Y. Isoda, Y. Shinohara, Y. Imai, I. Nishida and O. Ohashi: J. Jpn. Inst. Metals **63** (1999) 391
[21] Y. Isoda, I. A. Nishida and O. Ohashi: J. Jpn. Inst. Metals **63** (1999) 1372
[22] K. H. Tan, K. L. Pey and D. Z. Chi: J. Appl. Phys. **106** (2009) 023712
[23] E. Arushanov, Ch. Kloc, H. Hohl and E. Bucher: J. Appl. Phys. **75** (1994) 5106
[24] M. Suzuno, Y. Ugajin, S. Murase, T. Suemasu, M. Uchikoshi and M. Issiki: J. Appl. Phys. **102** (2007) 103706
[25] R. K. Willardson and A. C. Beer: "*Semiconductors and Semimetals*" Vol. 10 (Academic Press, New York, 1975)
[26] K. Seeger: "*Semiconductor Physics*" An Introduction, 6th Ed. (Springer, Tokyo, 1997)
[27] S. Brehme, P. Lengisfeld, P. Stauss, H. Lange and W. Fuhs: J. Appl. Phys. **84** (1998) 3187

5.2 バルク結晶の光学特性

5.2.1 はじめに

バルク単結晶を用いた測定の利点は，**透過率**や**反射率**の絶対値測定が比較的容易に行えるため，**吸収スペクトル**や**反射スペクトル**が正確に求められること，厚い試料が準備できるために吸収係数の小さい領域のスペクトル測定ができること，結晶構造を反映した光学異方性の測定が可能なことなどが挙げられる．

β-FeSi$_2$については，**化学気相輸送法**（chemical vapor transport, **CVT**）や溶液成長法によって合成した単結晶試料の光学特性評価が行われ，β-FeSi$_2$が間接遷移型のエネルギーバンド構造を持つことなどが明らかにされている．ここでは，バルク単結晶を用いたβ-FeSi$_2$の光学特性評価について説明する．

5.2.2　β-FeSi$_2$のエネルギーバンド構造

　β-FeSi$_2$のエネルギーバンド構造については，**熱反応堆積法**によってSi基板上に作製したβ-FeSi$_2$薄膜試料の反射，および透過測定から求めた吸収スペクトルにおいて，1985年にBostとMahanが直接遷移型半導体の光学遷移の式に従っていたことを見出したため，当初，禁制帯幅0.87 eVになるとして，直接遷移型半導体として注目を集めた[28]．

　一方，計算手法の進展と共に第一原理による理論計算では，直接遷移ギャップよりも間接遷移ギャップがわずかに小さい間接遷移型のバンド構造を持つとの報告が相次ぎ，また，Si基板上に作製した比較的厚い膜において，間接遷移型に対応する光吸収スペクトルが観察されたことから，β-FeSi$_2$のエネルギーバンド構造が間接遷移型か直接遷移型かの議論がなされるようになった[29-31]．

　バルク単結晶を用いた光学特性評価は，Arushanovらによって最初に報告されている[32]．彼らは，CVT法によって成長した針状のn型β-FeSi$_2$**単結晶試料の光伝導特性**を調べ，その解析から絶対零度における直接遷移ギャップエネルギー$E_g(0) = 0.894$ eV，室温でのギャップエネルギー$E_g(300) = 0.85$ eVを求めた．しかし，幅の狭い針状結晶では透過測定が困難であり，光吸収スペクトルの評価報告はなされなかった．その後，Udonoらによって，溶液成長法で成長したβ-FeSi$_2$バルク単結晶を用いた透過率，および反射率測定を用いた光吸収スペクトルの評価が行われた[33,34]．

　図5.3と図5.4は，それぞれβ-FeSi$_2$の吸収係数の高い領域と低い領域を試料厚さを変えることで測定した光吸収スペクトルである．図5.3の試料厚さが薄い（< 1 μm）光吸収スペクトルでは，吸収端付近（0.8〜0.95 eV）のスペクトルが$\alpha \propto (h\nu - E_g)^{1/2}$の関係を示しており，直接遷移に対応する光学遷移による吸収が見られる．一方，図5.4の厚い試料の光吸収スペクトルでは，吸収端（0.73〜0.88 eV）近傍に**フォノンの吸収**（E_{Pa}）および**放出**（E_{Pe}）に対応する構造が見られ，**間接遷移に対応した光吸収スペクト**

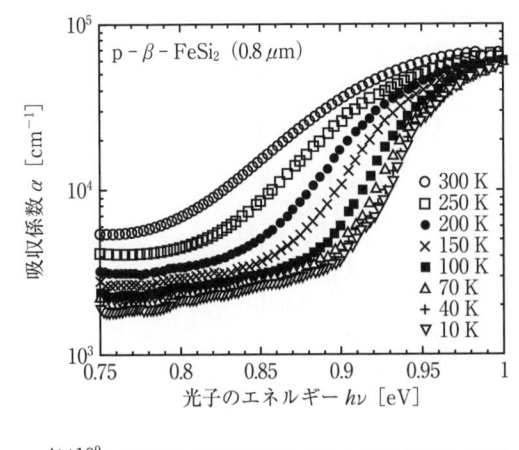

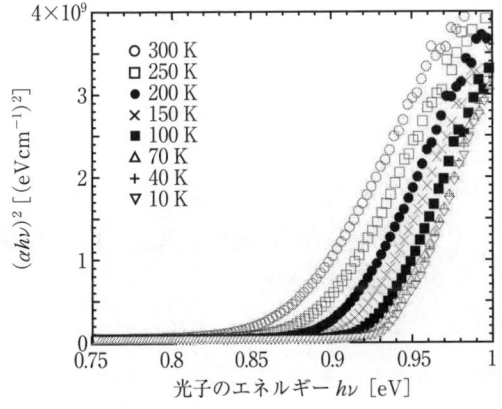

図 5.3 β-FeSi$_2$ 単結晶の光吸収係数（高い光吸収係数の領域）

ルが見られる．Si や Ge，GaP などの**間接遷移型半導体**では，吸収端（0.8〜0.95 eV）付近のスペクトルに励起子が関与した**励起子バンド**の影響が現れる[35-37]ことが知られており，その吸収は次式で与えられる[38]．

$$\alpha(h\nu) = \frac{A}{\exp(E_{\mathrm{ph}}/kT) - 1}(h\nu - E_{\mathrm{gx}} + E_{\mathrm{ph}})^{1/2}$$
$$+ \frac{B\exp(E_{\mathrm{ph}}/kT)}{\exp(E_{\mathrm{ph}}/kT) - 1}(h\nu - E_{\mathrm{gx}} - E_{\mathrm{ph}})^{1/2}$$

(5.9)

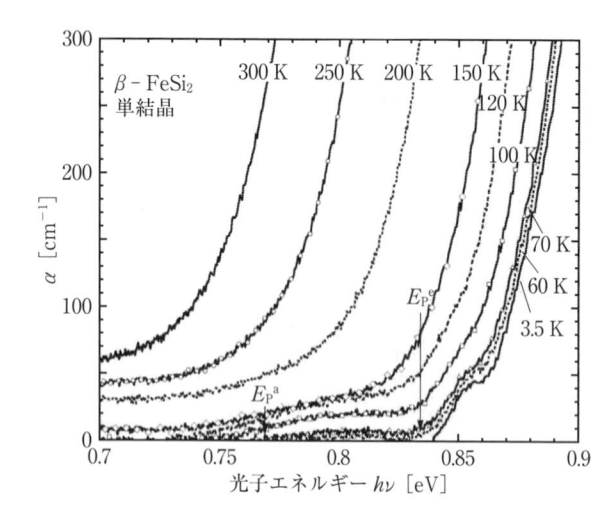

図 5.4 β-FeSi$_2$ 単結晶の光吸収係数（低い光吸収係数の領域）

ここで，$E_{\rm ph}$ は吸収および放出に関与したフォノンエネルギー，A，B は遷移確率からくる係数，$E_{\rm gx}$ は吸収端エネルギーで間接遷移ギャップエネルギー $E_{\rm g}^{\rm ind}$ と励起子結合エネルギー $E_{\rm ex}$ との間に，$E_{\rm g}^{\rm ind} = E_{\rm gx} + E_{\rm ex}$ の関係がある．k はボルツマン定数，T は絶対温度である．

図 5.5 は，低温での光吸収スペクトルについて (5.9) を用いてフィッティングした結果である．フォノンエネルギー $E_{\rm ph} = 31$ meV，間接遷移の吸収端エネルギー $E_{\rm gx} = 0.814$ eV (3.5 K) および $E_{\rm gx} = 0.810$ eV (70 K) とすることで，吸収端近傍のスペクトル形状が良くフィッティングできており，β-FeSi$_2$ においても励起子が関与した間接遷移が生じている．

また，励起子結合エネルギーは水素原子の結合エネルギーを用いて，

$$E_{\rm ex} = 13.6 \times \frac{\mu}{m_0 \varepsilon^2} \tag{5.10}$$

で表される．ここで，μ は平均有効質量 $\mu^{-1} = m_{\rm e}^{-1} + m_{\rm h}^{-1}$ である．β-FeSi$_2$ の正孔および電子の有効質量の報告値 $m_{\rm e} = m_{\rm h} = 1$[39] を用いると $\mu = 0.5 m_0$ であり，比誘電率の報告値 $\varepsilon = 23.2$[40] とすると $E_{\rm ex} = 12.6$ meV

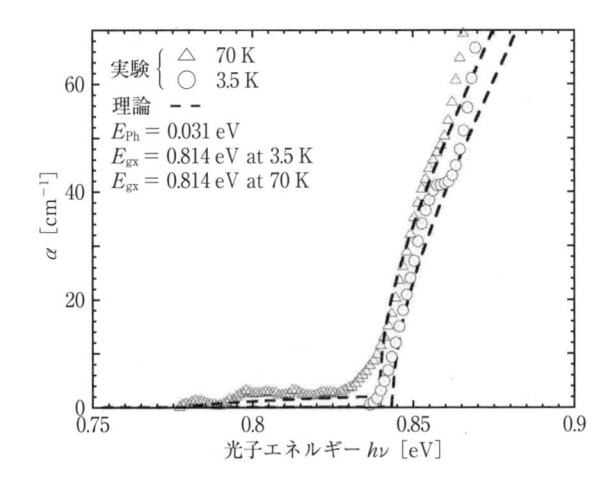

図5.5 β-FeSi$_2$ 単結晶の低温吸収スペクトルの間接励起子バンドによるフィッティング

が求まる.この値は,薄膜 β-FeSi$_2$ での励起子吸収から求められた報告値 11 meV とほぼ同じである[41].また,図 5.4 の光吸収スペクトルにおいて,150 K 付近で励起子遷移の吸収構造が見られなくなることとも矛盾せず,妥当な値と考えられる.

図5.6 に,バルク単結晶の光吸収スペクトルから求めた,直接遷移ギャップエネルギー (E_g^d) と間接遷移ギャップエネルギー (E_g^{ind})(**励起子結合エネルギーとして $E_{ex} = 12.6$ meV を仮定**)の温度依存性を示す.**フォノンの**

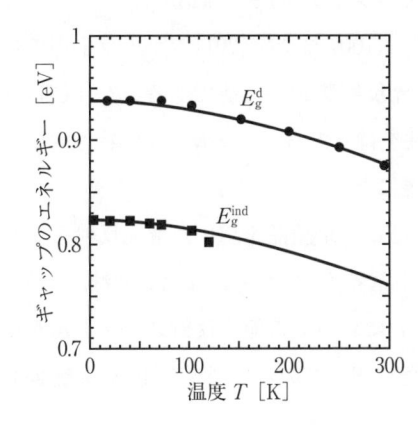

図5.6 β-FeSi$_2$ 単結晶の吸収測定から求めた,直接遷移ギャップエネルギーと間接遷移ギャップエネルギーの温度依存性.

平均エネルギーを用いた熱力学モデルを用いると，**ギャップエネルギーの温度依存性**は次式で表される[42]．

$$E_\mathrm{g}(T) = E_\mathrm{g}(0) - S\langle E_\mathrm{ph}\rangle\left(\coth\frac{\langle E_\mathrm{ph}\rangle}{2kT} - 1\right) \quad (5.11)$$

ここで $E_\mathrm{g}(0)$ は絶対零度におけるギャップエネルギー，S は結合定数，$\langle E_\mathrm{ph}\rangle$ は**平均フォノンエネルギー**である．

直接遷移エネルギーの温度依存性を，(5.11)でフィッティングした結果得られたパラメータとして表5.2に示す．この結果から，絶対零度および室温300 K におけるギャップエネルギーはそれぞれ直接遷移で 0.939 eV と 0.873 eV，間接遷移で 0.830 eV と 0.776 eV と見積もることができる．

表5.2 熱力学モデルによって解析したギャップエネルギーの温度依存性パラメータ．間接遷移ギャップエネルギーのパラメータ $\langle E_\mathrm{ph}\rangle$ と S は直接遷移ギャップエネルギーのパラメータと同じとした．測定試料は溶液から成長した p 型 β-FeSi$_2$ 単結晶．

	E_g at 300 K (eV)	$E_\mathrm{g}(0)$ (eV)	$\langle E_\mathrm{ph}\rangle$	S
E_g^d	0.873	0.939	27±3	2.2
$E_\mathrm{g}^\mathrm{ind}$	0.776	0.830	27±3	2.2

5.2.3 β-FeSi$_2$ の偏光反射スペクトルおよび屈折率

CVT 法および溶液成長結晶では，(100) および (001) ファセット面の発達した単結晶が得られるために，**偏光反射測定**が可能である．β-FeSi$_2$ は斜方晶であるため，2軸の**光学異方性**を持っており，正確な光学特性評価には結晶方位を考慮した偏光測定が必要になる．

図5.7 は，溶液法で成長した β-FeSi$_2$ 単結晶を用いた偏光反射スペクトル測定の結果である[34,43]．入射光の電界 E について，a 軸，b 軸，c 軸それぞれに偏光した $E/\!/a$，$E/\!/b$，$E/\!/c$ においての偏光反射スペクトルが得られており，光学特性に異方性が顕著に現れている．図5.7(b)の a 軸偏光で

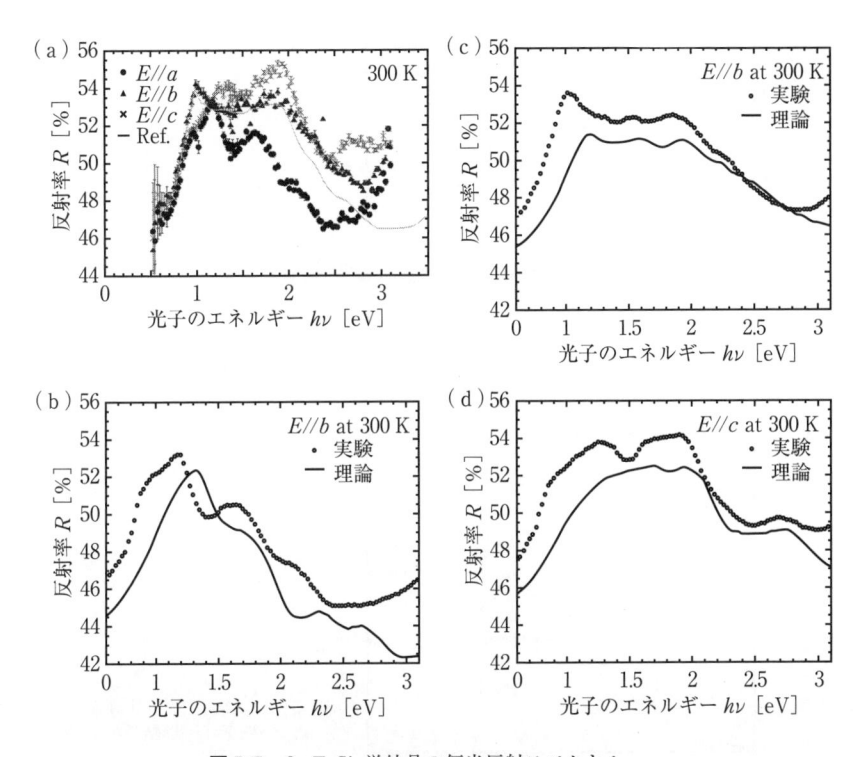

図 5.7 β-FeSi$_2$ 単結晶の偏光反射スペクトル

は 1.2 eV と 1.6 eV に特徴的な反射スペクトルのピークが見られ，図 5.7 (c) の b 軸偏光では 1 eV 付近の強い反射ピークとその後 2 eV 付近までの平坦なスペクトルが特徴的である．図 5.7(d) の c 軸偏光では 1.3 eV, 1.9 eV のピークが見られ，他の偏光スペクトルにはない 2.6 eV 付近にピークが見られるのが特徴的である．

同様な報告は，CVT 単結晶においても行われている．こちらは，結晶方位の同定がされていないために偏光方向は不明であるが，図 5.7(a) に示すように，スペクトルは $E/\!/b$ のスペクトルと類似している．

反射スペクトルの解析から，β-FeSi$_2$ の基本的な光学定数を知ることができる．図 5.8 は単結晶の反射スペクトルから**クラマース-クローニッヒ**

194　5. 鉄シリサイドの物性

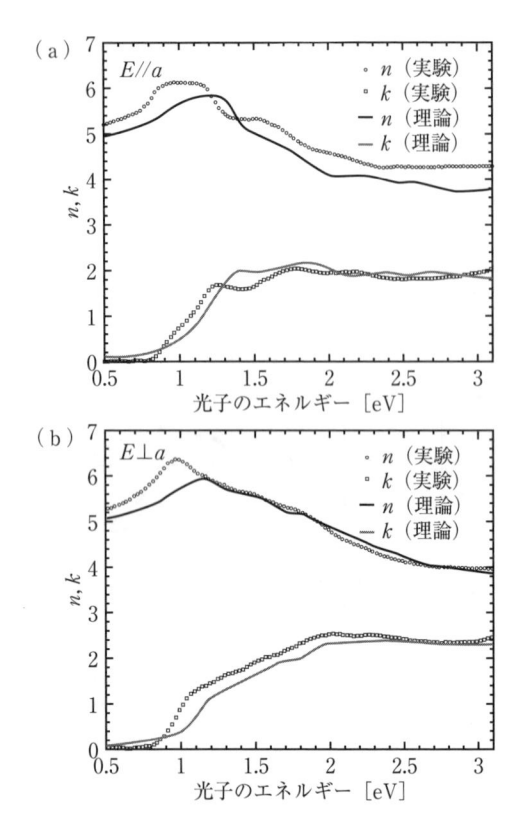

図 5.8　実験と理論計算から求めた β-FeSi$_2$ 単結晶の屈折率 n と消衰係数 k

(Kramers–Kronig) **変換**[44] によって求めた**複素屈折率**（n は**屈折率**，κ は**消衰係数**）である．図 5.8(a) は入射光の電界（E）が a 軸と平行，図 5.8(b) は E が a 軸に垂直な場合である．同図には第一原理計算から求めた理論値を示しているが，実験から求めた値と理論値が比較的良く一致している．また，実験結果から β-FeSi$_2$ の屈折率 n はバンドギャップ以下の光子エネルギーの範囲で 5〜5.5 の値になる．

この値は，Si，Ge，GaAs などの半導体（$n = 3.5$〜4）と比べて大きく，β-FeSi$_2$ の特徴の一つであり，β-FeSi$_2$ が高い反射率（約 45％）を持つ理由である．この高い屈折率を利用した**フォトニック結晶**（7.4 節を参照）や**輻射エミッター**（7.3 節を参照）などへの応用研究も進められている[45,46]．

5.2.4 β-FeSi$_2$バルク結晶の発光特性

Si 基板上に成長した β-FeSi$_2$ 粒や膜からの発光については，1.2 節，5.3 節にあるように多数の報告があるが，β-FeSi$_2$ バルク結晶からの発光についての報告は少ない．Udono らは Zn 溶媒を用いて比較的低キャリア濃度の単結晶（正孔密度 $\sim 10^{17}$ cm^{-3}）を得ることに成功し，この結晶からの低温での**フォトルミネッセンス**を報告している[34]．図 5.9 に示すように，発光ピークは非常に微弱であり，1.56 μm 付近にピークを持つブロードな発光である．

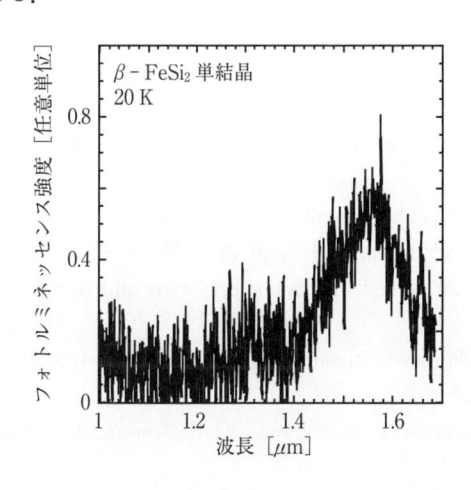

図 5.9 β-FeSi$_2$ 単結晶のフォトルミネッセンス

また，Terai らは Si 基板上の β-FeSi$_2$ 膜の**格子定数**と**フォトリフレクタンス**で調べた直接遷移エネルギーを比較し，β-FeSi$_2$ 膜が圧縮と引っ張りの両方の格子ひずみが軸方位依存して存在すること，フォトリフレクタンスで調べた直接遷移エネルギーが β-FeSi$_2$ 膜では小さくなっていることを報告している．さらに，単結晶における低温領域で，波長 1.53 μm のフォトルミネッセンスピークが観察されることも報告している[47]（5.3 節を参照）．

これらの発光ピーク波長は薄膜で報告されている値と同様であり，薄膜での発光が β-FeSi$_2$ に起因していることを支持する結果である．また，発光ピークは先に述べたように，光吸収で求めた間接遷移ギャップエネルギーに

近いこともわかる．しかし，バルク結晶の発光強度は薄膜の試料と比べると2〜3桁程弱く，ピークの帰属を調べるのは困難である．β-FeSi$_2$の発光機構の解明に向けては，より高純度高品質な結晶の作製によって，発光強度を改善すると共に**格子ひずみ**と**発光強度**の関係を調べるなどの地道な研究が必要である．

参 考 文 献

[28] M. C. Bost and J. E. Mahan: J. Appl. Phys. **58** (1985) 2696
[29] E. Moroni, W. Wolf, J. Hafuer and R. Podloucky: Phys. Rev. **B 59** (1999) 12860
[30] C. Giannini, S. Lagomarsino, F. Scarinci and P. Castrucci: Phys. Rev. **B 45** (1992) 8822
[31] A. B. Filonov, D. B. Migas, V. L. Shaposhinikov, N. N. Dorozhkin, G. V. Petrov, V. E. Borishenko, W. Henrion and H. Lange: J. Appl. Phys. **79** (1996) 7708
[32] E. Arushanov, E. Bucher, Ch. Kloc, O. Kulikova, L. Kulyuk and A. Siminel: Phys. Rev. **B 52** (1995) 20
[33] H. Udono, I. Kikuma, T. Okuno, Y. Masumoto and H. Tajima: Appl. Phys. Lett. **85** (2004) 1937
[34] H. Udono, I. Kikuma, T. Okuno, Y. Masumoto and H. Tajima: Thin Solid Films **461** (2004) 182
[35] P. J. Dean and D. G. Thomas: Phys. Rev. **150** (1966) 690
[36] T. P. MacLean: "*Progress in Semiconductors*" Vol. 5 (Wiley, New York, 1960) p. 55
[37] G. G. Macfarlane, T. P. McLean, J. P. Quarrington and V. Roberts: Phys.Rev. **111** (1958) 1245
[38] R. J. Elliott: Phys. Rev. **108** (1957) 1384
[39] H. Lange: phys. stat. sol.(b) **201** (1997) 3
[40] D. Tassis, C. Mitsas, T. Zorba, M. Angelakeris, C. Dimitriadis, O. Valassiades, D. Siapkas and G. Kiriakidis: Appl. Surf. Sci. **102** (1996) 178
[41] M. Rebien, W. Henrion, U. Muller and S. Gramlich: Appl. Phys. Lett. **74** (1999) 970

[42]　K. P. O'Donnell and X. Chen : Appl. Phys. Lett. **58** (1991) 2924
[43]　H. Udono, I. Kikuma, H. Tajima and K. Takarabe : J. Mat. Sci. : Mater Electron **18** (2007) S65
[44]　R. K. Ahrenkiel : J. Opt. Soc. Am. **61** (1971) 1651
[45]　Y. Maeda : Physics Procedia **11** (2011) 79
[46]　Y. Kaneko, M. Suzuki, K. Nakajima, K. Kimura, K. Akiyama, K. Harutsugu, H. Wakabayashi and T. Makino : Physics Procedia **11** (2011) 71
[47]　Y. Terai, K. Noda, K. Yoneda, H. Udono, Y. Maeda and Y. Fujiwara : Thin Solid Films **519** (2011) 8468

5.3　薄膜の光学特性

5.3.1　はじめに

シリサイド系半導体の代表物質である β-FeSi$_2$ は，Si 基板上にエピタキシャル成長可能であり，光通信波長帯の $1.5\,\mu$m で発光を示す，光吸収係数が大きい，そして半導体最大の屈折率 5.6 を示すといった Si では達成できない優れた光学特性を示す．これらの特徴から Si 基板上に作製された β-FeSi$_2$ エピタキシャル薄膜，多結晶薄膜，ナノ結晶を用いて，発光素子，受光素子，太陽電池，**フォトニック結晶**などの応用研究が展開されている[48-51]．

斜方晶の β-FeSi$_2$（半導体相）は，立方晶の γ-FeSi$_2$（金属相）が**ヤン-テラー（Jahn-Teller）効果**によって格子変形した後に形成される[52]．そのため，β-FeSi$_2$ のバンド構造はひずみに敏感であり，薄膜中に残留するひずみ量に依存して，電気伝導や光学遷移といった諸物性も変化すると考えられる．5.2 節に記述されているように，ひずみがない β-FeSi$_2$ バルク結晶は間接遷移型半導体であることが明らかとなっている[53]．

一方，Si 基板上に作製した β-FeSi$_2$ エピタキシャル膜の場合，β-FeSi$_2$/Si ヘテロ界面で生じるひずみにより，単結晶とは異なるバンド構造を有することが理論的に予測されている[54-58]．例えば，Si 基板の格子面と完全整

合するように $\beta\text{-FeSi}_2$ が大きくひずんだ場合,バンド構造が間接遷移型から直接遷移型に変化すると報告されている[58].

以上のように,ひずみが存在する $\beta\text{-FeSi}_2$ 薄膜のバンド構造はバルク結晶と異なるため,種々の方法で作製した薄膜のバンド構造を詳細に調べる必要がある.本節では,従来,薄膜のバンド構造評価として用いられてきた光吸収スペクトルの例を紹介した後,近年進展があった,**変調分光法**による直接遷移エネルギーの評価結果について記述する.

5.3.2 $\beta\text{-FeSi}_2$ 薄膜の光吸収スペクトル

半導体の**光吸収スペクトル**はバンド構造を強く反映するため,バンド構造の評価方法として用いられる.直接遷移型半導体の場合,光吸収係数 α とバンドギャップ (E_dir) の間には $\alpha \propto (E_\mathrm{dir} - \hbar\omega)^{1/2}$ の関係が成り立つ[59].これより,入射する光のエネルギー $\hbar\omega$ に対して α^2 をプロットし,$\alpha^2(\hbar\omega)$ プロットの直線領域の外挿から $\alpha^2 = 0$ となる点が E_dir として求まる.

一方,間接遷移型半導体の場合,α とバンドギャップ E_ind の間には $\alpha \propto (\hbar\omega + E_\mathrm{ph} - E_\mathrm{ind})^2/[\exp(E_\mathrm{ph}/k_\mathrm{B}T) - 1]$ の関係が成り立つ.ここで,E_ph は間接遷移に寄与するフォノンのエネルギーである.よって,同様に $\alpha^{1/2}(\hbar\omega)$ プロットの外挿から E_ind と E_ph が求められる.Si 基板上の $\beta\text{-FeSi}_2$ エピタキシャル膜においても室温で光吸収スペクトルが測定され,上記の手順によって $E_\mathrm{dir} = 0.87\,\mathrm{eV}$, $E_\mathrm{ind} = 0.765\,\mathrm{eV}$, $E_\mathrm{ph} = 35\,\mathrm{meV}$ という値が報告されている[60].

しかし,直線を外挿する過程で誤差が生じるため,光吸収スペクトルから求めたバンドギャップ値の精度は高くない.さらに薄膜の場合,膜厚が薄いために α が $\sim 10^4\,\mathrm{cm}^{-1}$ 程度までしか測定できず,バンドギャップを求める α が小さい領域のデータが得られない.よって,薄膜の吸収スペクトルから求めたバンドギャップの誤差は,より大きくなるのが一般である.

5.3.3 変調分光法の原理

　半導体では，**ファン・ホーベ**（Van Hove）**特異点**とよばれる状態密度形状の特異点でバンド間遷移が生じる．半導体の誘電率スペクトルは，ファンホーベ特異点の重ね合わせにより，バンドギャップ上部では幅が広くなだらかになる[61]．この誘電率スペクトルを反映して，光反射スペクトルはブロードになり，バンドギャップを精度良く求めることは困難である．β-FeSi$_2$ エピタキシャル膜で報告されている**誘電スペクトル**，**反射率スペクトル**を見ても上述の通りブロードである[62]．光学的誘電率はファンホーベ特異点で有限であるが，それらのエネルギーによる微分は発散するという特徴を持つ．

　すなわち，誘電率の微分を直接測定することでブロードなバックグラウンドが消滅し，鋭いピークがバンド間遷移点で出現することを意味する．変調分光法は**誘電率の微分**を直接測定する手法であり，その結果，バンド間遷移点の一つであるバンドギャップを精度良く求めることができる．

　変調反射分光法では，光反射率を測定する際，電場などの外場を周期的に印加することで微小な誘電率変化を誘起する．その誘電率変化による反射率の変調振幅は入射光強度の 10^{-5} 程度と小さいため，ノイズレベルを極限まで小さくして変調反射率を測定する必要がある．交流電場により周期的外場を与えた場合は，**電場変調反射**（electroreflectance, ER）スペクトルが得られる．

　変調反射分光はERだけでなく，周期的にレーザーを照射して表面電界を変調させる**フォトリフレクタンス**（photoreflectance, PR），試料温度を変調させる**サーモリフレクタンス**（thermoreflectance），試料への応力を変調させる**ピエゾリフレクタンス**（piezoreflectance）など種々の手法がある．

　誘起する変調電界が小さい場合（低電界領域），**変調反射率**（$\Delta R/R$）スペクトルは**誘電関数の3次微分形**に対応することが，アスプネス（Aspnes）により示されている[63,64]．厳密な証明は省略するが，低電界領域での**変調**

反射率スペクトルは，次式の**誘電関数**のフォトンエネルギーに対する**3次微分形**で与えられる．

$$\frac{\Delta R}{R} = \text{Re}\left[\sum_{j=1}^{n} C_j e^{i\theta_j}(E - E_j + i\Gamma)^{-m_j}\right] \quad (5.12)$$

ここで，E_j は j 番目の**特異点**に対するエネルギー，C_j は**振幅定数**，θ_j は**位相定数**，Γ_j は**ブロードニング定数**である．また，$m_j = 4 - d/2$ であり，d は特異点の次元 d に依存し，3次元，2次元，1次元に対して，それぞれ $m_j = 5/2, 3, 7/2$ となる．この式をアスプネスの3次微分形式とよび，直接遷移のバンドギャップは最も低エネルギー側の特異点に対応する．実際には，変調反射スペクトルを測定し，そのスペクトルを**アスプネスの式**でフィッティングすることでバンドギャップを正確に求めることが可能となる．変調分光法の総説としては [65-67] を参照せよ．

5.3.4　β-FeSi$_2$ 薄膜のフォトレフレクタンス（PR）スペクトル

1996年頃から，β-FeSi$_2$ 薄膜の PR スペクトルが報告されるようになった．当初は，測定条件によってさまざまなスペクトル形状が出現し，そのエネルギー位置も試料に依存して大きく異なり詳細な議論ができなかった[68-71]．そういったなか，2004年に Birdwell などによって β-FeSi$_2$ エピタキシャル膜の PR スペクトルが詳細に調べられ，バンド構造の Y 点における直接遷移エネルギーが 0.952 eV であると報告された[72]．彼らは励起子効果を考慮した解析を行い，励起子の束縛エネルギーも見積もっている．その後，彼らは PR スペクトルで間接遷移エネルギーに対応するピークを 0.823 eV で観測したと報告している[73]．

変調分光法の原理では**ファン・ホーベ特異点**における直接遷移しか PR スペクトルで観測できないため，彼らが報告している間接遷移のピークに関しては議論の余地があるが，直接遷移エネルギーは妥当な値であると考えられる．しかし，これらの報告は，いずれも特定の薄膜試料の PR スペクトルを

示すに留まっており，ひずみとバンド構造変化に関する議論は行われていなかった．

Si基板上のβ-FeSi$_2$エピタキシャル膜では，β-FeSi$_2$/Siヘテロ界面での格子不整合によりβ-FeSi$_2$膜にひずみが加わる．Si基板上のβ-FeSi$_2$のエピタキシャル方位は，β-FeSi$_2$(110)(101) // Si(111)またはβ-FeSi$_2$(100) // Si(001)となり，Si基板方位に依存する．また，格子整合にはタイプAとタイプBの2種類があり，各成長方位，成長タイプに依存して格子不整合値が異なるため，β-FeSi$_2$膜内の**残留ひずみ**も異なる．したがって，それらエピタキシャル膜のバンド構造も異なると考えられるが，実験的に実証されていなかった．そこで，Teraiらは各種エピタキシャル膜でPRスペクトルを系統的に測定し，ひずみとバンド構造との相関について詳細な報告を行った．その一例として，Si(111)基板上に作製したβ-FeSi$_2$エピタキシャルにおける結果を紹介する[74]．

図5.10は各温度で16時間，真空中熱処理した際の，a軸格子定数およびb，c軸格子定数の平均値の変化を示す．また，比較のためGa溶媒を用いた溶液成長法で作製したβ-FeSi$_2$バルク単結晶の格子定数も図中に示した．成膜直後のエピタキシャル膜では，単結晶と比較してa軸が0.85% 伸張し，b，c軸はそれぞれ-0.23%と-0.71% 収縮している．熱処理温度の増加に伴い，さらにa軸は0.87%まで伸張，b，c軸は-0.37%，-0.78%まで収縮し，β-FeSi$_2$の**格子変形**が増大する．

この熱処理温度に依存した格子変形は，熱処理温度の増加と共に，β-FeSi$_2$/Siヘテロ界面での格子不整合率が減少する方向にβ-FeSi$_2$がひずんでいくためと，定性的に解釈されている．これら試料のPRスペクトルを図5.11に示す．図中の矢印は，各スペクトルをアスプネスの式でフィッティングして求めたY点の直接遷移エネルギーを示す．まず，バルク単結晶との比較で，成膜直後の薄膜の直接遷移エネルギーが低エネルギー側にシフトしていることがわかる．この結果は，ひずみがない単結晶とひずみが存在す

202　5. 鉄シリサイドの物性

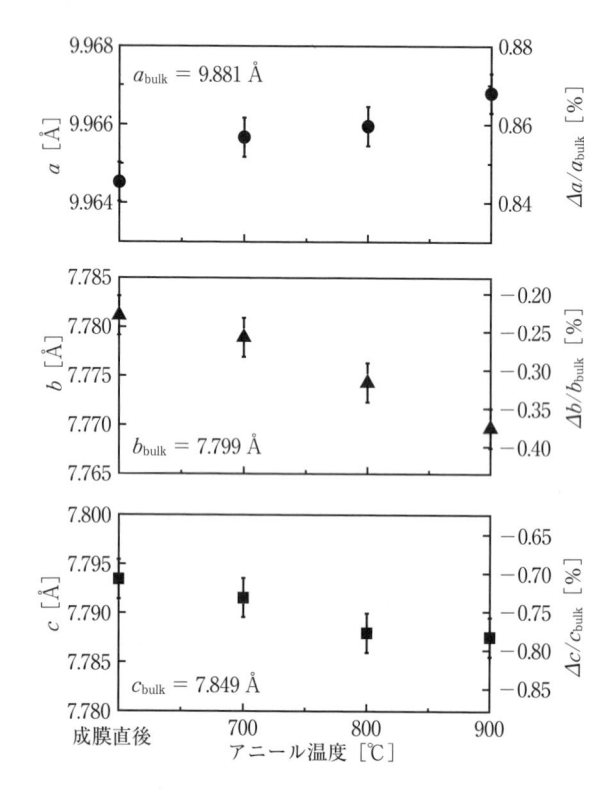

図 5.10 Si(111) 基板上の β-FeSi$_2$ エピタキシャル膜における格子定数の熱処理温度依存性

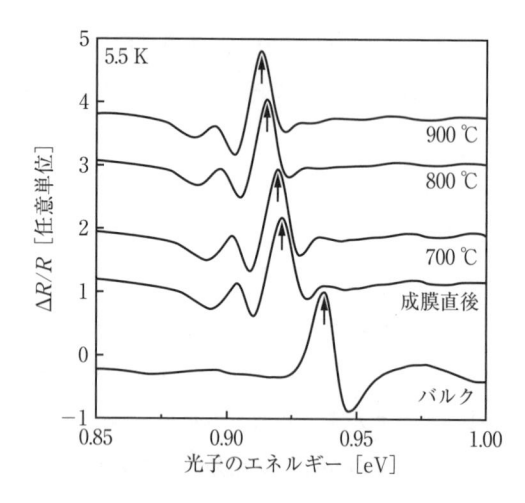

図 5.11 Si(111) 基板上の β-FeSi$_2$ エピタキシャル膜における PR スペクトルの熱処理温度依存性

るエピタキシャル膜ではバンド構造が異なることを示す．また，薄膜では熱処理温度の増加と共に，**直接遷移エネルギー**が低エネルギー側にシフトしていく．これはβ-FeSi$_2$薄膜の格子変形が増大，すなわち膜中の残留ひずみが増加するに伴い，バンド構造が変化していることを示す．

同様の実験が，タイプBであるβ-FeSi(100)∥Si(001)エピタキシャル膜でも実施されており，その結果も含めた，a軸格子定数と直接遷移エネルギーの相関を図5.12に示す[75]．Si(001)基板上のβ-FeSi$_2$では2カ所の特異点（E_1, E_2）が存在する．

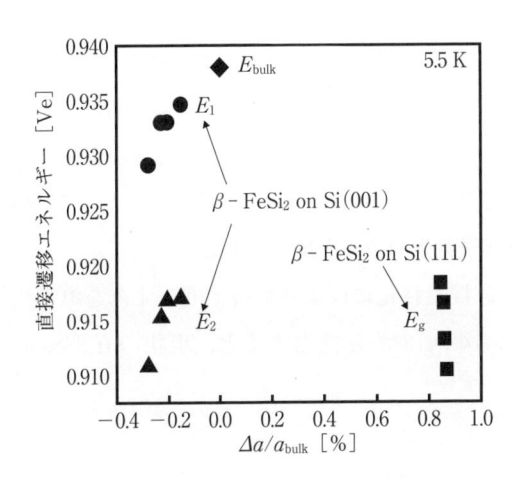

図 5.12 Si(111)およびSi(001)基板上のβ-FeSi$_2$エピタキシャル膜におけるa軸格子定数と直接遷移エネルギーの相関

その起源は明らかではないが，成長方位に依存せずa軸格子定数がバルク単結晶の値から離れるに従い，直接遷移エネルギーが減少する結果が得られている．このひずみ増加に伴う直接遷移エネルギーの減少は，前に述べた**第一原理計算**の結果と定性的に一致しており，ひずみ増加によりバンド構造が**直接遷移化**の方向に変化している証左であるといえる．その他，異なる手法で格子変形を誘起した場合でも，**ひずみとバンド構造変化**との相関が示されており，統一的見解が得られている[76-79]．

最後に，PRスペクトルから得られるバンド構造と発光との相関について

記述しておく．β-FeSi$_2$エピタキシャル膜は光通信波長帯である$1.5\,\mu\text{m}$に強い発光を示すが，単結晶試料では非常に微弱な発光しか観測されない．当初，この現象の説明として，エピタキシャル膜では，ひずみにより間接遷移型から直接遷移型に変化している可能性が示唆されていた．しかしながら，同一試料で発光とPRスペクトルを測定した報告がなく，直接遷移化の検証が十分に行えていなかった．

近年，PRスペクトルと発光スペクトルが同一試料で測定されたので，その結果を図5.13に紹介する．図は，Si(111)基板上のβ-FeSi$_2$エピタキシャルにおけるPRと発光スペクトルを同一測定系で測定した結果である．PRスペクトルから求めた77 Kの直接遷移エネルギーは0.91 eVであるのに対し，発光は0.81 eVで観測されており，約100 meVの差がある．この結果は，β-FeSi$_2$エピタキシャル膜はひずみによりバンド構造が変化しているものの，バルクと同じ間接遷移型であることを示している．よって，観測されている発光は，**間接励起子発光**であると解釈される[51]．

この事実から，β-FeSi$_2$の直接遷移化にはよりいっそうひずみを導入する手法の開発が必要であり，図5.12から推測すると，現状の0.88%の

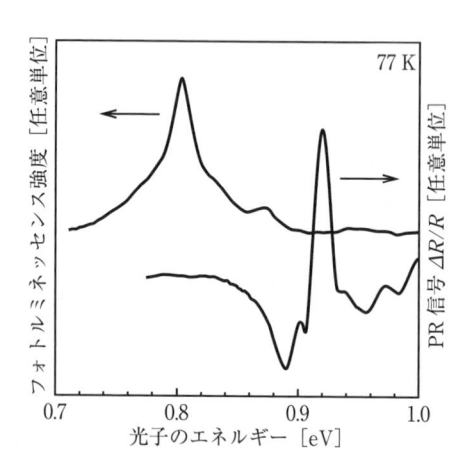

図 5.13 β-FeSi$_2$エピタキシャル膜におけるPLとPRスペクトルの比較

a 軸伸張を 1.09% 程度まで伸張することができれば，直接遷移化が達成される可能性がある．

参 考 文 献

[48] D. Leong, M. Harry, KJ. Reeson and KP. Homewood : Nature **387** (1997) 686
[49] M. Shaban, K. Nomoto, S. Izumi and T. Yoshitake : Appl. Phys. Lett. **94** (2009) 222113
[50] ZX. Liu, SN. Wang, N. Otogawa, Y. Suzuki, M. Osamura, Y. Fukuzawa, T. Ootsuka, Y. Nakayama, H. Tanoue and Y. Makita : Sol. Energy Mater. **90** (2006) 276
[51] Y. Maeda : Appl. Surf. Sci. **254** (2008) 6242
[52] N. E. Christensen : Phys. Rev. **B 42** (1990) 7148
[53] H. Udono, I. Kikuma, T. Okuno, Y. Masumoto, H. Tajima and S. Komuro : Thin Solid Films **461** (2004) 182
[54] L. Miglio and V. Meregalli : J. Vac. Sci. Technol. **B 16** (1998) 1604
[55] L. Miglio, V. Meregalli and O. Jepsen : Appl. Phys. Lett. **75** (1999) 385
[56] S. J. Clark, H. M. Al‑Allak, S. Brand and R. A. Abram : Phys. Rev. **B 58** (1998) 10389
[57] K. Yamaguchi and K. Mizushima : Phys. Rev. Lett. **86** (2001) 6006
[58] D. B. Migas and L. Miglio : Phys. Rev. **B 62** (2000) 11063
[59] J. I. Pankove : *"Optical Process in Semiconductors"* (Prentice Hall, Englewood Cliffs, 1971)
[60] A. B. Filonov, D. B. Migas, V. L. Shaposhnikov, N. N. Dorozhkin, G. V. Petrov, V. E. Borisenko, W. Henrion and H. Lange : J. Appl. Phys. **79** (1996) 7708
[61] P. Y. Yu and M. Cardona : *"Fundamentals of Semiconductors"* (Springer, Heidelberg, Dordrecht, London, New York, 2010)
[62] W. Henrion, St. Brehme, I. Sieber, H. Von Känel, Y. Tomm and H. Lange : Solid State Phenom. **51/52** (1996) 341
[63] D. E. Aspnes : Phys. Rev. Lett. **28** (1972) 168
[64] D. E. Aspnes : Surface Science **37** (1973) 418
[65] M. Cardona : *"Modulation Spectroscopy"*, Solid State Physics 11 (Academic Press, New York, 1969)

[66]　D. E. Aspnes : Modulation spectroscopy, in "*Handbook of Semiconductors*" ed. by M. Balkanski (North‐Holland, Amsterdam, 1980)

[67]　F. H. Pollak and H. Shen : Mater. Sci. Eng. R **10** (1993) 275

[68]　L. Wang, M. Östling, K. Yang, L. Qin, C. Lin, X. Chen, S. Zou, Y. Zheng and Y. Qian : Phys. Rev. **B 54** (1996) R11126

[69]　L. Wang, C. Lin, M. X. Chen, S. Zou, L. Qin, H. Shi, W. Z. Shen and M. Östling : Solid State commun. **97** (1996) 385

[70]　A. G. Birdwell, S. Collins, R. Glosser, D. N. Leong and K. P. Homewood : J. Appl. Phys. **91** (2002) 1219

[71]　L. Martinelli, E. Grilli, D. B. Migas, L. Miglio, F. Marabelli, C. Soci, M. Geddo, M. G. Grimaldi and C. Spinella : Phys. Rev. **B 66** (2002) 085320

[72]　A. G. Birdwell, T. J. Shaffner, D. Chandler‐Horowitz, G. H. Buh, M. Rebien, W. Henrion, P. Stauß, G. Behr, L. Malikova, F. H. Pollak, C. L. Littler, R. Glosser and S. Collins : J. Appl. Phys. **95** (2004) 2441

[73]　A. G. Birdwell, C. L. Littler, R. Glosser, M. Rebien, W. Henrion, P. Stauß and G. Behr : Appl. Phys. Lett. **92** (2008) 211901

[74]　K. Noda, Y. Terai, S. Hashimoto, K. Yoneda and Y. Fujiwara : Appl. Phys. Lett. **94** (2009) 241907

[75]　Y. Terai, K. Noda, K. Yoneda, H. Udono, Y. Maeda and Y. Fujiwara : Thin Solid Films **519** (2011) 8468

[76]　Y. Terai, K. Noda, S. Hashimoto and Y. Fujiwara : J. Phys. : Conf. series **165** (2009) 012023

[77]　K. Yoneda, Y. Terai, K. Noda, N. Miura and Y. Fujiwara : Physics Procedia **11** (2011) 185

[78]　K. Noda, Y. Terai, K. Yoneda and Y. Fujiwara : Physics Procedia **11** (2011) 181

[79]　K. Noda, Y. Terai, N. Miura, H. Udono and Y. Fujiwara : Physics Procedia **23** (2012) 5

5.4　フォノン物性

5.4.1　はじめに

本節では，β‐FeSi$_2$ の赤外光学特性（**フォノン物性**）について説明する．

β-FeSi$_2$ は**斜方晶** (D_{2h}^{18}) で，その単位胞に 48 個の原子を含む．格子では，Fe と Si 原子がそれぞれ 2 つの異なった原子位置 Fe(I), Fe(II), Si(I), Si(II) を占める[80]．これは，**ヤン－テラー効果**（1.2 節を参照）によって，格子にもたらされた**格子ひずみ**による原子位置の変位に起因している．原子配置に基づいた**振動モード**の解析が，結晶格子の対象性と FeSi$_2$ 分子を振動単位として，Si(II)－Fe(I)－Si(II), Si(I)－Fe(II)－Si(II) と考えて行われている．それによると，**格子振動**の**外部モード**は 24 の**ラマン活性モード**（Raman active mode）と 18 の**赤外活性モード**（infrared active mode, IR active mode）に，**内部モード**は 12 の Raman active mode と 10 の IR mode に区別できる[81]．

5.4.2 ラマン散乱

因子群解析（factor group analysis method）[81,82] によるラマン活性モードは，$\Gamma = 3A_g + 3B_{1u} + 3B_{2u} + B_{3u}$ となる．

それぞれの**分極テンソル** α は，

$$\alpha(A_g) = \begin{pmatrix} a & & \\ & b & \\ & & c \end{pmatrix}, \quad \alpha(B_{1u}) = \begin{pmatrix} & d & \\ d & & \\ & & \end{pmatrix},$$

$$\alpha(B_{2u}) = \begin{pmatrix} & & e \\ & & \\ e & & \end{pmatrix}, \quad \alpha(B_{3u}) = \begin{pmatrix} & & \\ & & f \\ & f & \end{pmatrix}$$

となる．A_u, B_{1u}, B_{2u}, B_{3u} など**反対称振動**は**サイレント（静音）モード**でラマン散乱には寄与しない．

β-FeSi$_2$ バルク単結晶(111)面で観察されたラマンスペクトルを図 5.14 (a)～(c)に示す．ラマンシフト 180～480 cm^{-1} の範囲で 17 本のラマン線が観察されている[82]．ただし，結晶性の良し悪しや，結晶状態（単結晶，多結晶，バルク，薄膜など）によって観察できるラマン線は変化する[81,84,86]．

208   5. 鉄シリサイドの物性

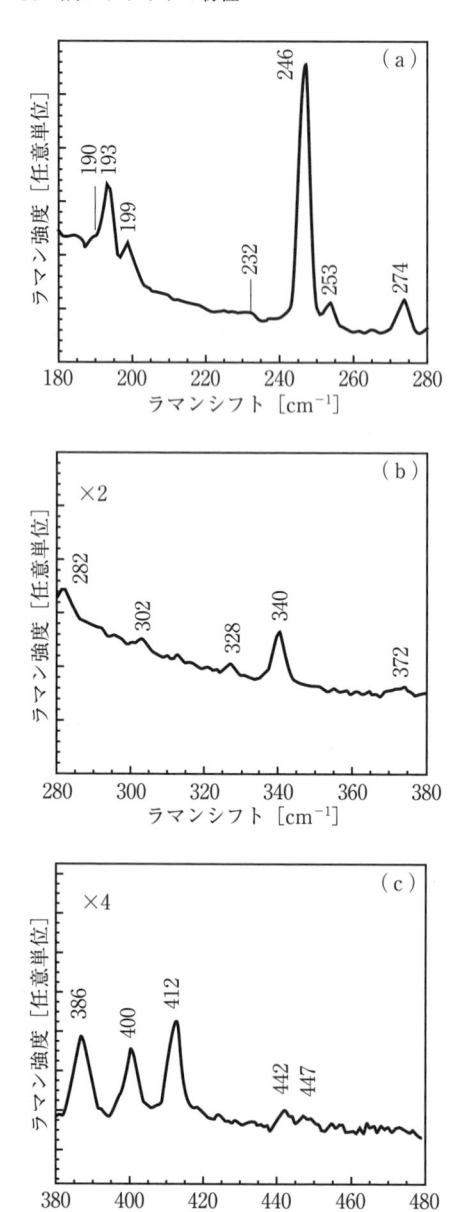

図 5.14 β-FeSi$_2$ 結晶バルクのラマンスペクトル

具体的に見てみると，193, 246, 340 cm^{-1} 付近のラマン線は**全体対称振動**（または**呼吸モード**）に対応した A_g モードに起因するラマン線で，強度の大きい 246 cm^{-1} のラマン線は β-FeSi$_2$ の結晶状態の評価に重要となってくる．340 cm^{-1} も A_g モードに起因したラマン線である．これらは，Fe 原子のみの振動に起因している[81,84]．一方，400 cm^{-1} 以上の弱いラマン線は Si 原子の振動に起因している．また，β-FeSi$_2$ 結晶は構造の異方性が大きい（特に a 軸と b, c 軸方向）ために，励起光電界 E と結晶軸との相対関係によって励起される分極が異なり，そのためにラマン線が複雑に変化する．246 cm^{-1} 付近のラマン線は，$E \parallel b$ 軸の条件で最大になり，$E \perp b$ 軸では強度が減少し 193 cm^{-1} 付近のラマン線と強度が同程度になる[85]．バルク単結晶 (111) 面での**偏光ラマン測定**から，励起される分極の変化によるラマン線の系統的な変化が確認されている[82]．

5.4.3 赤外吸収

図 5.15 に，スパッタ成膜法で Si(100) 基板上に作製した多結晶薄膜の **IR 吸収スペクトル**を示す．縦軸は**吸光度**（absorbance：abs = $-\log_{10} T$，ここで T は透過率）である．測定は，遠赤外線の大気による吸収を避けるために，干渉計や試料室，検出器など光学系すべてを真空排気して行われている．

吸収スペクトルには細かい構造が見られるが，主として，強度の大きな 5 つの**吸収ピーク**が波数 261（シャープ），295（シャープ），309（シャープで最大強度），342

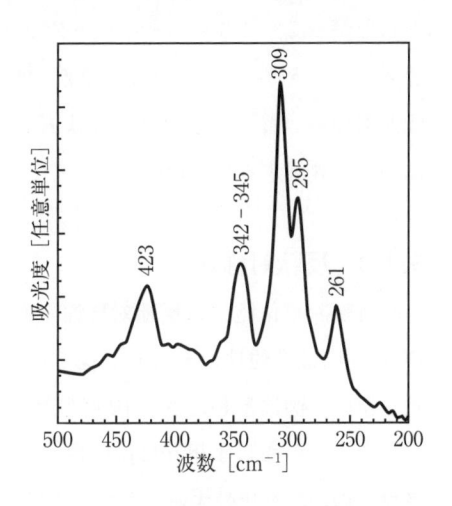

図 5.15 IR 吸収スペクトル（スパッタ多結晶薄膜の場合）

~245（ブロード，3重），423（ブロード）cm^{-1}に観察できる．それぞれには，いくつかの吸収ピークが重なり合っている状態であるために，主ピークは結晶状態や不純物の添加によって，その強度や形状を複雑に変化させる．また，ラマンスペクトルと同様に，結晶（原子位置）の異方性が大きいために，**双極子モーメント**の異方性が大きくなり，IR 吸収ピークについても光電界 E と結晶軸との相対関係によって IR 吸収スペクトルは複雑に変化する．

Guizzetti ら[85]の解析と対応させると，261 と 309 cm^{-1} の吸収ピークは，光電界が $E/\!/a$ 軸（a-axis polarization）の場合の光吸収，295 cm^{-1} は $E/\!/b$ 軸の場合に対応する．303 cm^{-1} 付近には $E/\!/c$ 軸の場合の吸収となるが，300 cm^{-1} 付近で複数ピークが重なり，ピークとしては観察できない．342～345 cm^{-1} の吸収ピークは Si-Fe の**逆位相振動（counter phase motion）**によるもので，$E/\!/a$ 軸よりも $E/\!/b$，c 軸の場合の方が高波数にシフトする．400 cm^{-1} 以上は Si-Si 振動によるもので，423 cm^{-1} の吸収ピークは $E/\!/b$ または c 軸の場合にのみ現れる．

したがって，これらの主なピークの位置や強度変化から結晶成長の様子を評価することができる．特に，309，295，423 cm^{-1} の吸収ピークの比較は，光照射面内（普通の透過測定では $E/\!/$基板面）での a 軸と b，c 軸方向の結晶成長を評価する良い指標になる[86]．

5.4.4 反転対称性

β-FeSi$_2$ 単位胞には**反転対称性**があるために，**基準振動**のラマン活性と IR 活性には排他性がある[87]．図 5.16 にラマンと赤外吸収スペクトルの比較を示す．図に示した主な IR 吸収ピークとラマン線は同じ波数（エネルギー）で，重さならず相互に**排他性**があることがわかる．したがって，IR とラマンの詳細を比較することで，**格子変形**に伴う反転対称性の程度を評価することができる．

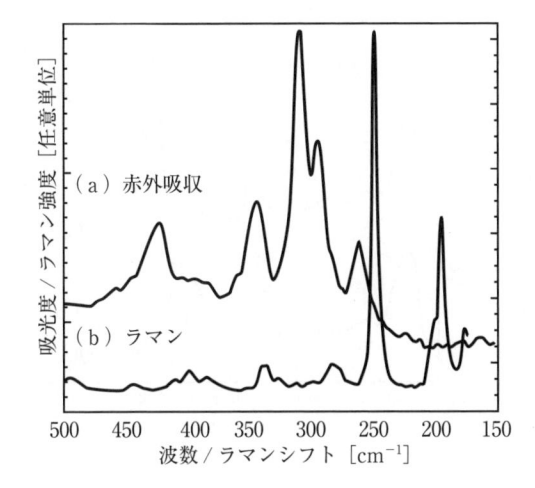

図 5.16 スパッタ多結晶薄膜の(a) IR 吸収スペクトルと, (b) ラマンスペクトルとの比較.

5.4.5 ナノ結晶のフォノン物性

以上はバルク結晶,薄膜における IR とラマンスペクトルについて説明した. β-FeSi$_2$ 結晶は,赤外発光可能な光半導体として注目されてきたが,バルク結晶や薄膜では, 1.55 μm 帯域の発光は非常に弱く,実用には程遠いものであった. Maeda ら[88]は, **イオンビーム合成法** (3.6 節) によって, 高純度で結晶性の良好な nm サイズの β-FeSi$_2$ ナノ結晶を Si 基板中に整合成長させることで, β-FeSi$_2$ からの固有発光 (**A バンド**, 0.803 eV) の増強効果を報告している. β-FeSi$_2$ ナノ結晶はサイズが小さいために, Si 結晶内部で β-FeSi$_2$(220), (202) // Si(111) の面関係を持つ整合界面が形成されやすくなる. そのために, **界面欠陥**による**非輻射再結合**の形成を抑制できる. ただし,大きく成長させると**積層欠陥**などを Si 側に形成する[89,90]. また,それに対応して発光強度が著しく減少する.

このナノ結晶のフォノン状態について IR 吸収によって検討した. 図 5.17 に, イオンビーム合成した(a) β-FeSi$_2$ 薄膜 (多結晶) と(b) β-FeSi$_2$ ナノ結晶の IR 吸収スペクトルを示す. ただし, 620 cm^{-1} 付近のブロードな吸

収ピークはSi基板での**2フォノン（音子）吸収**である．

ナノ結晶には，328（319に肩を持つ），357，438 cm^{-1}付近に3つの吸収ピークが観察できる[91]．これは，バルク結晶や薄膜で観察される5つの吸収ピークとは大きく異なる．特に，290～310 cm^{-1}にあった強度の大きなピークがなくなっている．ナノ結晶で観察できたこれらの吸収ピークは，ほぼb，c軸方向の**双極子モーメント**による光吸収である[85]．このことから，ナノ結晶では光吸収面（∥基板面）に対して結晶配向が薄膜とは異なるために，薄膜とは異なったフォノン状態であることがわかった．このように，β-FeSi$_2$の結晶の異方性を利用した結晶成長の様子を，フォノン物性の変化から知ることができる[86]．

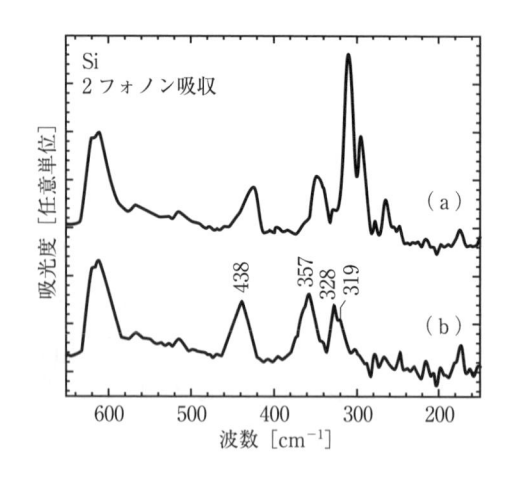

図 5.17 イオンビーム合成した（a）薄膜と（b）ナノ結晶の赤外吸収スペクトル．

β-FeSi$_2$の固有発光については，間接バンドギャップでの再結合発光であるために，発光過程での**フォノン放出・吸収**が重要なプロセスになる[88]．発光効率で評価したときに，ナノ結晶が薄膜に比較して桁違いに大きいのは，このようなフォノン状態の違いに理由があるのかもしれない．今後の研究課題として重要である．

参 考 文 献

[80]　Y. Dusausoy, J. Protas, R. Wandji and B. Roques : Acta Crytst. **B 27** (1971) 1209
[81]　K. Lefki, P. Muret, E. Bustarret, N. Boutarek, R. Madar, J. Chevrier and J.

Derrien : Solid State Commum. **80**（1991）791
[82] D. L. Rousseau, R. P. Bauman and S. P. S. Porto : J. Raman Spectroscopy **10**（1981）253
[83] Y. Maeda, Y. Terai and H. Udono : Thin Solid Films **461**（2004）165
[84] Y. Maeda, K. Umezawa, Y. Hayashi and K. Miyake : Thin Solid Films **381**（2001）219
[85] G. Guizzetti, F. Marabelli, M. Patrini, P. Pellrgrino, B. Pivac, L. Miglio, V. Meregalli, H. Lange, W. Hemrion and V. Tomm : Phys. Rev. **B 55**（1997）14290
[86] M. Marinova, M. Baleva and E. Sutter : Nanotechnology **17**（2006）1969
[87] 工藤恵栄 著：「光物性の基礎 改訂2版」（オーム社，1990年）
[88] Y. Maeda : Appl. Surf. Sci. **254**（2008）6242
[89] Y. Maeda, Y. Terai, M. Itakura and N. Kuwano : Thin Solid Films **461**（2004）160
[90] Y. Maeda, Y. Terai and M. Itakura : Jpn. J. Appl. Phys. **44**（2005）2502
[91] Y. Maeda, T. Nakajima, B. Matsukura, T. Ikeda and Y. Hiraiwa : Physics Procedia **11**（2011）167

5.5 熱電特性

5.5.1 はじめに

鉄シリサイド化合物のなかでも，半導体相であるβ-$FeSi_2$は熱電変換の機能を有している．熱電変換は直接熱と電気を変換する機能で，**ゼーベック効果**，**ペルチェ効果**および**トムソン効果**の3つの熱力学的相互作用に基づいている．これらの効果は可逆的であるが，材料に電流を流すことで起きるペルチェ効果と**ジュール発熱**とは不可逆的である．

ゼーベック効果は，2つの異なる導体aとbを接合して閉回路としたとき，2つの接合部に温度差ΔTを与えると閉回路に電流Iが生じる現象である．この閉回路の抵抗をRとすると，$\alpha_{ab}\Delta T = RI$という関係が見出せる．このα_{ab}は，**ゼーベック係数**（Seebeck coefficient）あるいは**熱電能**（thermoelectric power）で，一方の接合部の温度を一定としたとき，他方

の接合部温度の1Kの変化に対する**熱起電力**（thermoelectromotive force）の変化を表している．α_{ab} は物質 a の b に対する相対値で，それぞれの物質 a と b の絶対値を α_a, α_b とすると，相対熱電能は $\alpha_{ab} = \alpha_a - \alpha_b$ と表される．また，ゼーベック効果は，一つの導体内で温度差が生じると温度勾配に沿ってキャリア（電子あるいは正孔）が拡散される現象でもある．

ペルチェ効果はゼーベック効果と可逆で，2つの異なる導体 a と b を接合した閉回路に電流 I を通電すると，接合部の一方では吸熱，他方の接合部では発熱が生じて2つの接合部に温度差 ΔT が生じる現象である．電流の方向を変えると吸熱と発熱が逆転し，接合部での発熱量ともう一方での吸熱量は等しい．接合部で物質 a から b に電流が流れる場合の発熱量は $dQ_{ab} = \Pi_{ab} I dt$ であり，他方の接合部では物質 b から a に電流が流れて，その吸熱量は $dQ_{ba} = \Pi_{ba} I dt = -dQ_{ab} = -\Pi_{ab} I dt$ である．この Π は**ペルチェ係数**（Peltier coefficient）とよばれ，接合部で a から b に電流が流れて放熱が生じる場合 $\Pi_{ab} > 0$ である．

トムソン効果は，温度勾配のある導体に電流 I が流れるときに，ジュール熱以外の発熱・吸熱が電流方向によって生じる現象である．

ゼーベック効果を利用したものを熱電発電，ペルチェ効果を利用したものを熱電冷却とよぶ．その概要図を図5.18に示す．

β-FeSi$_2$ は熱電発電用として開発されてきた材料で，熱電発電における**最大変換効率** ζ_{max} は以下で与えられる．

$$\zeta_{max} = \frac{T_H - T_C}{T_H} \frac{\sqrt{1 + Z\frac{T_H + T_C}{2}} - 1}{\sqrt{1 + Z\frac{T_H + T_C}{2}} + \frac{T_C}{T_H}} \quad (5.13)$$

ここで T_H は高温端温度，T_C は低温端温度である．$(T_H - T_C)/T_H$ は**カルノー効率**で，分子分母に平方根のある分数は物性効率である．(5.13)から熱電発電の最大変換効率はカルノー効率を超えられないことがわかる．第2項で

5.5 熱電特性

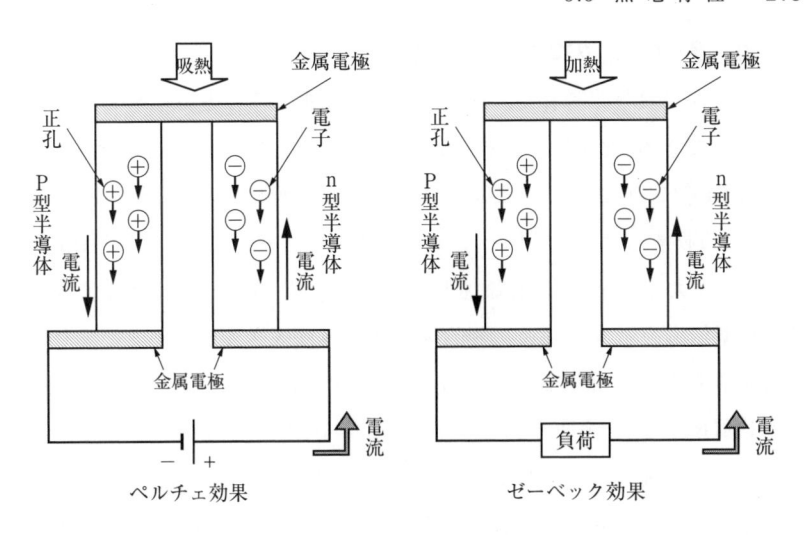

図5.18 熱電変換の概要図

の Z は**性能指数**（figure of merit）で，**ゼーベック係数** α(V/K)，**比抵抗** ρ (Ωm)と**熱伝導率** κ(W/Km)によって

$$Z = \frac{\alpha^2}{\rho \kappa} \quad [1/K] \tag{5.14}$$

と表される．

なお，性能指数と温度の積 **ZT** は無次元量で**無次元性能指数**とよばれる．また，熱伝導率は高精度での測定が難しいために，熱伝導率を除いたゼーベック係数と比抵抗のみからなる**電気的性能指数**（electric figure of merit）α^2/ρ がある．熱電発電の変換効率を高めるには，これら性能指数が大きい材料が良いことがわかる．他に発電用熱電材料の評価では，試料に温度差を与えたときに得られる有効な最大出力 P が用いられ，有効な最大出力は熱起電力 E と平均の比抵抗 ρ_{av} によって次式から算出される．

$$P = \frac{E^2}{4\rho_{av}} \quad [W/m] \tag{5.15}$$

本節では，β-FeSi$_2$ のこれら特性について解説する．

5.5.2 β-FeSi₂ の電気伝導特性

β-FeSi₂ は真性半導体で，適性不純物を添加することで伝導型を制御することができる．Fe サイトを Mn, Ti, Cr, Zr, Ce, Nd, Sm で置換すると p 型伝導に，Co, B, Ni で置換すると n 型伝導になる．また，Si サイトを Al で置換すると p 型伝導となる．Co 添加した $Fe_{1-x}Co_xSi_2$ の格子定数は a 軸のみが大きくなり，Mn 添加 $Fe_{1-x}Mn_xSi_2$ では b と c 軸のみが大きくなる．n 型伝導を示す B 添加の場合も a 軸のみが大きくなる．また，それぞれの固溶限は Co, Mn 添加共に $x = 0.12$ で，B 添加では $x = 0.03$, Si サイトに置換する Al 添加の $FeSi_{2-x}Al_x$ は $x = 0.12$ である．

代表的な添加元素の室温における添加量と比抵抗の関係を図 5.19 に，添加量とゼーベック係数の関係を図 5.20 に示す．Mn, Co, B 添加した場合の比抵抗は添加量に伴って単調に小さくなる．しかし，Al 添加の比抵抗は添加量 $x = 0.02$ まではわずかに大きくなり，それ以上の添加量で急激に減

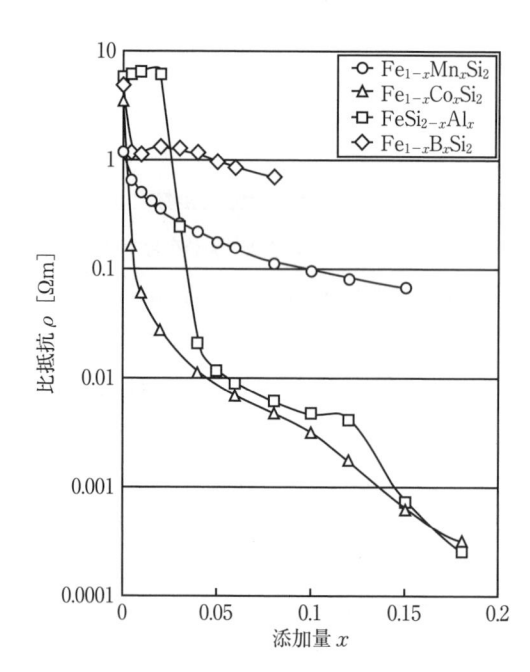

図 5.19 室温における添加量と比抵抗の関係

5.5 熱電特性

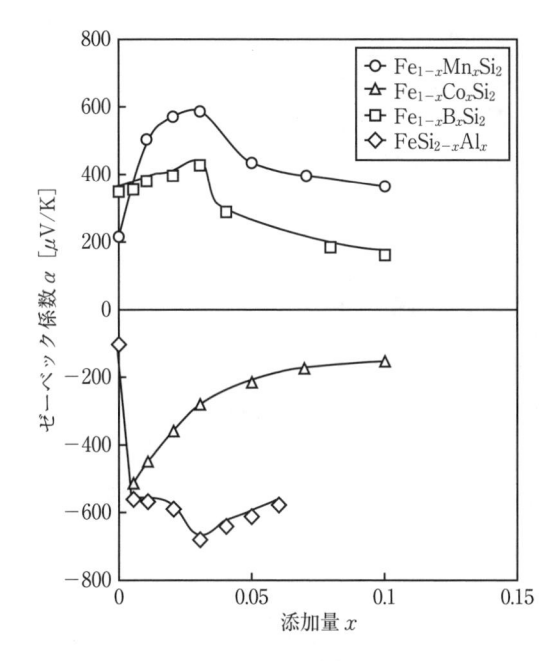

図 5.20 室温における添加量とゼーベック係数の関係

少して Co 添加の比抵抗と同程度になる．ゼーベック係数の絶対値は，Co 添加では添加量と共に単調に減少する．しかし，Mn，B，Al 添加では添加量 0.03 まで増加し，それ以上の添加量では減少している．

5.5.3 $Fe_{1-x}Mn_xSi_2$，$Fe_{1-x}Co_xSi_2$ の電気伝導特性

$Fe_{1-x}Mn_xSi_2$ および $Fe_{1-x}Co_xSi_2$ における比抵抗の温度依存性を，図 5.21 と図 5.22 に示す．すべての試料では温度の上昇に伴って抵抗が減少する半導体的な振舞を示し，900 K 以上では真性伝導領域になる．1190 K 以上では比抵抗が約 1 桁以上小さくなる**半導体 – 金属遷移**を示す．

$Fe_{1-x}Mn_xSi_2$ では，添加量に伴って遷移温度 T_c が 1260 K $(x=0)$ から 1190 K $(x=0.09)$ と低下し，遷移温度近くにおけるバンドギャップ E_g も小さくなる．このことは，Mn の添加量に伴う正孔濃度の増大により狭い価電子帯の幅が広がることで，E_g と T_c 共に小さくなる金属状態の**狭バンド**が分

218　5. 鉄シリサイドの物性

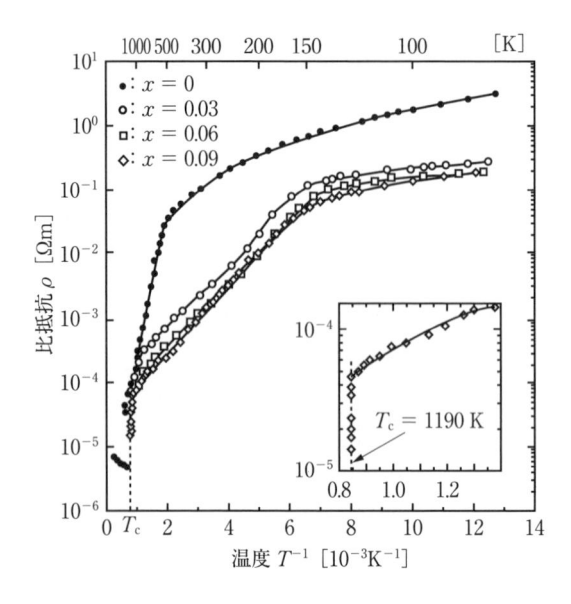

図 5.21 p 型 $Fe_{1-x}Mn_xSi_2$ の比抵抗の温度依存性.（T. Kojima : Phys. State. Sol. (a) **111** (1989) 233 より許可を得て転載）

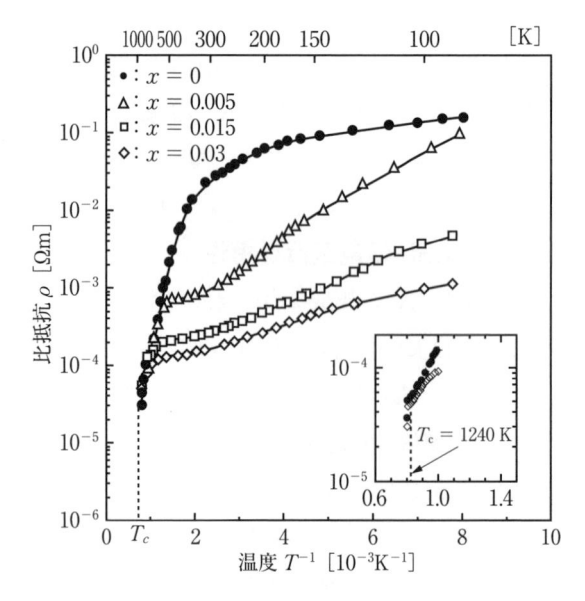

図 5.22 n 型 $Fe_{1-x}Co_xSi_2$ の比抵抗の温度依存性.（木村重夫, 海部宏昌, 磯田幸宏, 西田勲夫 共著：材料科学 **27** (1990) 226 より許可を得て転載）

離するモデルで説明できる．一方，$Fe_{1-x}Co_xSi_2$ では遷移温度近くにおけるバンドギャップ E_g は小さくなるが，添加量が増加しても遷移温度は 1241 K で一定である．

n 型 $FeSi_2$ における温度上昇に伴う E_g の減少は伝導帯の幅が変化するのではなく，熱励起による正孔濃度の増大により価電子帯の幅が広がり，半導体－金属遷移が生じている．無添加 $FeSi_2$ ($x=0$) の比抵抗は，500 K 以下の低温領域では $\log \rho$ と $1/T$ の関係が直線的になるアクセプタ準位あるいはドナー準位が存在して，一般的な半導体の振舞を示し，これはバンド伝導によるもので 500 K 以下では不純物伝導領域，500 K 以上では真性伝導領域である．しかし，Mn 添加（$x=0.03, 0.06, 0.09$）あるいは Co 添加（$x=0.005, 0.015, 0.03$）した比抵抗では，200 から 800 K の温度範囲で S 字状の変化を示し，一般の不純物伝導の考え方では説明できない．この温度依存性は，局在化した不純物原子間をキャリアが飛び跳ねるホッピング伝導で，温度上昇に伴ってキャリア移動度が増加する**小ポーラロンモデル**に起因するものである．

このときの**ポーラロン移動度**は

$$\mu_{\text{pol}} = \mu_0 \exp\left(-\frac{E_h}{kT}\right) = \frac{M}{T}\exp\left(-\frac{E_h}{kT}\right) \tag{5.16}$$

で与えられる．ここで，M はキャリアの局在濃度と温度無依存因子とから決定される定数で，E_h および k はそれぞれ**ホッピング・エネルギー**およびボルツマン定数である．

Mn および Co 原子の一部は，アクセプタあるいはドナー準位も形成しており，**ポーラロン伝導**を伴う比抵抗は

$$\frac{\rho_{\text{pol}}}{T} = \rho_0 \exp\left(\frac{E_a + E_h}{kT}\right) \tag{5.17}$$

と表される．ここで ρ_0 は温度に依存しない比抵抗，E_a はアクセプタの活性化エネルギーで，n 型の場合には E_a は E_d となりドナーの活性化エネルギー

となる.

図 5.23 と図 5.24 に $Fe_{1-x}Mn_xSi_2$ および $Fe_{1-x}Co_xSi_2$ の $\log(\rho/T)$ と $1/T$ の関係を示す. 200 から 400 K の温度範囲で $\log(\rho/T)$ と $1/T$ は直線関係を

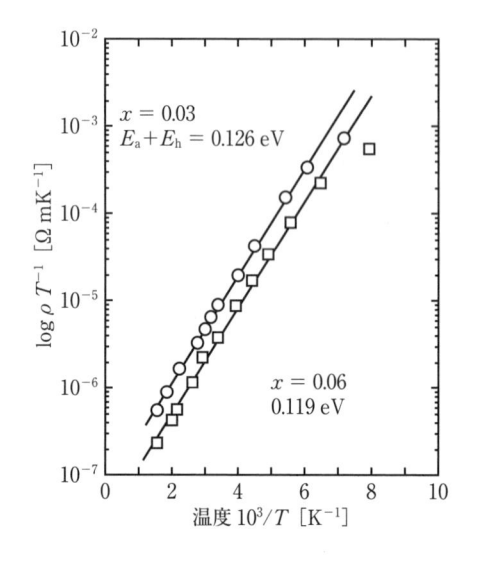

図 5.23 p 型 $Fe_{1-x}Mn_xSi_2$ の $\log(\rho/T)$ の温度依存性. (T. Kojima : Phys. State. Sol. (a) **111** (1989) 233 より許可を得て転載)

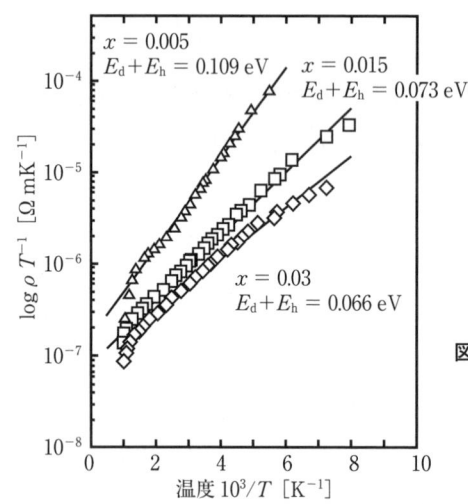

図 5.24 n 型 $Fe_{1-x}Co_xSi_2$ の $\log(\rho/T)$ の温度依存性. (木村重夫, 海部宏昌, 磯田幸宏, 西田勲夫 共著: 材料科学 **27** (1990) 226 より許可を得て転載)

満たし, (5.17)が成り立つ. また, 添加量に伴って直線の勾配が減少している. $\log(\rho/T)$ と $1/T$ の勾配から決定される $E_a + E_h$ の値は, $Fe_{1-x}Mn_xSi_2$ では $x = 0.03, 0.06$ でそれぞれ $0.126, 0.119\,\mathrm{eV}$ である. $Fe_{1-x}Co_xSi_2$ の $E_d + E_h$ の値は $x = 0.005, 0.015, 0.03$ に対して, $0.109, 0.073, 0.066\,\mathrm{eV}$ である.

アクセプタあるいはドナーの活性化エネルギーは, $\log(RT^{3/2})$ と $1/T$ の勾配から求められる. 図 5.25 と図 5.26 に示す $Fe_{1-x}Mn_xSi_2$ および $Fe_{1-x}Co_xSi_2$ の $\log(RT^{3/2})$ と $1/T$ は直線関係を示し, この勾配から得られる $Fe_{1-x}Mn_xSi_2$ のアクセプタの活性化エネルギー E_a は $x = 0.03$ で $0.102\,\mathrm{eV}$, $x = 0.06$ で $0.099\,\mathrm{eV}$ である. $Fe_{1-x}Co_xSi_2$ のドナーの活性化エネルギー E_d は $x = 0.005$ で $0.059\,\mathrm{eV}$, $x = 0.015$ で $0.033\,\mathrm{eV}$ である.

$\log(\rho/T)$ と $1/T$ の勾配から決定した $E_a + E_h$ (または $E_d + E_h$) の値と, $\log(RT^{3/2})$ と $1/T$ から決定した E_a (または E_d) の値の差はホッピング・エネルギー E_h である. $Fe_{1-x}Mn_xSi_2$ の**ホッピング・エネルギー E_h** は $x = 0.03$ および 0.06 に対して, それぞれ $0.024, 0.020\,\mathrm{eV}$ となる. また,

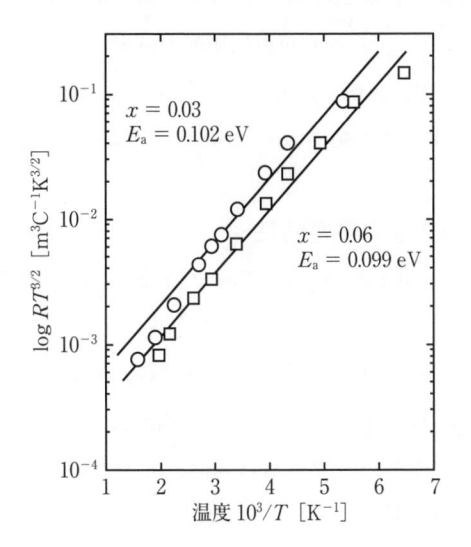

図 5.25 p 型 $Fe_{1-x}Mn_xSi_2$ の $\log(RT^{3/2})$ の温度依存性. (T. Kojima : Phys. State. Sol. (a) **111** (1989) 233 より許可を得て転載)

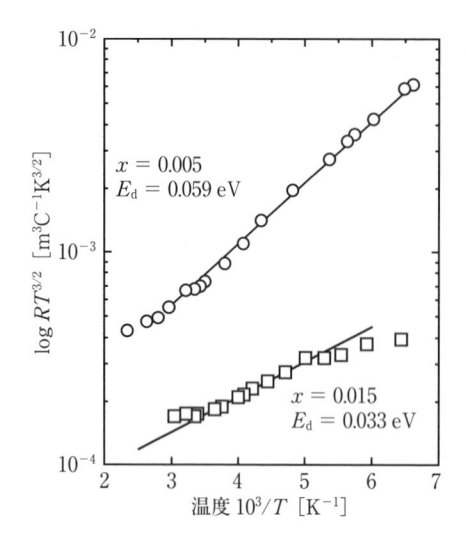

図 5.26 n型 $Fe_{1-x}Co_xSi_2$ の $\log(RT^{3/2})$ の温度依存性．(木村重夫，海部宏昌，磯田幸宏，西田勲夫 共著：材料科学 **27** (1990) 226 より許可を得て転載)

$Fe_{1-x}Co_xSi_2$ の E_h は $x = 0.005$，0.015 および 0.03 に対して，それぞれ 0.050，0.040 および 0.033 eV である．

このように，$Fe_{1-x}Mn_xSi_2$ および $Fe_{1-x}Co_xSi_2$ の不純物伝導領域の**伝導機構**は**小ポーラロン伝導**と**不純物伝導**が生じており，$FeSi_2$ 中で局在状態を形成する不純物原子は添加量の増加に伴って，局在位置間距離の減少によってホッピング・エネルギーは小さくなる．$FeSi_{2-x}Al_x$ の場合は $x = 0.03$ まで E_h は 0.11 eV 一定で，$x = 0.04$ 以上では不純物伝導のみが生じている．

5.5.4 $Fe_{1-x}Mn_xSi_2$，$Fe_{1-x}Co_xSi_2$ の熱電特性

図 5.27 に $Fe_{1-x}Mn_xSi_2$ および $Fe_{1-x}Co_xSi_2$ のゼーベック係数の温度依存性を示す．無添加 $FeSi_2 (x = 0)$ のゼーベック係数はプラス符号を示しているが，これは原料に含まれる未知の不純物によるもので，鉄原料に含まれる不純物は，Mn，Cr，Al，Cu，Co，Ba，V，Ga，Ni，Mg，Zn で，これらは主に p 型不純物である．無添加のゼーベック係数は 450 K で極大値を示し，それ以上の温度では真性伝導領域の影響を受けて急激に減少する．

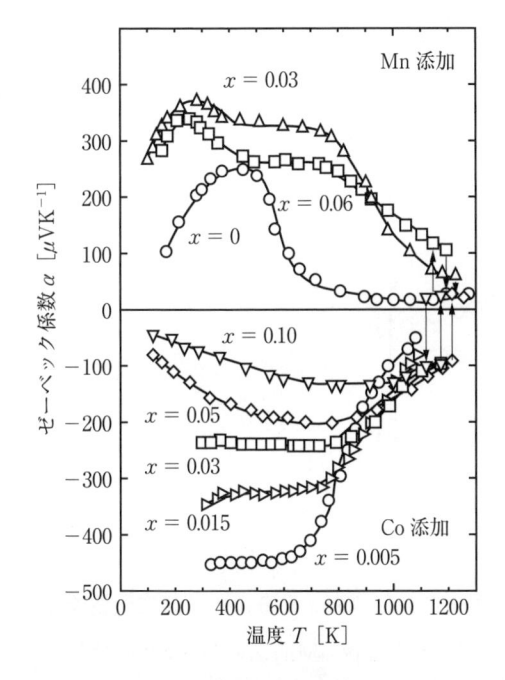

図 5.27 p 型 Fe$_{1-x}$Mn$_x$Si$_2$ と n 型 Fe$_{1-x}$Co$_x$Si$_2$ のゼーベック係数の温度依存性．（p 型は正符号, n 型は負符号）

　Mn あるいは Co 添加した試料のゼーベック係数は 300 から 800 K の中間温度領域では，ほぼ一定値を示し，それ以上の温度では急激に減少する．ゼーベック係数が一定値を示す温度領域は，**ホッピング伝導**と**不純物伝導**が生じている領域で，ホッピング伝導による影響であると考えられる．Co 添加量が多い $x = 0.05, 0.10$ では単調に 700 K まで増加し，それ以上の温度では減少する．このゼーベック係数の変化は，Co 添加量が多いと不純物伝導が支配的であることで理解できる．急激にゼーベック係数が減少する温度は添加量に伴って高温側にシフトし，真性伝導領域に入る温度に対応している．

　熱伝導率は，添加量の増加に伴って無添加の 15 から 8 W/Km まで減少する．p 型 Fe$_{0.91}$Mn$_{0.09}$Si$_2$ と n 型 Fe$_{0.97}$Co$_{0.03}$Si$_2$ の熱伝導率の温度依存性を図 5.28 に示す．熱伝導率は温度の上昇に伴って，Mn 添加では 12 から 3.7 W/Km に，Co 添加では 7 から 2.3 W/Km まで単調に減少するが，他の熱

224　5. 鉄シリサイドの物性

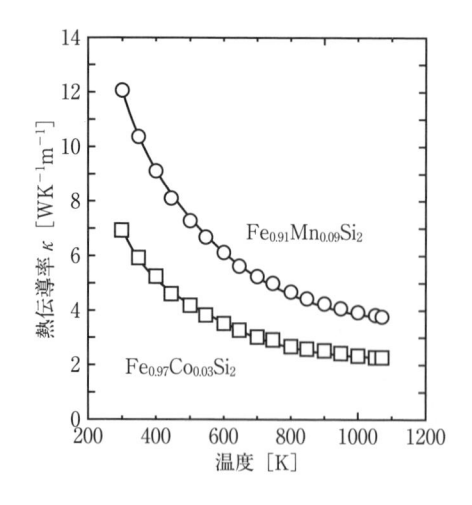

図5.28 p型 $Fe_{0.91}Mn_{0.09}Si_2$ とn型 $Fe_{0.97}Co_{0.03}Si_2$ の熱伝導率の温度依存性

電材料に比べて大きい.

　ゼーベック係数 α, 比抵抗 ρ および熱伝導率 κ から求めた**無次元性能指数 ZT** の温度依存性を図5.29に示す. p型 $Fe_{0.91}Mn_{0.09}Si_2$ は1000 Kで最大値0.25を示す. Co添加試料の ZT は $Fe_{0.97}Co_{0.03}Si_2$ 組成では900 Kで0.3で

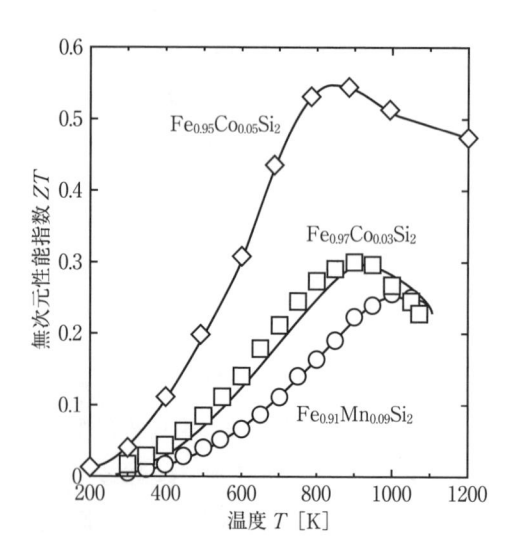

図5.29 p型 $Fe_{0.91}Mn_{0.09}Si_2$ とn型 $Fe_{0.97}Co_{0.03}Si_2$ および $Fe_{0.95}Co_{0.05}Si_2$ の無次元性能指数の温度依存性

あるが，Fe$_{0.95}$Co$_{0.05}$Si$_2$ 組成で最大値 0.52 を示す．

低温端を 300 K 一定として，高温端を加熱して 800 K の温度差を与えたときの熱起電力 E，平均の比抵抗 r および有効な最大出力 P と添加量の関係を，図 5.30 と図 5.31 に示す．Mn 添加試料における E は $x = 0.08$ で最大値 245 mV を示し，それ以上の添加量では減少する．r は添加量の増加に伴って緩やかに減少する．P は $x = 0.08$ まで急減に増加し，0.08 から 0.10 の間で最大値を示し，それ以上の添加量では減少する．p 型として最

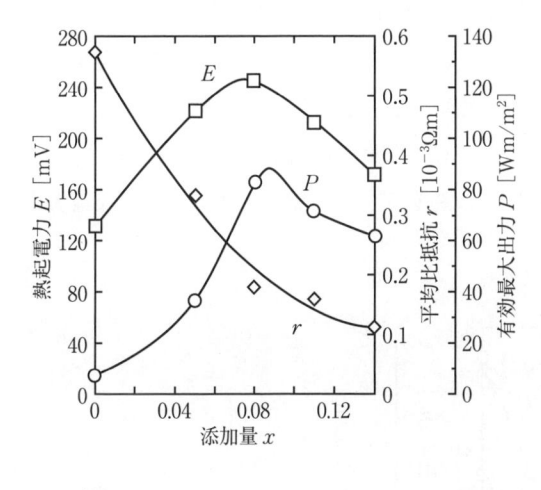

図 5.30 800 K の温度差を与えたときの Mn 添加量と出力特性

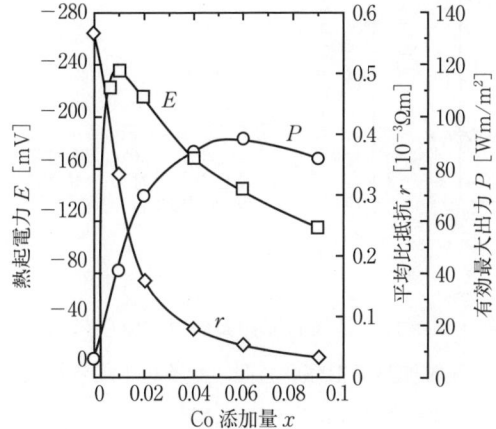

図 5.31 800 K の温度差を与えたときの Co 添加量と出力特性

も性能が良い組成は，$x = 0.08$ から 0.10 で $E = 0.26$ V，$P = 84$ Wm/m^2 である．

Co 添加試料における E は，Mn 添加よりも添加量が少ない $x = 0.01$ で -235 mV の極大値を示し，それ以上の添加量では緩やかに減少する．r は $x = 0.02$ まで急減に減少し，それ以上では緩やかに減少している．P の最大値は $x = 0.06$ で 92 Wm/m^2 である．Co 添加試料では，熱起電力を重視した $x = 0.02$ 組成の $E = 0.22$ V，$P = 70$ Wm/m^2 と，出力を重視した $x = 0.05$ 組成の $E = 0.15$ V，$P = 92$ Wm/m^2 が最適組成と考えられる．

p 型 $Fe_{0.92}Mn_{0.08}Si_2$ と n 型 $Fe_{0.985}Co_{0.015}Si_2$ で構成した一対の**熱電発電素子**の低温端を 300 K 一定として，高温端を加熱して温度差を与えたときの熱起電力 E と平均の比抵抗 r および有効な最大出力 P を図 5.32 に示す．800 K の温度差における熱起電力 E は約 0.5 V と非常に大きく，有効な最大出力 P は 110 Wm/m^2 にもなる．

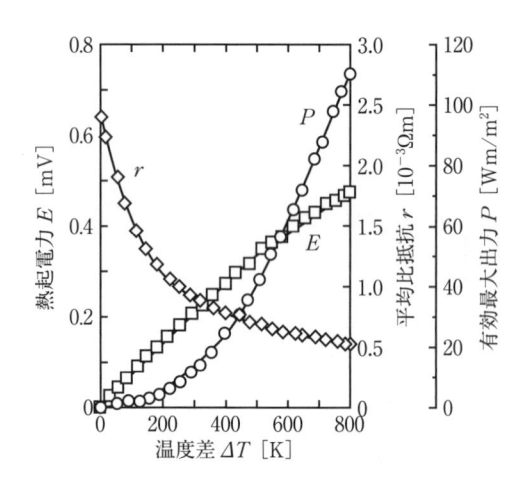

図 5.32 p 型 $Fe_{0.92}Mn_{0.08}Si_2$ と n 型 $Fe_{0.985}Co_{0.015}Si_2$ で構成した，一対の熱電発電素子の特性．

$FeSi_2$ 熱電発電素子は，耐熱・耐酸化性に優れているので大気中における都市ガスでの加熱試験において連続加熱で 10000 時間，サイクル加熱試験で 40000 回まで性能の劣化がなく，実用性が高い材料である．

参 考 文 献

[92] 上村欣一，西田勲夫 共著：「熱電半導体とその応用」（日刊工業新聞社，1988年）
[93] 坂田 亮 編：「熱電変換工学 —基礎と応用—」（リアライズ社，2001年）
[94] I. Nishida : Phys. Rev. **B 7**（1973）2710
[95] T. Kojima : Phys. Stat. Sol. (a) **111**（1989）233
[96] 磯田幸宏，大越恒雄，西田勲夫，海部宏昌 共著：材料科学 **25**（1989）311
[97] T. Kojima, M. Sakata and I. Nishida : J. Less‐Common Metals **162**（1990）39
[98] 木村重夫，海部宏昌，磯田幸宏，西田勲夫 共著：材料科学 **27**（1990）226
[99] 磯田幸宏，篠原嘉一，今井義雄，西田勲夫 共著：電気学会論文誌 A **116‐A**（1996）212
[100] 磯田幸宏，西田勲夫，大橋修 共著：日本金属学会誌 **63**（1999）1372
[101] 梶川武信，太田敏隆，西田勲夫，松浦慶士，松原覚衛 共著：「熱電変換システム技術総覧」（リアライズ社，1997年）

5.6 鉄系ホイスラー合金の磁性

5.6.1 はじめに

強磁性シリサイドの1つである Fe_3Si は，**ホイスラー（Heusler）合金**といわれる材料群の一種でもあり，理想的には，図5.33に示す DO_3 **規則構造**という8つの体心立方格子（bcc）構造からなる超格子構造を取る．DO_3 規則構造の Fe_3Si の**キュリー温度**は約 840 K[102]，**スピン偏極率**（フェルミ（Fermi）準位における電子の持つスピンの状態密度の偏り）は約 25%

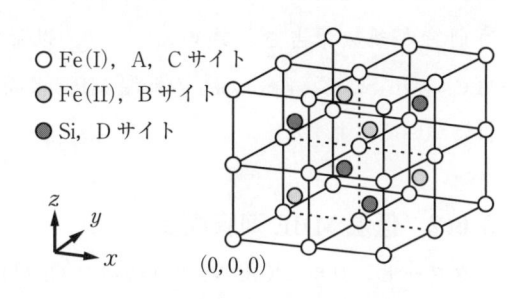

図5.33 DO_3 規則構造の Fe_3Si の結晶構造．

○ Fe(I)，A，Cサイト
◎ Fe(II)，Bサイト
● Si，Dサイト

(測定温度：300 K)[103] と報告されている．Fe₃Si には，A (0, 0, 0)，B (1/4, 1/4, 1/4)，C (1/2, 1/2, 1/2)，D (3/4, 3/4, 3/4) の 4 種類のサイトが存在し，$D0_3$ 規則構造の Fe₃Si は，A，B，C サイトに Fe 原子，D サイトに Si 原子を配置した結晶構造である．B サイトの Fe 原子と D サイトの Si 原子がランダムに配置した構造は B2 構造，すべてのサイトに Fe 原子と Si 原子がランダムに配置した構造は A2 構造とよばれている．一般的に，強磁性ホイスラー合金では，原子配列の不規則性によりスピン偏極率が減少することが知られているため[104]，$D0_3$ 規則構造を有する Fe₃Si を形成することが応用上極めて重要である．

　Fe₃Si に関する研究は長年にわたって国内外のさまざまな研究機関で行われており，バルクおよび薄膜の作製，構造特性・磁気特性などの各種物性，機能発現など多岐に及ぶ[102, 103, 105 - 119]．一般的に，バルク試料では $D0_3$ 規則構造の Fe₃Si を形成するために約 1000℃ の高温度を必要とし[105, 106]，薄膜においても約 500℃ の高温アニール処理が必要である[107 - 109]．ごく最近，**低温分子線エピタキシー**（molecular beam epitaxy, **MBE**）**法**を用いることで，200℃ 以下の低温度でも，$D0_3$ 規則構造を有する Fe₃Si 薄膜が得られるという研究が多数報告され始めた[110 - 119]．以降では，Fe₃Si とその関連材料（Fe₃₋ₓMnₓSi，CoₓFe₃₋ₓSi）の低温 MBE 薄膜成長，結晶構造および磁気特性について解説する．

5.6.2　低温 MBE 薄膜成長

　クヌーセンセル（K セル）を用いて，Ge (111) 基板上に Fe と Si を化学量論組成比（Fe : Si = 3 : 1）で同時蒸着し，Fe₃Si 薄膜（成長温度：130℃，膜厚：25 nm）を形成した[118]．薄膜の成長過程における**反射高速電子線回折**（reflection high energy electron diffraction, **RHEED**）**パターン**観察より，Fe と Si の蒸着を開始した直後にパターンが一時消失し，その後，2 次元エピタキシャル成長を示唆するストリークパターンが得られた．つまり，

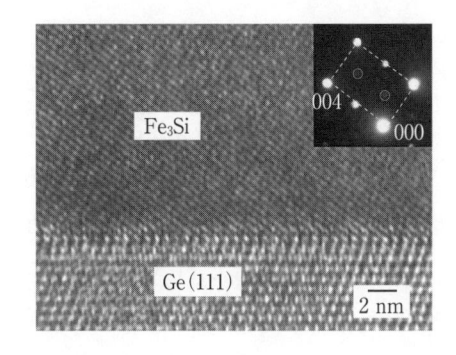

図 5.34 Fe$_3$Si/Ge(111) 構造の界面付近の断面 TEM 写真と，Fe$_3$Si 薄膜中のナノビーム電子線回折パターン．

Fe$_3$Si は Ge(111) 上に 130℃ という低温でも単結晶成長する．

図 5.34 に，作製した Fe$_3$Si/Ge(111) 構造の接合界面付近の**高分解能断面透過型電子顕微鏡** (transmission electron microscope, **TEM**) 像を示す．界面付近には異種化合物の形成は確認されず，原子層レベルで急峻なヘテロ界面を形成していることがわかる．また，規則相形成の評価のために，Fe$_3$Si 薄膜中の**ナノビーム電子線回折パターン**を測定したところ，$D0_3$ 規則構造の存在を示唆する超格子反射が明瞭に観察された（挿入図〇内）．つまり，高品質な**ヘテロ接合界面**と $D0_3$ 規則構造の形成が両立している．

5.6.3 メスバウアー分光スペクトル

メスバウアー分光スペクトルの解析を用いて，作製した Fe$_3$Si 薄膜結晶の規則度を評価した．ここで，メスバウアー分光法とは，原子核による γ 線の共鳴吸収現象（メスバウアー効果）を利用してスペクトルを測定する手法であり，物質中のある元素（ここでは Fe）の周辺環境を調べる手法である．$D0_3$ 規則構造の Fe$_3$Si には，図 5.33 に示したような局所環境の異なる 2 種類の Fe サイトが存在する．bcc 構造の外側にあたる A, C サイトを占有している Fe(I) と，体心位置にあたる B サイトの Fe(II) がある．Fe(I) はその周囲を 4 つの Fe 原子と 4 つの Si 原子に囲まれており，Fe(II) はその周囲を 8 つの Fe 原子に囲まれている．理想的な（完全 $D0_3$ 規則構造）Fe$_3$Si では，

Fe(I) と Fe(II) はそれぞれ 66.6%, 33.3% の比率で存在する．

今回の解析では，上記の2つの Fe サイトに加えて，**不規則構造**を含む合計7つの Fe サイト[105] を仮定してフィッティングを行い，Fe(I) と Fe(II) の存在比を定量的に評価することで，Fe$_3$Si 薄膜の DO_3 規則度を見積もることとする[118]．ここで，サイト3は **A2 構造**の Fe サイト，すなわち最近接の8配位だけではなく第2近接も Fe 原子で配位された Fe サイトとし，サイト4，サイト5，サイト6はそれぞれ6配位，5配位，3配位の Fe サイトとした．サイト7は，内部磁場の非常に小さな配位数の少ない Fe サイトである．

図 5.35(a) に，Fe$_3$Si 薄膜の ^{57}Fe メスバウアースペクトル（黒丸）を示す[118]．このデータを，上記の7つの Fe サイトを仮定してフィッティングすると，図 5.35(a) 中のサイト番号を付した7本の実線のように分離される．ちなみに，GaAs 基板上にエピタキシャル成長した Fe$_3$Si 薄膜では，Fe$_3$Si/GaAs 界面での反応が悪影響を及ぼし，メスバウアースペクトルの正

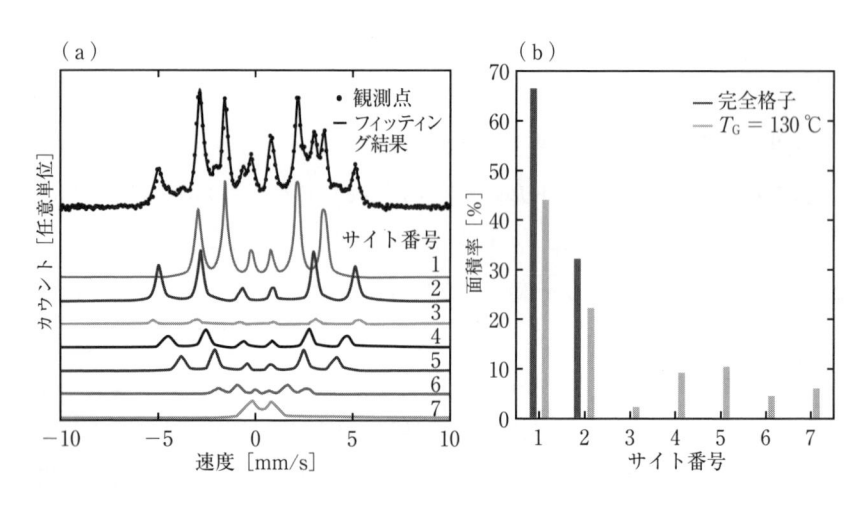

図 5.35 （a）Fe$_3$Si 薄膜の ^{57}Fe メスバウアースペクトルと，7つのサイトの分離スペクトル，（b）各サイトのフィッティングエリアのヒストグラム．

確な解析は難しいと報告されており[115]，図 5.35（a）に示すような明瞭なスペクトル分離が可能であるという事実は，得られている Fe$_3$Si/Ge（111）構造の品質の高さを裏づけるものである．図 5.35（b）には，解析によって得られた各サイトのフィッティングエリアのヒストグラムを示している．4 配位の Fe（I）（サイト 1）と 8 配位 Fe（II）（サイト 2）の割合は，作製した Fe$_3$Si 薄膜において 44.2%：22.4% となり，約 67% 程度が DO_3 規則構造を形成していると見積もられる．

5.6.4 磁気特性

作製した Fe$_3$Si 薄膜の磁気特性を**試料振動型磁力計**（vibrating sample magnetometer，**VSM**）法により評価した．図 5.36 に，300 K で測定した Fe$_3$Si 薄膜の磁化曲線を示す．明瞭なヒステリシスが得られており，**保磁力**は高品質なホイスラー合金特有の低い値（～2 Oe）であることがわかる．**飽和磁化**（M_S）の値は約 4.2 μ_B/f.u. と見積もられ，DO_3 構造の Fe$_3$Si のバルク試料の報告値である約 5.1 μ_B/f.u.（作製温度：800℃，測定温度：6.5 K）[106] より若干小さいが，DO_3 構造を有する Fe$_3$Si 薄膜の既報告値である約 3.9 μ_B/f.u.（成長温度：200℃，測定温度：300 K）[111] よりは大きな値である．つまり，低温 MBE 成長した Fe$_3$Si 薄膜は，比較的良好な磁気特性を有していることが明らかである．

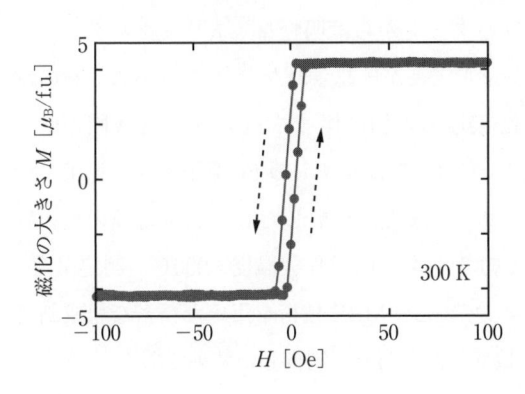

図 5.36 Fe$_3$Si 薄膜の磁化曲線

5.6.5 3元系ホイスラー合金

この低温 MBE 法を **3元系ホイスラー合金**に展開した．$D0_3$ 規則構造である Fe_3Si の B サイトの Fe を Mn で置換したものは $L2_1$ 規則構造の Fe_2MnSi（図 5.37 挿入図）であり，理論的に**ハーフメタル**（スピン偏極率 = 100％）であると予測されている[120,121]．そこで，K セルを用いて，Fe/Mn 組成を変調した $Fe_{3-x}Mn_xSi$ 薄膜（Mn 濃度：$x = 0, 0.6, 1$）のエピタキシャル成長と**磁気特性**変化について検討する．

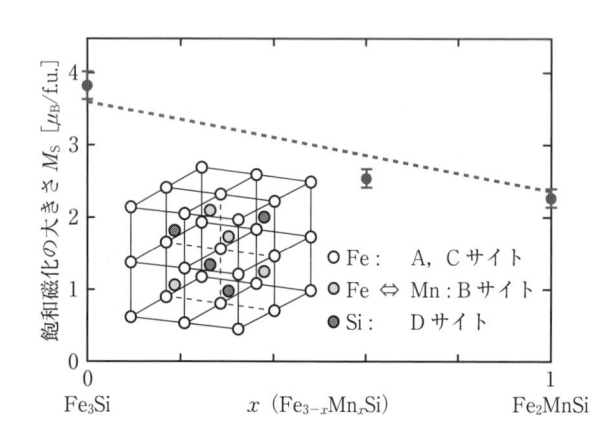

図 5.37 $Fe_{3-x}Mn_xSi$ 薄膜の飽和磁化の Mn 濃度依存性．

Ge(111) 基板上に K セルを用いて，Fe, Mn, Si を同時蒸着し，$Fe_{3-x}Mn_xSi$ 薄膜（成長温度：200℃）を形成した[120,121]．すべての試料において，薄膜成長後の RHEED パターンからは明瞭なストリークパターンが観察され，良好なエピタキシャル成長が確認された[120]．これらの試料の飽和磁化を図 5.37 に示す．Mn 濃度の増加に伴って $Fe_{3-x}Mn_xSi$ 薄膜の飽和磁化は段階的に変化しており，Fe_3Si の B サイトの Fe 原子を Mn 原子に置換した効果を示唆する結果である．また，作製した Fe_2MnSi 薄膜の飽和磁化は，バルクの報告値である約 $2.4\,\mu_B/\text{f.u.}$（作製温度：900℃，測定温度：5 K）[122]に非常に近い値を示している．MBE 技術を用いた精密な組成制御により，$Fe_{3-x}Mn_xSi$ 薄膜の磁気特性を巧みに制御した結果である．

$D0_3$ 規則構造の Fe_3Si の A，C サイトの Fe を Co で置換すると，Co_2FeSi（図 5.38 挿入図）となり，この材料も理論的にハーフメタルを示すと予測されている[123]．また，キュリー温度はホイスラー合金のなかでも高い値（1100 K）を有することから[123]，スピントロニクス分野において注目を集めている材料の一つである．そこで，上記で検討した組成制御技術を $Co_xFe_{3-x}Si$ へ応用する．

Ge(111) 基板上に Co，Fe，Si を同時蒸着し，$Co_xFe_{3-x}Si$ 薄膜（成長温度：100℃）を形成した[124, 125]．すべての試料において，薄膜の成長後のRHEED パターンからは明瞭な**ストリークパターン**が観察され，良好なエピタキシャル成長が確認された．これらの試料の飽和磁化を図 5.38 に示す．Co 濃度の増加に伴って，$Co_xFe_{3-x}Si$ 薄膜の飽和磁化は段階的に変化しており，$Fe_{3-x}Mn_xSi$ の場合と同様，Fe_3Si の A，C サイトの Fe 原子を Co 原子に置換した効果を示唆する様子が観測されている．作製した Co_2FeSi 薄膜の飽和磁化は，バルクの報告値である約 $6\,\mu_B/\mathrm{f.u.}$（作製温度：1000℃，測定温度：5 K）[123] に近い値を示しており，**Co 系のホイスラー合金**も Fe 系のホイスラー合金と同様，低温成長でも高い品質の薄膜が得られることを示唆している．

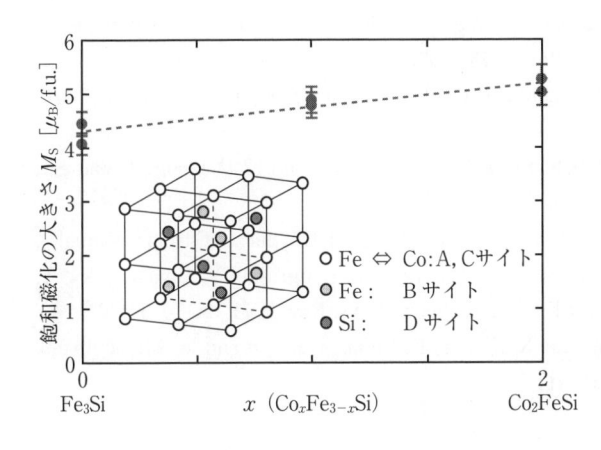

図 5.38 $Co_xFe_{3-x}Si$ 薄膜の飽和磁化の Co 濃度依存性

5.6.6 まとめ

強磁性シリサイドである Fe_3Si と，その関連材料の $Fe_{3-x}Mn_xSi$ や $Co_xFe_{3-x}Si$ においては，低温 MBE 法と Ge (111) 基板を用いることによって，特有の**サイト選択置換則**に起因する高品質な規則的構造が得られることから，その磁気特性を積極的に制御することが可能である．

参考文献

[102]　V. A. Niculescu, T. J. Burch and J. I. Budnick : J. Magn. Magn. Mater. **39** (1983) 223

[103]　K. Hamaya, N. Hashimoto, S. Oki, S. Yamada, M. Miyao and T. Kimura : Phys. Rev. **B 85** (2012) 100404(R)

[104]　D. Orgassa, H. Fujiwara, T. C. Schulthess and W. H. Butler : Phys. Rev. **B 60** (1999) 13237

[105]　M. B. Stearns : Phys. Rev. **129** (1963) 1136

[106]　W. A. Hines, A. H. Menotti, J. I. Budnick, T. J. Burch, T. Litrenta, V. Niculescu and K. Raj : Phys. Rev. **B 13** (1976) 4060

[107]　M. Miyazaki, M. Ichikawa, T. Komatsu and K. Matusita : J. Appl. Phys. **71** (1992) 2368

[108]　F. Lin, D. Jiang, X. Ma and W. Shi : Thin Solid Films **515** (2007) 5353

[109]　Kh. Zakeri, I. Barsukov, N. K. Utochkina, F. M. Römer, J. Lindner, R. Meckenstock, U. von Hörsten, H. Wende, W. Keune, M. Farle, S. S. Kalarickel, K. Lenz and Z. Frait : Phys. Rev. **B 76** (2007) 214421

[110]　J. Herfort, H. - P. Schönherr and K. H. Ploog : Appl. Phys. Lett. **83** (2004) 3912

[111]　J. Herfort, H. - P. Schönherr, K. - J. Friedland and K. H. Ploog : J. Vac. Sci. Technol. **B 22** (2004) 2073

[112]　A. Ionescu, C. A. F. Vaz, T. Trypiniotis, C. M. Gürtler, H. García - Miquel, J. A. C. Bland, M. E. Vickers, R. M. Dalgliesh, S. Langridge, Y. Bugoslavsky, Y. Miyoshi, L. F. Cohen and K. R. A. Ziebeck : Phys. Rev. **B 71** (2005) 094401

[113]　T. Sadoh, M. Kumano, R. Kizuka, K. Ueda, A. Kenjo and M. Miyao : Appl. Phys. Lett. **89** (2006) 182511

[114] K. Hamaya, K. Ueda, K. Kasahara, Y. Ando, T. Sadoh and M. Miyao : Appl. Phys. Lett. **93** (2008) 132117
[115] B. Krumme, C. Weis, H. C. Herper, F. Stromberg, C. Antoniak, A. Warland, E. Schuster, P. Srivastava, M. Walterfang, K. Fauth, J. Minár, H. Ebert, P. Entel, W. Keune and H. Wende : Phys. Rev. **B 80** (2009) 144403
[116] Y. Ando, K. Hamaya, K. Kasahara, K. Ueda, Y. Nozaki, T. Sadoh, Y. Maeda, K. Matsuyama and M. Miyao : J. Appl. Phys. **105** (2009) 07B102
[117] Y. Ando, K. Hamaya, K. Kasahara, Y. Kishi, K. Ueda, K. Sawano, T. Sadoh and M. Miyao : Appl. Phys. Lett. **94** (2009) 182105
[118] K. Hamaya, T. Murakami, S. Yamada, K. Mibu and M. Miyao : Phys. Rev. **B 83** (2011) 144411
[119] S. Yamada, J. Sagar, S. Honda, L. Lari, G. Takemoto, H. Itoh, A. Hirohata, K. Mibu, M. Miyao and K. Hamaya : Phys. Rev. **B 86** (2012) 174406
[120] K. Hamaya, H. Itoh, O. Nakatsuka, K. Ueda, K. Yamamoto, M. Itakura, T. Taniyama, T. Ono and M. Miyao : Phys. Rev. Lett. **102** (2009) 137204
[121] K. Ueda, K. Hamaya, K. Yamamoto, Y. Ando, T. Sadoh, Y. Maeda and M. Miyao : Appl. Phys. Lett. **93** (2008) 112108
[122] L. Zhang, E. Bruck, O. Tegus, K. H. J. Buschow and F. R. de Boer : Physica **B 328** (2003) 295
[123] S. Wurmehl, G. H. Fecher, H. C. Kandpal, V. Ksenofontov, C. Felser, H.-J. Lin and J. Morais : Phys. Rev. **B 72** (2005) 184434
[124] S. Yamada, K. Hamaya, K. Yamamoto, T. Murakami, K. Mibu and M. Miyao : Appl. Phys. Lett. **96** (2010) 082511
[125] K. Kasahara, K. Yamamoto, S. Yamada, T. Murakami, K. Hamaya, K. Mibu and M. Miyao : J. Appl. Phys. **107** (2010) 09B105

第 6 章

新しいシリサイドの合成と物性

6.1 Si クラスレートの合成と物性

6.1.1 はじめに

クラスレート（clathrate）とは，原子または分子が3次元的な骨格構造を持つホストを作り，その空隙に別の原子または分子がゲストとして化学結合することなく入り込んだような結晶構造を持つ化合物であり，Powellによって初めて発見された[1]．この化合物は包接化合物ともよばれる．クラスレートとしては気体水和物（**ガスハイドレート**）が有名である．最近話題のメタンハイドレートでは水分子が骨格構造を作り，メタン分子がゲストとして入り込んでいる．クラスレートは，SiO_2 化合物や Si, Ge, Sn などの **14族化合物**においても発見されている．

図 6.1 に，**Si クラスレート**（a）Na_8Si_{46}，（b）Na_xSi_{136} ($x \leq 24$) の結晶構造[2]を示す[3]．Na_8Si_{46} では，Si 原子 20 個からなる 12 面体 Si_{20} と Si 原子 24 個からなる 14 面体 Si_{24} が籠状骨格構造を構成し，そこに Na 原子が内包されている．Na_xSi_{136} においては，Si_{20} 12 面体と Si_{28} 16 面体が籠状骨格構造を構成し，そこに Na 原子が内包されている．

気体水和物では，骨格構造の多面体の形とその組み合わせにより I 型から VII 型まで分類されている．Si クラスレートにおいても同様に分類され[4]，**I 型クラスレート** M_8Si_{46}，$M_8E_{16-x}Si_{30+x}$（M：アルカリ金属元素，アルカリ

(a) Na$_8$Si$_{46}$

(b) Na$_x$Si$_{136}$

Na@Si$_{24}$ Na@Si$_{20}$ Na@Si$_{28}$

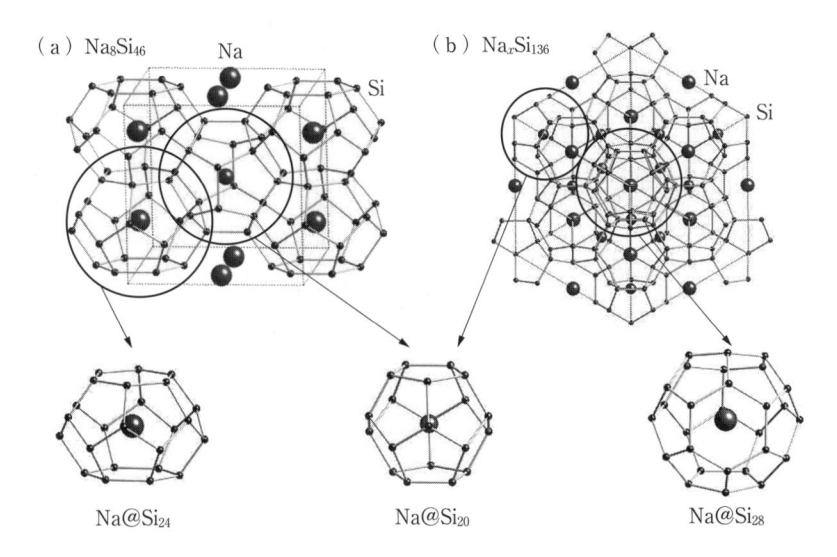

図 6.1 クラスレートの結晶構造．(a) Na$_8$Si$_{46}$, (b) Na$_x$Si$_{136}$. 大きい球は Na 原子, 小さい球は Si 原子を示す．Na@Si$_{20}$ は Na 原子を内包した Si$_{20}$ 12 面体, Na@Si$_{24}$ は Na 原子を内包した Si$_{24}$ 14 面体, Na@Si$_{28}$ は Na 原子を内包した Si$_{28}$ 16 面体を示す．(今井基晴, 今井庸二 著：表面技術 62 (2011) 477 より許可を得て転載)

土類金属元素など, E：12 族, 13 族元素など), **II 型クラスレート** M$_x$Si$_{136}$, **III 型クラスレート** Te$_y$P$_x$Si$_{172-x}$, IX (または I') **型クラスレート** M$_{24}$Si$_{100}$ が報告されている[3]．Na$_8$Si$_{46}$, Na$_x$Si$_{136}$ は, それぞれ I 型, II 型クラスレートに属する．これらの化合物における Si 濃度は 55 at.% 以上であることから, これらの Si クラスレートはシリサイドとよぶのに十分値する．現在, 多数の Si クラスレートが存在するが, どのような元素の組合せで合成されるかは参考文献[3]を参照してほしい．

6.1.2 半導体 Si クラスレート

14 族クラスレートは, **超伝導物質**, **熱電変換材料**, **半導体材料**として注目されている．ここでは半導体材料としての Si クラスレートについて述べる．**超伝導 14 族クラスレート**の研究は参考文献[5], [6]を, 14 族クラス

レート熱電材料に関する研究については参考文献 [4], [7-9] を参照してほしい.

Si クラスレートが半導体材料として注目される契機は, Adams などによるゲストを含まない I 型 Si クラスレート □$_8$Si$_{46}$ (□ は欠陥を表す) および II 型 Si クラスレート □$_{24}$Si$_{136}$ の電子構造の計算である[10]. 彼らは, □$_8$Si$_{46}$, □$_{24}$Si$_{136}$ がダイヤモンド型構造を持つ結晶 Si (以下ではダイヤモンド相 Si とする) よりも約 0.7 eV 広いエネルギーギャップ (E_g) を持つことを示した (Si の E_g は 1.12 eV). この後, □$_8$Si$_{46}$, □$_{24}$Si$_{136}$ の合成が試みられているが, □$_8$Si$_{46}$ の合成成功の報告例はない. ゲストフリー II 型 Si クラスレート □$_{24}$Si$_{136}$ は, 真空中での NaSi の熱分解で合成されており, E_g = 1.9 eV の半導体であることが報告されている[11]. しかしながら合成された試料は粉末であり, この形状が応用を妨げている.

従来合成されてきた Si クラスレートは, □$_{24}$Si$_{136}$ 以外, 金属であったが, 最近, 3 元系 I 型クラスレート K$_8$Ga$_8$Si$_{38}$, 3 元系 III 型 Si クラスレート Te$_y$P$_x$Si$_{172-x}$ が半導体であるとして報告された[12,13]. 本節では, Si クラスレートの合成について述べた後, I 型 Si クラスレート半導体の探索指針, K$_8$Ga$_8$Si$_{38}$ の結晶構造, 電子構造, 物性について述べる.

6.1.3 合 成 法

2 元系 Si クラスレートは, モノシリサイドの熱分解やシリサイドと Si の混合物の高温・高圧下での**固相反応**などによって合成されている. 例えば, Na$_8$Si$_{46}$ は NaSi を真空中で加熱し Na を除去することにより合成される[14,15]. また, Ba$_8$Si$_{46}$ はモル比 8:30 の BaSi$_2$ - Si 混合物を高温高圧下で反応させることにより合成される[16,17]. これらの 2 元系 Si クラスレート化合物は, 2 元相図上に存在しないエネルギー的には準安定な化合物と考えられている.

それに対し, **Si 骨格**の一部を第 3 元素で置換した 3 元系 I 型 Si クラスレ

ート化合物 $M_8E_{16-x}Si_{30+x}$ (M：アルカリ金属，アルカリ土類金属など，E：12, 13 族元素，遷移金属) は，出発原料を熔融することにより合成でき[18]，3元相図上にも存在するエネルギー的に安定な化合物である．アルカリ土類金属をゲストとする3元系I型クラスレート $AE_8TR_{16-x}Si_{30+x}$ (AE：Sr, Ba, TR：Al, Ga) は，モル比 $8:(16-x):(30+x)$ の AE, TR, Si 混合物を出発原料とし**アーク熔融法**で合成できる[19]．アルカリ金属をゲストとする3元系I型 Si クラスレート A_8GaSi_{38} (A：K, Rb) は，モル比 $8:8:38$ の A, Ga, Si 混合物を Ar 雰囲気中で Ta 管に封じ込め，それを加熱・徐冷することにより合成できる[20, 21]．また，3元系I型 Ge クラスレート $Ba_8Ga_{16}Ge_{30}$ は **Ga フラックス法**により良質な単結晶が得られている[22]．

6.1.4 I型 Si クラスレート半導体の探索指針

従来，3元系I型 Si クラスレートの研究は，アルカリ土類金属 Si クラスレート $AE_8TR_{16-x}Si_{30+x}$ を中心に行われてきた．第一原理計算によると $AE_8TR_{16}Si_{30}$ は半導体である[23]が，実際に合成された $Sr_8Ga_{16-x}Si_{30+x}$, $Ba_8Ga_{16-x}Si_{30+x}$, $Ba_8Al_{16-x}Si_{30+x-y}\square_y$ の**電気抵抗率**の温度依存性は金属的であった[19, 24, 25]．

Imai らは，3元系I型クラスレートにおける半導体探索の指針として，**籠状骨格構造**の Si 原子を 13 族元素で置換することで，ゲスト原子の電荷を補償している物質を探索することを提案した[12]．これについて，図 6.2 に示された $\square_8Si_{46}$, K_8Si_{46}, $K_8Ga_8Si_{38}$ の状態密度 (density of states, **DOS**) を用いて詳しく説明する．

上述したように Si_{46} は半導体であることから，フェルミ (Fermi) 準位 E_F はエネルギーギャップ E_g 内に位置する (図 6.2(a))．K 原子を内包した2元系 Si クラスレート K_8Si_{46} の DOS の形状は，$\square_8Si_{46}$ のそれと余り変わらないが，8個の K 原子に起因する8個の価電子が過剰に存在する分，フェルミ準位 E_F は $\square_8Si_{46}$ の伝導帯上に移動する (図 6.2(b))．このため，K_8Si_{46}

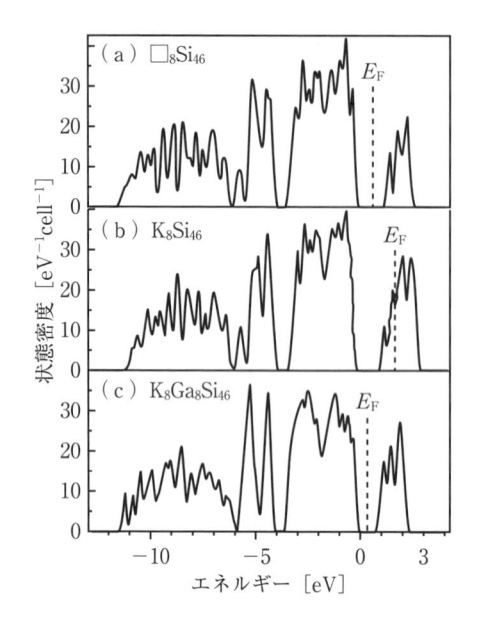

240　6. 新しいシリサイドの合成と物性

図 6.2 □$_8$Si$_{46}$, K$_8$Si$_{46}$, K$_8$Ga$_8$Si$_{38}$ の第一原理計算より得られた状態密度. (M. Imai, *et al.*: Dalton Trans. **40** (2011) 4045 より許可を得て転載)

は金属となる．K$_8$Si$_{46}$ の Si 8 個を Ga 8 個で置換した K$_8$Ga$_8$Si$_{38}$ では，K$_8$Si$_{46}$ より価電子が 8 個少なくなるため，E_F は低エネルギー側に移動し E_F はエネルギーギャップ内に位置する（図 6.2(c)）．その結果，K$_8$Ga$_8$Si$_{38}$ は半導体となると期待される．

このように 3 元系 Si クラスレート化合物では，**ゲスト原子**の電荷をホストの原子で補償することにより，Si クラスレート化合物を半導体化できることが期待される．

先に述べた，アルカリ土類金属 Si クラスレート化合物 AE$_8$TR$_{16}$Si$_{30}$ が**第一原理計算**上半導体になるのは，上の計算で K$_8$Ga$_8$Si$_{38}$ が半導体になるのと同じことである．ただし，AE$_8$TR$_{16}$Si$_{30}$ では，AE 原子が 2 つの価電子を持つので，これらの電荷を保証するためには 16 個の TR 原子が必要となる．しかしながら，実際に合成された AE$_8$TR$_{16}$Si$_{30}$ では TR 原子の組成が 16 に満たず，AE 原子からの電荷が完全に補償できないために金属になったと Imai らは考えている．

6.1.5 $K_8Ga_8Si_{38}$ の結晶構造・電子構造

図 6.3 に,I 型 Si クラスレート M_8X_{46} の結晶構造を示す.I 型 Si クラスレートにおいて**ゲスト原子 M は 2 つの結晶学的サイト**(2a サイトと 6d サイト),**ホスト原子 X は 3 つの結晶学的サイト**(6c, 16i, 24k サイト),をそれぞれ占有する.$K_8Ga_8Si_{38}$ では,Ga 原子はホスト原子の結晶学的サイトを占有する.6c, 16i, 24k サイトにおける Ga 原子の占有率はそれぞれ 0.607(5),0.026(2),0.179(2) であり,Ga 原子は 6c サイトと 24k サイトを優先的に占有している[12].

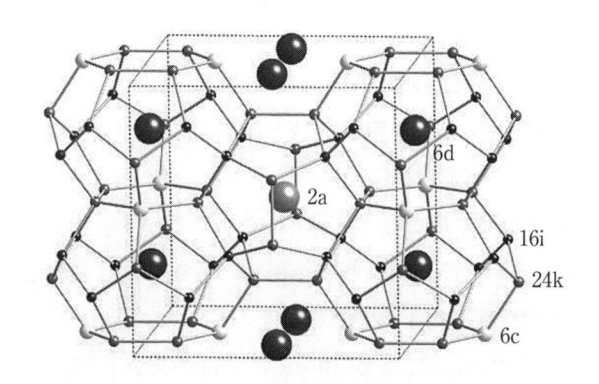

図 6.3 I 型 Si クラスレート M_8X_{46} の結晶構造.大きい灰色,黒色の球はそれぞれ 2a サイト,6d サイトを占有する M 原子を表す.小さい明灰色,灰色,黒色の球は 6c サイト,24k サイト,16i サイトを占有する原子 X を表す.

図 6.4 に,第一原理計算より示された $K_8Ga_8Si_{38}$ のバンド構造を示す[26, 27].$K_8Ga_8Si_{38}$ の価電子帯の頂上は Γ 点,伝導帯の底は M 点または X 点に位置する(両者のエネルギー差は 4 meV 以下で,ほぼ等しいと見なせる)**間接遷移型半導体**である.$K_8Ga_8Si_{38}$ の E_g の計算値はダイヤモンド相 Si のそれよりも 0.15 eV 大きく,$K_8Ga_8Si_{38}$ は Si よりも大きい E_g を持つことが示唆されている.

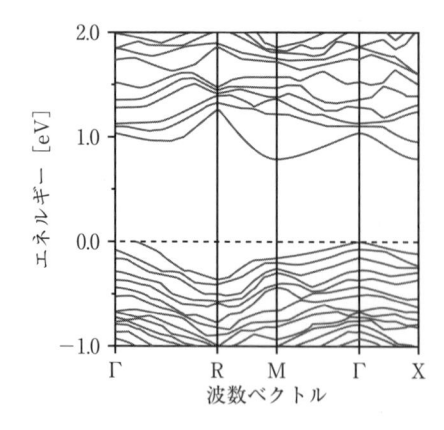

図 6.4 $K_8Ga_8Si_{38}$ の第一原理計算より得られたバンド構造.（Y. Imai and A. Watanabe : Phys. Procedia 11 (2011) 59 より許可を得て転載）

6.1.6　$K_8Ga_8Si_{38}$ の光吸収係数・電気抵抗率

$K_8Ga_8Si_{38}$ の物性として，**光吸収係数**と**電気抵抗率**が測定されている[12]. 図 6.5 に，$K_8Ga_8Si_{38}$ の光吸収係数 α の光子エネルギー（$h\nu$）依存性を示す. 0.12 eV 付近で α がゼロになることから，この物質が半導体であることがわかる. 測定された α が 150 cm^{-1} 以下であることから，この測定では**エネルギーギャップ**内の状態を観測していると考えられている. エネルギーギャップの大きさを決定するには，α が 10^4 cm^{-1} 程度の大きさとなる波長領域での測定が必要であり，現在研究が進められている.

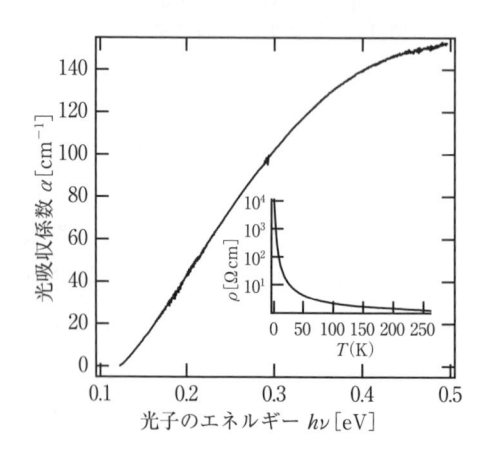

図 6.5　$K_8Ga_8Si_{38}$ の光吸収係数 α の光子のエネルギー $h\nu$ 依存性. 挿入図は電気抵抗率 ρ の温度依存性を示す.

図 6.5 の挿入図に，$K_8Ga_8Si_{38}$ の電気抵抗率 ρ の温度依存性を示す．$K_8Ga_8Si_{38}$ の ρ は温度の上昇と共に減少し，半導体的伝導を示す．ρ の値は，2 K で室温での値の 10^4 倍程度の大きさとなる．**電気伝導度 $\sigma(=1/\rho)$ の温度依存性**は，**3 次元可変領域ホッピング**（variable-range hopping, VRH）**伝導**によって良く表わされることが示されている．

このように，$K_8Ga_8Si_{38}$ が半導体であることは，α の $h\nu$ 依存性および電気抵抗率 ρ の温度依存性の測定により確認された．$K_8Ga_8Si_{38}$ は，I 型 Si クラスレートにおいて，半導体であることが明確に示された最初の物質である．

6.1.7 まとめ

本節では，Si クラスレート化合物に関する研究を概説し，この化合物における半導体探索の現状について述べた．$K_8Ga_8Si_{38}$ は，先ほども述べたが，I 型 Si クラスレートで初めて明確に半導体であることが示された化合物である．今後も 3 元系 I 型 Si クラスレートにおいて半導体となる化合物が発見され，それらが**熱電変換素子材料**や**太陽電池材料**などの**エネルギー変換材料**として使用されることが期待される．

参 考 文 献

［1］ H. M. Powell : J. Chem. Soc. (1948) 61
［2］ J. S. Kasper, P. Hagenmuller, M. Pouchard and C. Cros : Science **150** (1965) 1713
［3］ 今井基晴，今井庸二 共著：表面技術 **62**（2011）477
［4］ Y. Mudryk, P. Rogel, C. Paul, S. Berger, E. Bauer, G. Hilscher, C. Godart and H. Noël : J. Phys. : Condens. Matter **14** (2002) 7991
［5］ A. San Miguel and P. Toulemond : High Press. Res. **25** (2005) 159
［6］ S. Yamanaka : Dalton Trans. **39** (2010) 1901
［7］ G. S. Nolas, G. A. Slack and S. B. Schujman : *"in Recent Trends in Thermoelectric Materials Research* I*"*, ed. by T. M. Tritt (Academic Press, San

Diego, 2001) Chap. 6
[8] K. A. Konvnir and A. V. Shevelkov : Russ. Chem. Rev. **73** (2004) 923
[9] M. Cristiansen, S. Johnsen and B. B. Inversen : Dalton Trans. **39** (2010) 978
[10] G. B. Adams, M. O'Keeffe, A. A. Demkov, O. F. Sankey and Y.-M. Huang : Phys. Rev. **B 49** (1994) 8048
[11] J. Gryko, P. F. McMillan, R. F. Marzke, G. K. Ramachandran, D. Patton, S. K. Deb and O. F. Sankey : Phys. Rev. **B 62** (2000) R7707
[12] M. Imai, A. Sato, H. Udono, Y. Imai and H. Tajima : Dalton Trans. **40** (2011) 4045
[13] J. V. Zaikina, K. A. Kovnir, F. Haarmann, W. Schnelle, U. Burkhardt, H. Borrmann, U. Schwarz, Y. Grin and A. V. Shevelkov : Chem. Eur. J. **14** (2008) 5414
[14] C. Cros, M. Pouchard and P. Hagenmuller : C. R. Hebd. Seances Acad. Sci. **260** (1965) 4764
[15] H. Horie, T. Kikudome, K. Teramura and S. Yamanaka : J. Solid State Chem. **182** (2009) 129
[16] S. Yamanaka, E. Enishi, H. Fukuoka and M. Yasukawa : Inorg. Chem. **39** (2000) 56
[17] M. Imai and T. Kikegawa : Inorg. Chem. **47** (2008) 8881
[18] B. Eisenmann, H. Schäfer and R. Zagler : J. Less-Common Metals **118** (1986) 43
[19] M. Imai, K. Nishida, T. Kimura and K. Yamada : J. Alloys Compds **335** (2002) 270
[20] R. Kröner, K. Peters, H. G. von Schnering and R. Nesper : Z. Krist. NCS **213** (1998) 667
[21] H. G. von Schnering, R. Kröner, H. Menke, K. Peters and R. Nesper : Z. Krist. NCS **213** (1998) 677
[22] K. Umeo, M. A. Avira, T. Sakata, K. Suekuni and T. Takabatake : J. Phys. Soc. Jpn. **74** (2005) 2145
[23] N. P. Blake, S. Latturner, J. D. Bryan, G. D. Stucky and H. Metiu : J. Chem. Phys. **115** (2001) 8060
[24] V. L. Kuznetsov, L. A. Kuzetsova, A. E. Kaliazin and D. M. Rowe : J. Appl. Phys. **87** (2000) 7871
[25] C. L. Condron, J. Martin, G. S. Nolas, P. M. B. Piccoli, A. J. Schultz and S. M. Kauzlarich : Inorg. Chem. **45** (2006) 9381

[26] Y. Imai and A. Watanabe : Phys. Procedia **11** (2011) 59
[27] Y. Imai and M. Imai : J. Alloys Compds. **509** (2011) 3924

6.2 ナトリウムを利用した遷移金属シリサイドの合成

6.2.1 はじめに

　遷移金属のシリサイドには，**耐酸化・耐熱性**に優れ，比較的高い**電気伝導性**を有する物質が多い．資源的に豊富で毒性の低い元素から構成される β-FeSi$_2$ や MnSi$_{1.7+\delta}$ は，大気中で使用できる安価な**熱電変換材料**として，高温でも高い機械的強度を有する MoSi$_2$ や NbSi$_2$ などの高融点の遷移金属シリサイドは，高温構造材料としての利用がそれぞれ期待されている．

　遷移金属シリサイドの粉末やバルク体の合成法として，高温で原料金属とSi を固相反応させ，長時間のアニール処理を行う粉末冶金的手法や，Si と原料金属を融点以上の温度で溶解し反応させる**アークプラズマ法**，および，**ホットプレス法**や**スパークプラズマ焼結**（spark plasma sintering, SPS）**法**といった高圧プロセスが，これまで用いられてきた．これらの合成法における高温や高圧力の条件は，コスト面や大量合成への適応において課題が指摘されている．

　そこで，原料粉末を機械的に微細化し，低温で反応させる**メカニカルアロイ法**が，遷移金属シリサイドの低温合成法として注目された．この手法では，粉砕による原料の微細化の際に混入する不純物が，材料の特性に影響を与える場合がある．また，得られる生成物の形態が粉末に限られ，バルク体の作製には高温高圧を用いたプロセスで粉末を焼結させる必要がある．

6.2.2 遷移金属シリサイド粉末の合成と特性

　β-FeSi$_2$ 粉末の合成[28,29]を例に取り，Na を用いた遷移金属シリサイド粉末の合成法について説明する．Fe と Si の粉末を Si が Fe の 2 倍モル以上

になるように秤量し，両者を乳鉢で混合する．この Fe と Si の混合粉末を焼結 BN 製のルツボに入れた後，Ar 雰囲気のグローブボックス中でルツボ内に Na を投入する．Na 量は Si の 2〜4 倍モル量を加える場合が多い．原料が入ったルツボをステンレススチール鋼製の容器内に設置し，Ar 雰囲気下で容器中に密封する（図 6.6）．このステンレス鋼製の容器を電気炉で所定の温度，時間（500〜900℃，1.5〜24 時間）加熱する．

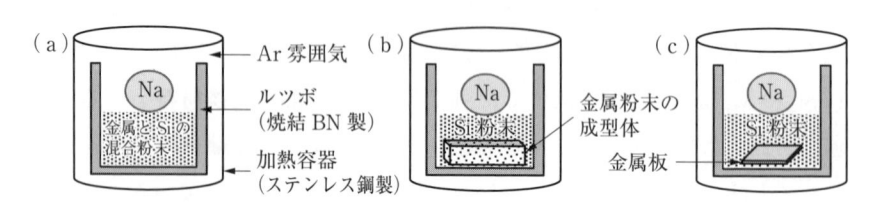

図 6.6 Na を用いた遷移金属シリサイドの（a）粉末，（b）バルク体，および（c）被膜の作製法の概略図．

加熱後，容器を開封してルツボを取り出す．ルツボ内の試料を覆う Na を 2-プロパノール，エタノールの順で徐々に反応させ，**アルコキシド**として除去する．その後，アルコールに蒸留水を少量加え，Na が残存していないことを確認した後，試料を水洗し，乾燥させる．生成物には Na と Si の金属間化合物 NaSi が含まれる場合があるが，**NaSi** もこの過程で取り除くことができる．Na や NaSi は水と激しく反応するため，これらの作業には十分な注意が必要である．この方法以外にも，Na が残存するルツボを不活性雰囲気の容器内で 700〜800℃に加熱し，蒸発した Na を容器内の低温部に凝結させることにより，試料から Na を取り除くことができる．

表 6.1 に，**粉末 X 線回折**（X-ray diffraction, **XRD**）**法**により同定された試料中の結晶相と，比較のために，原料混合粉末の圧粉成型体のみを Na を加えずに Ar 中で加熱して（固相反応法により）得られた試料中の結晶相を示す．Na を加えた場合には，β-FeSi$_2$ の単相試料が 550℃，12 時間の加熱で得られた．一方，固相反応法では 900℃，12 時間の加熱条件でも β-

6.2 ナトリウムを利用した遷移金属シリサイドの合成

表 6.1 金属と Si の混合粉末を Na と共に加熱して得られた試料,および金属と Si の混合粉末の成型体のみを加熱して得られた試料中の結晶相(加熱時間:12 時間).太字は試料中の主相を表す.

添加 Na	温度 (℃)	試料内の結晶相			
		Cr - Si 系	Mn - Si 系	Co - Si 系	Fe - Si 系
なし	800	**Si**, Cr$_3$Si	**Si**, MnSi$_{1.7+\delta}$, MnSi	**CoSi**, Co$_2$Si	**Si**, Fe$_3$Si, ε - FeSi, Fe
なし	900	**Si**, Cr$_3$Si	**MnSi$_{1.7+\delta}$**, Si	**CoSi**	**Si**, ε - FeSi, β - FeSi$_2$
あり	450	**Si**, Cr	**Si**, MnSi$_{1.7+\delta}$, MnSi	**Si**, Co	ε - **FeSi**, Si, β - FeSi$_2$
あり	500	**CrSi$_2$**	**MnSi$_{1.7+\delta}$**, MnSi	**CoSi**	**β - FeSi$_2$**, ε - FeSi
あり	550	**CrSi$_2$**	**MnSi$_{1.7+\delta}$**	**CoSi**	**β - FeSi$_2$**

FeSi$_2$ の単相試料は得られなかった.なお,β - FeSi$_2$ は低温安定相で,982℃以上では ε - FeSi と α - Fe$_2$Si$_5$ の 2 相に分相する[30].

図 6.7 に原料の Fe 粉末と,Na を用いて 600℃で合成された β - FeSi$_2$ 粉末の**走査型電子顕微鏡(scanning electron microscope, SEM)写真**を示す.β - FeSi$_2$ 粒子の粒径($\leq 5\,\mu$m)は原料の Fe 粉末の粒径($\leq 3\,\mu$m)よりやや大きいが,粒子には大きな亀裂があり,1 次粒子の大きさは 1 μm 以下である.これは,Fe 粒子が Si と反応してケイ化される際の体積膨張に伴い発生する応力などによって,Fe 粒子もしくは β - FeSi$_2$ 粒子が解砕されたことが主な原因であると考えられる.

β - FeSi$_2$ 粉末の合成と同様の方法で,CrSi$_2$,MnSi$_{1.7+\delta}$,および CoSi も 500 〜 550℃で合成された[29](表 6.1 を参照).これらの合成温度は,Na を用いない**固相反応合成**の場合よりも 400℃以上低く,得られる遷移金属シリサイド粒子の大きさは,原料の

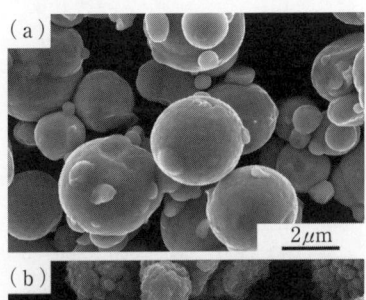

図 6.7 (a) 原料 Fe 粉末と,(b) Na を用いて合成された β - FeSi$_2$ 粉末の SEM 写真(加熱条件:550 ℃,12h).

248　6. 新しいシリサイドの合成と物性

金属粒子よりも小さくなった.

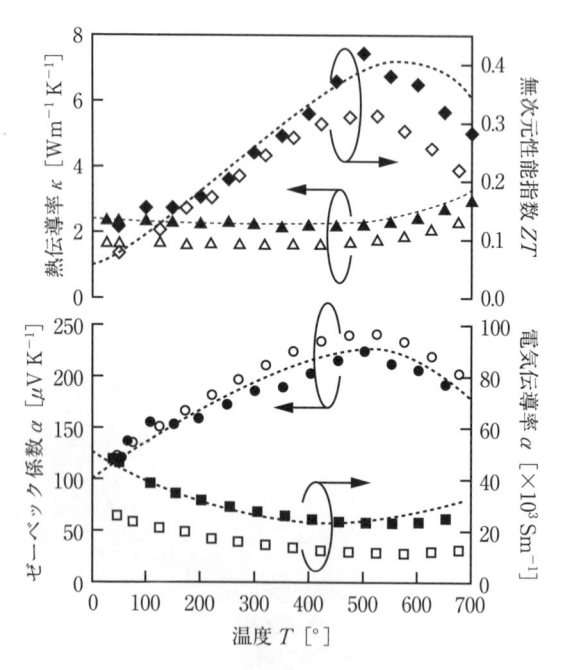

　$MnSi_{1.7+\delta}$ は, ノンドープの試料でも比較的高い熱電特性を示すことが知られている. 図 6.8 に, Na を用いて合成された $MnSi_{1.7+\delta}$ 粉末を SPS 法で焼結した試料の**熱電特性**を示す. 測定された $MnSi_{1.7+\delta}$ の**ゼーベック係数**, **電気伝導率**, **熱伝導率**は $MnSi_{1.7+\delta}$ の報告値[31]とほぼ一致し, **無次元性能指数**（ZT）の最大値は 500℃ で 0.42 であった.

図 6.8 $MnSi_{1.7+\delta}$ 試料の熱電特性. Na を用いて合成された $MnSi_{1.7+\delta}$ 粉末を SPS 法で焼結させたバルク体（相対密度:97%, 塗りつぶし), Na を用いて Mn の圧粉成型体から作製された焼結体（相対密度: 75 %, 白抜き). 破線は文献 [31] の報告値.

　高融点の**遷移金属シリサイド**である $MoSi_2$ や $NbSi_2$ についても, Na を用いることで固相反応法よりも低温（$MoSi_2$：$\geq 585 \sim 800$℃, $NbSi_2$：≥ 627℃）で合成できた[32-34].

　特に, **$MoSi_2$** に関しては, 安定相である α-$MoSi_2$（**正方晶**）だけでなく, その多形で準安定相の β-$MoSi_2$（**六方晶**）の粉末試料が, それぞれ 800℃ および 585～600℃で合成された. 単相の β-$MoSi_2$ 粉末試料は, 本手法を用いることで初めて合成され, 粉末 XRD 法で精密な結晶構造が明らかにさ

れた.また,合成された粉末を SPS 法で低温加圧焼結させてバルク体試料を作製し,電気的特性を評価したところ,β-$MoSi_2$ のゼーベック係数は 50 〜 450℃の温度範囲で +60 から +89 μVK^{-1} であることが示された[33].これらの値は,同様の手法で作製された α-$MoSi_2$ のバルク体試料で測定されたゼーベック係数(+1〜+4 μVK^{-1})よりも 1 桁以上大きく,同族の遷移金属シリサイドで同型構造の $CrSi_2$ のゼーベック係数(+96〜+156 μVK^{-1})[29] に近い.

6.2.3 遷移金属シリサイドの生成メカニズム

Na(融点 98℃)と Si(融点 1414℃)の 2 成分系の状態図[35]を図 6.9 に示す.この系の 2 元系化合物は **NaSi** のみで,その融点は 798℃である.Naに対する Si の比が小さい領域では,液相線は急激に低温に傾きながら Na の融点に近づく.Si の含有量が 10% 付近の融液は 500 〜 600℃で存在し,この温度は,Na を用いた合成法で遷移金属シリサイドが生成される温度と一致する.Fe を始めとする多くの遷移金属の Na 融液中への溶解度は,700℃でも 10^{-4} mol% 程度で極めて小さい.遷移金属と Si および Na を加熱すると,比較的低い温度から Na は Si を溶解するフラックスとしてはた

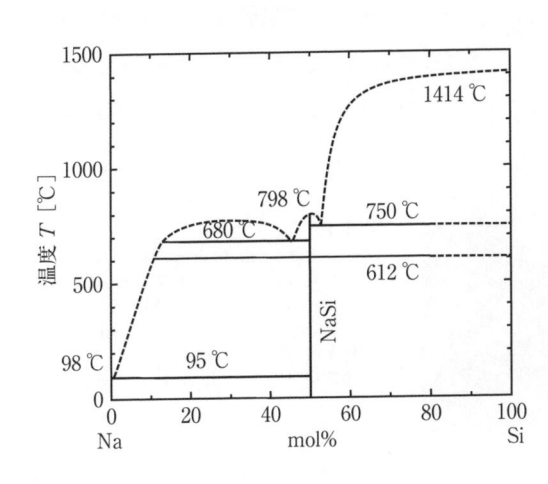

図 6.9 Na-Si 系状態図.(H. Morito, T. Yamada, T. Ikeda and H. Yamane : J. Alloy Compd. **480** (2009) 723 より許可を得て転載)

き，Na‐Si 融液が形成される．この Na‐Si 融液中の Si と金属粉末の液相
‐固相反応により，β‐FeSi$_2$ などの遷移金属シリサイドが合成されると考え
られる．この液相‐固相反応は，遷移金属と Si の固相反応よりも低温かつ
短時間で進行する．

6.2.4 遷移金属シリサイドの焼結バルク体の合成

Fe や Mn の圧粉成型体を Na と Si 粉末と共に 800～900℃で 12～24 時
間加熱することで，β‐FeSi$_2$ や MnSi$_{1.7+\delta}$ の焼結バルク体を作製することが
できた[36-38]．図 6.10 に，800℃，12 時間の加熱で得られた β‐FeSi$_2$ の焼
結バルク体を，原料の Fe の圧粉成型体と共に示す．得られた β‐FeSi$_2$ 焼
結体は，原料の Fe 成形体の約 3 倍の体積を示した．作製された β‐FeSi$_2$
や MnSi$_{1.7+\delta}$ 焼結体試料の密度は，それぞれの理論密度の約 75% であった．
Fe と Si の溶融反応プロセスと，100 時間以上の低温アニール処理を含む**粉
末冶金的手法**を組み合わせた従来の β‐FeSi$_2$ バルク体の合成法[39]と比べる
と，Na を用いた本合成法における加熱温度は 500℃以上低く，加熱時間も
1/4 以下である．

　β‐FeSi$_2$ 単体の熱電特性は低く，実際の材料では Mn や Co などの異種元
素をドーパントとして添加し，p，n 型の高い熱電特性を発現させている．
本合成手法では，Fe 粉末に Mn や Co の粉末を 5 at.% 加えた圧粉成型体を
Si 粉末と Na と共に加熱することで，それぞれ p，n 型の熱電特性を示す β‐
FeSi$_2$ バルク体が製作された[37]．

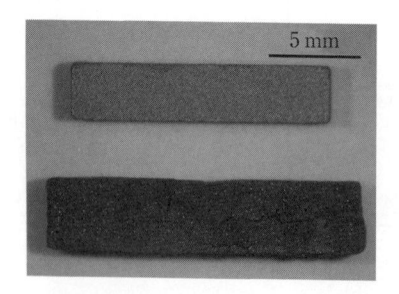

図 6.10　Fe の圧粉成型体（上）と，それを Si 粉末と Na と共に加熱することで合成された β‐FeSi$_2$ バルク体試料（下）（加熱条件：800℃，12h）（山田高広 著：日本熱電学会誌 8 (2012) 13 より許可を得て転載）

Naを用いてMnの圧粉成型体から作製されたMnSi$_{1.7+\delta}$焼結体の熱電特性を図6.8に示した．ZTの最大値は約0.3（525℃）で，Naを用いて合成されたMnSi$_{1.7+\delta}$粉末を高圧プロセスで焼結したバルク体（相対密度97%，6.2.2項参照）の値($ZT = 0.42, 500℃$)よりも小さい．これは，試料の低焼結密度を反映して，電気伝導率が低下したことが主な原因である．より高密度の焼結体を得ることが，今後の課題とされる．

6.2.5 遷移金属板上へのシリサイド膜の作製

遷移金属とNa‒Si融液の固液反応を利用して，金属板表面に金属シリサイド被覆を形成することができる場合がある．図6.11に示すように，Nb板をNaとSiと共に927℃で12時間加熱することで，Nb板上に約70μmの緻密なNbSi$_2$膜が生成した[40]．このNbSi$_2$膜の厚さは加熱温度により増加し，加熱時間の平方根に比例して増加したことから，Na‒Si融液から取り込まれたSiのNb板中への**拡散反応**によって，NbSi$_2$膜が形成されること

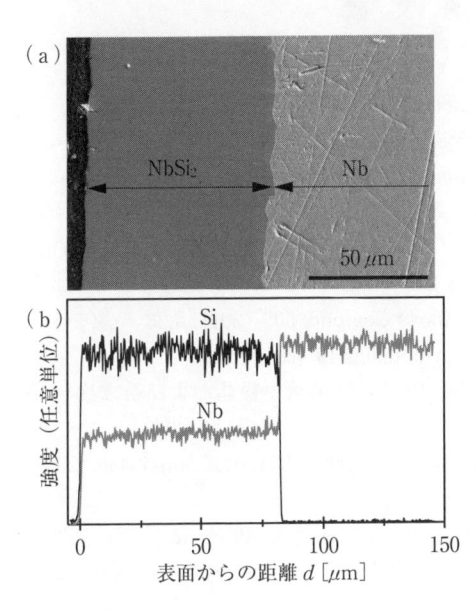

図6.11 （a）Naを用いて作製されたNbSi$_2$被膜Nb板の断面SEM像と，（b）エネルギー分散型X線分光法による線分析結果．(T. Yamada, H. Sato, and H. Yamane : Materials Trans. **53** (2012) 2141より許可を得て転載)

が明らかにされた．$NbSi_2$ は Nb よりも酸化されにくく，Nb や Nb 基合金の耐酸化被膜材としての研究が行われている．Na を利用して作製された $NbSi_2$ 膜は大気中 1427℃，10 時間の加熱でも内部の Nb 板の**耐酸化保護被膜**として機能した[40]．

6.2.6 まとめ

Na を利用した遷移金属シリサイドの新しい合成手法と，合成されたシリサイドの特徴や特性について解説した．この手法の特徴は，低温で遷移金属と **Na‐Si 融液**が反応して遷移金属シリサイドが生成し，フラックスである Na は生成物から容易に除去できる点にある．そのため，低温安定相や準安定相の遷移金属シリサイドの合成には，特に有用である．本手法は粉末の合成だけでなく，焼結バルク体や厚膜の作製にも応用できる可能性があり，遷移金属シリサイドの新しい合成法として今後の発展が期待できる．

参 考 文 献

[28]　T. Yamada and H. Yamane : Chem. Mater. **19** (2007) 6047
[29]　T. Yamada and H. Yamane : Phys. Stat. Sol. (c) **10** (2013) 1692
[30]　O. Kubashewski : "*Phase Diagrams of Binary Iron Alloys*" ed. by H. Okamoto (Material Park, Ohio, 1993) pp. 380 - 381
[31]　V. K. Zaitsev : "*CRC Handbook of Thermoelectrics*" ed. by D. M. Rowe (CRC Press Inc., London, 1995) Chap. 25, p. 299
[32]　T. Yamada and H. Yamane : J. Alloys Compnd. **509** (2011) L23
[33]　T. Yamada and H. Yamane : Intermetallics **19** (2011) 908
[34]　佐藤裕人，山田高広，森戸春彦，山根久典 共著：粉体および粉末冶金 **58** (2011) 116
[35]　H. Morito, T. Yamada, T. Ikeda and H. Yamane : J. Alloy. Compd. **480** (2009) 723
[36]　T. Yamada, H. Morito and H. Yamane : Jpn. J. App. Phys. **48** (2009) 100209
[37]　山田高広，苅谷英里，森戸春彦，高橋純一，山根久典 共著：粉体および粉

末冶金 58（2011）110
[38]　T. Yamada, Y. Miyazaki and H. Yamane : Thin Sold Films **519**（2011）854
[39]　西田勲夫 著：鉄と鋼 **81**,（1995）N454
[40]　T. Yamada, H. Sato and H. Yamane : Materials Trans. **53**（2012）2141
[41]　山田高広 著：日本熱電学会誌 **8**（2012）13

6.3　BaSi₂ の合成と物性

6.3.1　BaSi₂ のバンド構造

第一原理計算による斜方晶 BaSi₂ のバンド構造の報告例は，いくつかあ

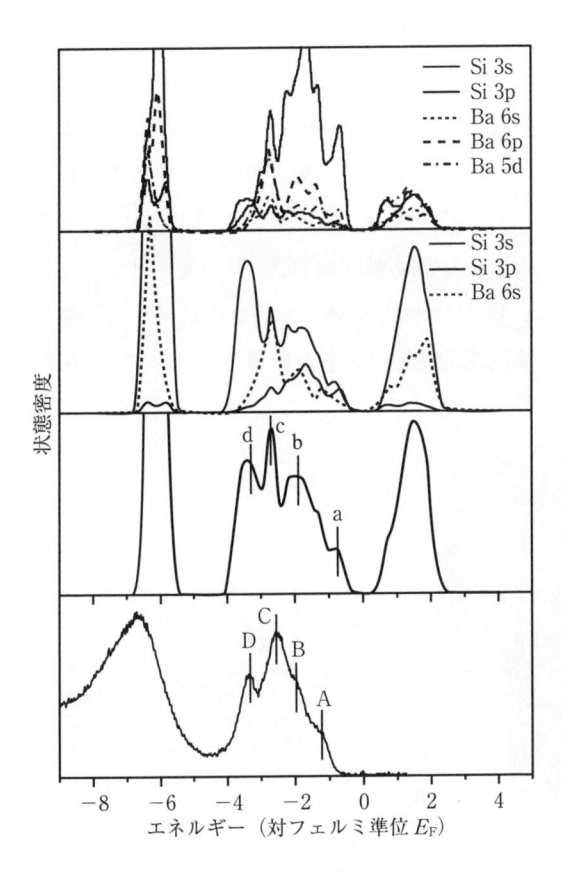

図 6.12　（a）BaSi₂ の状態密度，（b）Si 3s, 3p, Ba 6s の散乱断面積を考慮した状態密度，（c）予想される光電子分光スペクトル，（d）6 keV の X 線を入射して得られた光電子スペクトル．（c）の a-d が，（d）の A-D に対応する．（M. Baba, K. Ito, W. Du, T. Sanai, K. Toko, K. Okamoto, A. Kimura, S. Ueda and T. Suemasu : J. Appl. Phys. **114**（2013）123702 より許可を得て転載）

る[42-45]．BaSi₂ は間接遷移型半導体であり，価電子帯の頂上は Γ 点から Y 点に向かう方向の 0.7 倍の位置に，また，伝導帯の下端は T 点にある．価電子帯頂上付近にも伝導帯の極小点が存在する．図 6.12 に BaSi₂ の状態密度と軌道成分を示す[45]．価電子帯の状態密度は主に Si の 3s および 3p 状態が支配的であり，また，伝導帯は Si の 3p および Ba の 5d, 6s 状態が支配的である[43,44]．このため，禁制帯を挟んだ**双極子遷移**が生じやすく，理論計算からも大きな**光吸収係数**が予想されている[44]．

6.3.2　エピタキシャル膜の結晶評価

斜方晶 BaSi₂ 薄膜のエピタキシャル成長は，Mackee らにより報告されたが，成長時の基板温度などが記述されていないなど，不明瞭な点が多い[47,48]．筑波大学のグループは，**反応性エピタキシャル成長**と**分子線エピタキシャル成長**を用いる 2 段階の成長法により，厚さ 2 μm を超えるエピタキシャル膜の形成を実現している[49]．図 6.13 は，基板温度 580℃で，Si (111) 基板上にエピタキシャル成長した a 軸配向 BaSi₂ 膜の断面 TEM 像である[49]．7.2 節にあるように，BaSi₂ は新しい薄膜太陽電池材料として期待される材料である．以降で，**太陽電池特性**に大きな影響を与える光吸収係数

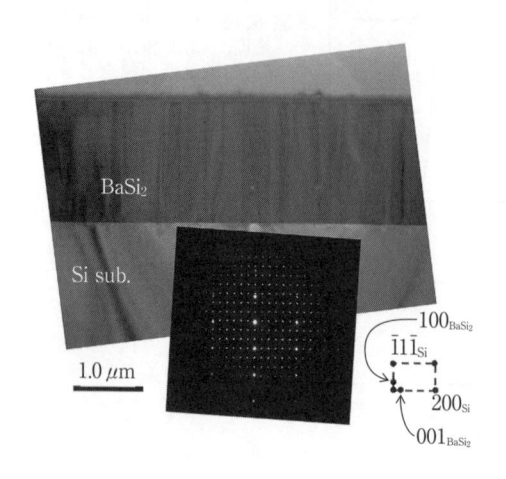

図 6.13 *a* 軸配向 BaSi₂ エピタキシャル膜の断面 TEM 像と電子線回折像．(R. Takabe, K. Nakamura, M. Baba, W. Du, M. Ajmal Kahn, K. Toko, M. Sasase, K. O. Hara, N. Usami and T. Suemasu : Jpn. J. Appl. Phys. 53 (2014) 04ER06 より許可を得て転載)

および少数キャリア拡散長について，最近の研究結果を紹介する．

6.3.3 光吸収係数

$BaSi_2$ の光吸収特性については，石英基板上の多結晶 $BaSi_2$ 薄膜について光吸収測定が報告されてきた．しかし，エピタキシャル成長した $BaSi_2$ 膜については行われていない．これは，$BaSi_2$ 薄膜をエピタキシャル成長するには，格子整合する Si(111) 基板を使用する必要があるが，透過率測定を行う際には，バンドギャップが $BaSi_2$ よりも小さく格段に厚い Si 基板において，大部分の光が吸収されるためである．そこで，$BaSi_2$ の**エピタキシャル成長**と光吸収特性の評価が両立されるよう，Si(111) 基板を 1 μm 以下の厚さに研磨し，利用された．まず，厚さ 500 μm の石英基板および Si(111) 基板を常温接合し，**機械研磨**および化学機械研磨（chemical mechanical polishing, **CMP**）**処理**により，図 6.14 に示す，膜厚 1 μm 以下の単結晶 Si 層を有する SOI（silicon on insulator）基板を形成した[50]．

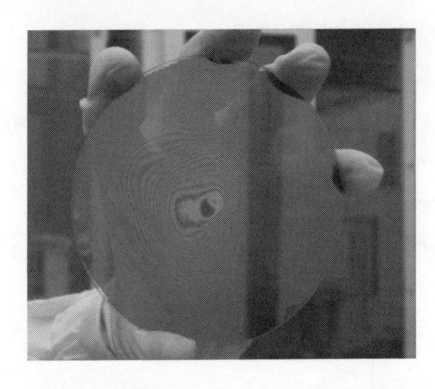

図 6.14 Si(111) 単結晶層を有する SOI 基板

この基板上に $BaSi_2$ をエピタキシャル成長し，透過法により光吸収特性を評価した．$BaSi_2$ の成長には，525℃に加熱した基板に Ba のみを供給する反応性エピタキシャル成長法により，厚さ約 10 nm の $BaSi_2$ 層を作製して，これを種結晶として利用し，次に，分子線エピタキシー（molecular beam epitaxy, MBE）法により厚さ 0.1 μm の $BaSi_2$ 層を 575℃でエピタキシャル

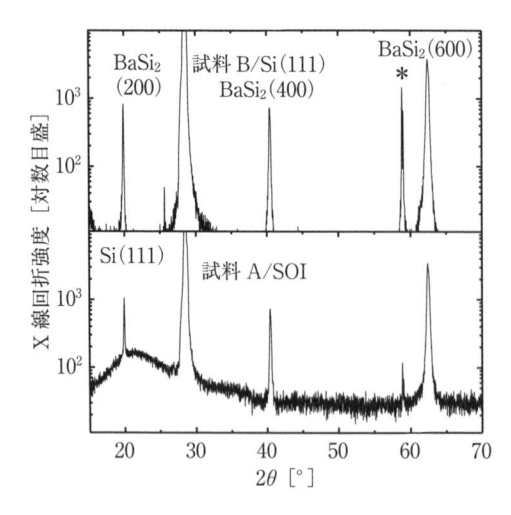

256　6. 新しいシリサイドの合成と物性

図 6.15 Si (111) 単結晶層を有する SOI 基板，および通常の単結晶 Si (111) 基板上に形成した a 軸配向 BaSi$_2$ エピタキシャル膜の θ-2θ XRD 回折パターン．図中の (*) 印は Si 基板に起因する．(K. Toh, T. Saito and T. Suemasu : Jpn. J. Appl. Phys. **50** (2011) 068001 より許可を得て転載)

成長した．図 6.15 に，θ-2θ XRD パターンを示す[50]．これらの結果から，BaSi$_2$ 膜が a 軸配向してエピタキシャル成長したことを確認した．比較のため，通常の単結晶 Si (111) 基板上にエピタキシャル成長した BaSi$_2$ 膜の結果も示す．

光学特性の評価に際して，成長前に Si 層の厚さをあらかじめ**エリプソメトリー**により評価し，BaSi$_2$ 堆積後，光吸収特性を**分光光度計**（日本分光，

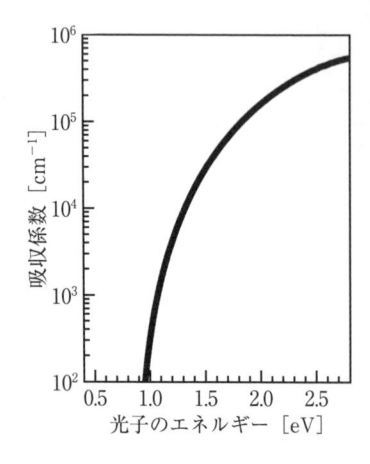

図 6.16 BaSi$_2$ の光吸収係数．(K. Toh, T. Saito and T. Suemasu : Jpn. J. Appl. Phys. **50** (2011) 068001 より許可を得て転載)

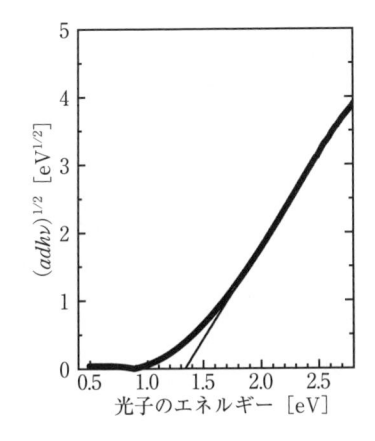

図 6.17 $(adh\nu)^{1/2}$ に対する $h\nu$ 特性 (K.Toh, T. Saito and T. Suemasu : Jpn. J. Appl. Phys. **50** (2011) 068001 より許可を得て転載)

U‐best 570) を用いて室温で評価した．図 6.16 に BaSi$_2$ の光吸収係数を，図 6.17 に光子エネルギー ($h\nu$) に対する $(\alpha d h\nu)^{1/2}$ プロットを示す[50]．これより，エピタキシャル成長した BaSi$_2$ が 1.5 eV において約 3×10^4 cm^{-1} の吸収係数を持ち，さらに，フォノンエネルギーを含めた**間接吸収端**が 1.34 eV であるといえる．

6.3.4 少数キャリア拡散長

BaSi$_2$ 薄膜を太陽電池の光吸収層に使う場合，**受光特性**に直結する**少数キャリア拡散長**が大きい必要がある．ここでは，n‐Si(111) 基板（比抵抗 0.1 Ω·cm）上にエピタキシャル成長した厚さ約 0.3 μm のアンドープ BaSi$_2$ 膜を利用し，**電子線誘起電流 (electron beam induced current, EBIC) 法**により評価した．アンドープ BaSi$_2$ は n 型伝導を示し，電子密度は室温で約 10^{16} cm^{-3} である[51]．BaSi$_2$ 表面には Al ワイヤーによりショットキー電極を形成し，裏面には**オーミック電極**を形成した．図 6.18 に，**電流電圧特性**を示す．**整流性**が見られることから，Al/n‐BaSi$_2$ ショットキー接合が形成できているといえる．

図 6.19(a) に Al 電極付近の SEM 像を，同図 (b) に加速電圧 5 keV 時の

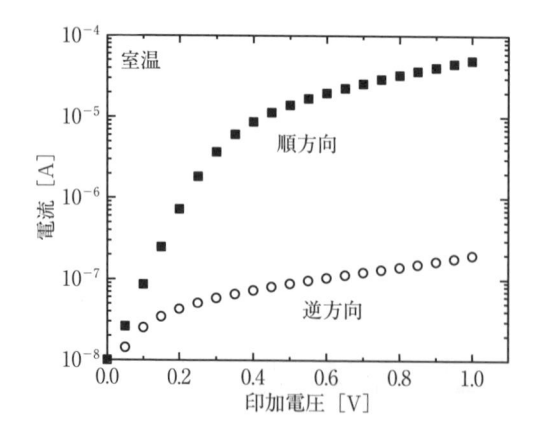

258 6. 新しいシリサイドの合成と物性

図 6.18 Al/n‑BaSi$_2$ ショットキー接合の電流電圧特性．(M. Baba, K. Toh, K. Toko, N. Saito, N. Yoshizawa, K. Jpitner, T. Sekiguchi, K. O. Hara, N. Usami and T. Suemasu : J. Cryst. Growth **348** (2012) 75 より許可を得て転載)

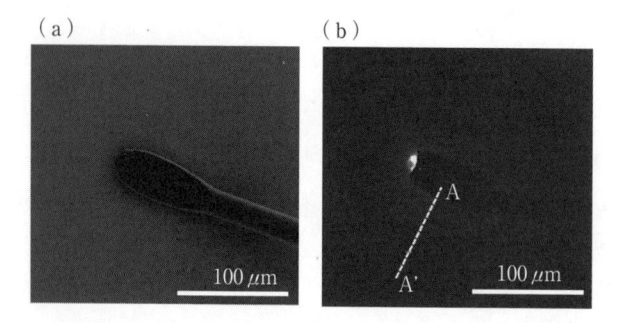

図 6.19 （a）Al/n‑BaSi$_2$ ショットキー接合付近の SEM 像，（b）電子の加速電圧が 5 keV のときの EBIC 像．(M. Baba, K. Toh, K. Toko, N. Saito, N. Yoshizawa, K. Jpitner, T. Sekiguchi, K. O. Hara, N. Usami and T. Suemasu : J. Cryst. Growth **348** (2012) 75 より許可を得て転載)

EBIC 像を示す．EBIC 測定では，電子ビームで励起されて生じたホールのうち，拡散して Al 電極付近の内蔵電場がある領域に到達したホールが，ドリフトにより Al に達し，外部回路に流れる原理を利用する．明るい領域ほど，EBIC 電流が大きい領域，すなわち，電場が大きい領域を表す．

図 6.20 に，図 6.19 の点線に沿う領域での EBIC 電流のプロファイルを示す．このプロファイルを，$\exp(-x/L)$ としてフィッティングする．ここで，L は少数キャリア（この場合にはホール）拡散長に相当する．これより，少

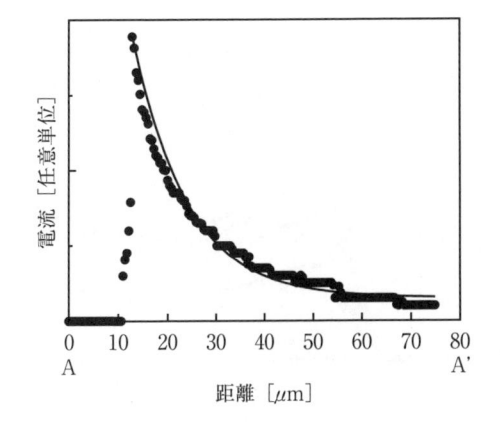

図 6.20 図 6.19 の A - A' に沿う EBIC 電流のプロファイルと，少数キャリアの拡散長を 10 μm としたときのフィッティング．(M. Baba, K. Toh, K. Toko, N. Saito, N. Yoshizawa, K. Jpitner, T. Sekiguchi, K. O. Hara, N. Usami and T. Suemasu : J. Cryst. Growth **348** (2012) 75 より許可を得て転載)

数キャリア拡散長が約 10 μm と見積もられた[52]．

Si(111) 基板上にエピタキシャル成長した a 軸配向 BaSi$_2$ 膜は，Si 基板表面の対称性を反映して，3 つの**エピタキシャルドメイン**から構成される**マルチバリアント**エピタキシャル膜であり，図 6.19 に示す試料では，結晶粒のサイズは，約 0.2 μm である．結晶粒サイズよりも少数キャリア拡散長が格段に長いことから，粒界は欠陥としてはたらいていないことが予想される[52]．また，**光伝導度減衰法**より，**少数キャリア寿命**が約 10 μs と得られている[53, 54]．

今後，実験データを積み重ねることで，キャリア密度やグレインサイズなど，少数キャリア拡散長に影響を与えるパラメータにより，この手法で求めた拡散長が変化することがわかれば，本手法は，BaSi$_2$ 薄膜結晶の品質の評価指標として有効と考えられる．

6.3.5 分光感度特性

BaSi$_2$ の分光感度特性は，Si(001) 基板上および Si(111) 基板上のエピタキシャル膜について[55-59]，さらに，**高周波** (radio - frequency) **マグネトロンスパッタリング法**で形成した多結晶 BaSi$_2$ 膜について報告されている[60]．

図 6.21 に，Si(111) 基板上で得られた結果を示す．図 6.21(a) に示す通

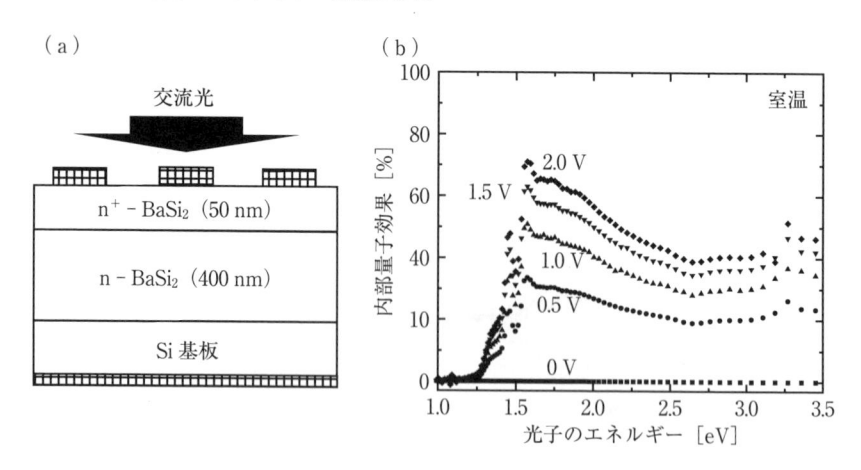

260　6. 新しいシリサイドの合成と物性

図 6.21 （a）分光感度を測定したセルの構造と，（b）分光感度スペクトル．表面と裏面にオーミック電極を形成し，バイアス電圧を印加した状態で交流測定法を用いて出力電流を測定した．

り，光吸収層となるアンドープ n^--BaSi$_2$ 層内には電場がない構造となっている．このため，表面と裏面にオーミック電極を形成し，直流電圧を印加した状態で**ロックインアンプ方式**で外部回路に流れる電流を測定し，**量子効率**に換算した．分光感度は BaSi$_2$ の光学吸収端に近い 1.25 eV 付近で立ち上がり，1.5 eV で最大となる．厚さ 400 nm の BaSi$_2$ 膜において，外部電圧印加下ではあるが，1.0 V 印加時に量子効率が 50% を超えている[58]．

今後，光吸収層の膜厚を 1.5〜2 μm まで増やすことで，量子効率は格段に増大すると予想される．また，pn 接合を形成し，デバイス内部に内蔵電位を形成することで，太陽電池動作の確認が期待される．

参 考 文 献

[42]　Y. Imai and A. Watanabe: Intermetallics **10** (2002) 333
[43]　Y. Imai, A. Watanabe and M. Mukaida: J. Alloys Compd. **358** (2003) 257
[44]　D. B. Migas, V. L. Shaposhnikov and V. E. Borisenko: Phys. Status Solidi (b)

244 (2007) 2611
[45] S. Kishino, T. Imai, T. Iida, Y. Nakaishi, M. Shinada, Y. Takanashi and N. Hamada : J. Alloys Compd. **428** (2007) 22
[46] M. Baba, K. Ito, W. Du, T. Sanai, K. Toko, K. Okamoto, A. Kimura, S. Ueda and T. Suemasu : J. Appl. Phys. **114** (2013) 123702
[47] R. A. Mackee, F. J. Walker, J. R. Conner and E. D. Specht : Appl. Phys. Lett. **59** (1991) 782
[48] R. A. Mackee, F. J. Walker, J. R. Conner and R. Raj : J. Appl. Phys. Lett. **63** (1993) 2818
[49] R. Takabe, K. Nakamura, M. Baba, W. Du, M. Ajmal Kahn, K. Toko, N. Usami and T. Suemasu : Jpn. J. Appl. Phys. **53** (2014) 04ER04
[50] K. Toh, T. Saito and T. Suemasu : Jpn. J. Appl. Phys. **50** (2011) 068001
[51] K. Morita, Y. Inomata and T. Suemasu : Thin Solid Films **508** (2006) 363
[52] M. Baba, K. Toh, K. Toko, N. Saito, N. Yoshizawa, K. Jiptner, T. Sekiguchi, K. O. Hara, N. Usami and T. Suemasu : J. Cryst. Growth **348** (2012) 75
[53] K. O. Hara, N. Usami, K. Toh, N. Baba, K. Toko and T. Suemasu : J. Appl. Phys. **112** (2012) 083108
[54] K. O. Hara, N. Usami, K. Nakamura, R. Takabe, M. Baba, K. Toko and T. Suemsu : Appl. Phys. Express **6** (2013) 112302
[55] Y. Matsumoto, D. Tsukada, R. Sasaki, M. Takeishi and T. Suemasu : Appl. Phys. Express **2** (2009) 021101
[56] D. Tsukada, Y. Matsumoto, R. Sasaki, M. Takeishi, T. Saito, N. Usami and T. Suemasu : Appl. Phys. Express **2** (2009) 051601
[57] T. Saito, Y. Matsumoto, M. Suzuno, M. Takeishi, R. Sasaki, N. Usami and T. Suemasu : Appl. Phys. Express **3** (2010) 021301
[58] W. Du, M. Suzuno, M. Ajmal Khan, K. Toh, M. Baba, K. Nakamura, K. Toko, N. Usami and T. Suemasu : Appl. Phys. Lett. **100** (2012) 152114
[59] S. Koike, K. Toh, M. Baba, K. Toko, K. O. Hara, N. Usami, N. Saito, N. Yoshizawa and T. Suemasu : J. Cryst. Growth **387** (2013) 198
[60] T. Yoneyama, A. Okada, M. Suzuno, T. Shibutami, K. Matsumaru, N. Saito, N. Yoshizawa, K. Toko and T. Suemasu : Thin Solid Films **534** (2013) 116

6.4 SrSi$_2$ の合成と物性

6.4.1 はじめに

SrSi$_2$ を含む**アルカリ土類金属ダイシリサイド** AESi$_2$(AE = Ca, Sr, Ba) は，**地殻存在率**の高い元素（Si：第2位，Ca：第5位，Sr：第16位，Ba：第14位）[61] から構成されており，原料は比較的豊富に存在する．AESi$_2$ は**ジントル（Zintl）相**として知られている[62]．ジントル相とは，アルカリ金属元素，アルカリ土類金属元素などの電気陽性の強い元素 M$_C$ と，13〜16族元素などの電気陰性の弱い元素 M$_A$ からなる化合物のなかで，M$_C$ 原子がその価電子を M$_A$ 原子に供給し，M$_A$ 原子同士が**オクテット則**（$(8-N)$則）を満たすような**クラスター**や**ネットワーク**を形成する化合物のことである．ここで，N は M$_A$ 原子の価電子数を表す．

AESi$_2$ の場合，AE 原子は2つの価電子を2つの Si 原子に1つずつ供給

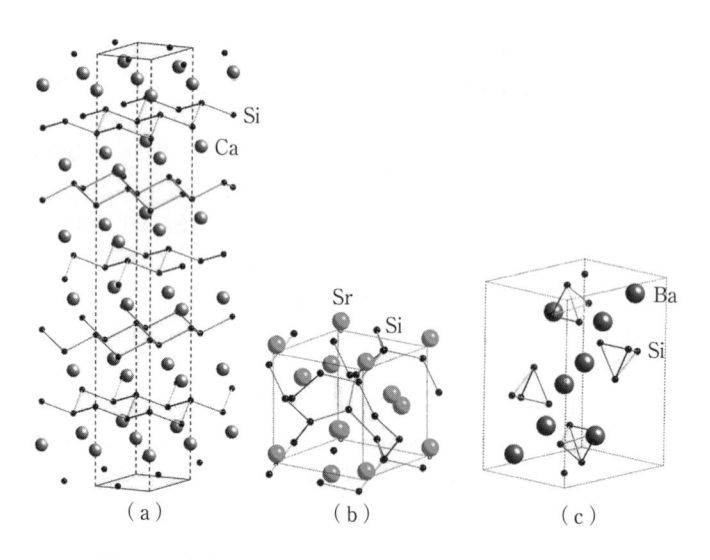

図 6.22 （a）CaSi$_2$, （b）SrSi$_2$, （c）BaSi$_2$ の結晶構造．大きい丸は AE 原子（AE = Ca, Sr, Ba），小さい丸は Si 原子を表す．

し，Si 原子は 5 つの価電子を持つこととなる．その結果，Si 原子は $(8 - N)$ 則に従い $3(= 8 - 5)$ 配位の四面体やネットワークを形成する．図 6.22 に AESi$_2$ の結晶構造を示す．CaSi$_2$ では Si 原子は擬 2 次元的な **Si ネットワーク**を[63]，SrSi$_2$ では 3 次元的なネットワークを[64]，BaSi$_2$ では Si 四面体を形成[65]しており，それぞれの構造において Si 原子の配位数は 3 である．ジントル相は半導体や半金属であることが多い．実際，CaSi$_2$ は半金属，**SrSi$_2$ は狭ギャップ半導体**，BaSi$_2$ は半導体である．以下では SrSi$_2$ の合成法，結晶構造，電子的性質などについて説明する．

6.4.2 合成法

SrSi$_2$ は直接熔融型化合物であり，融点は 1393 K である[66]．このため，モル比 1：2 の Sr と Si の混合物を**アーク熔融**することにより容易に合成できる．Sr は蒸気圧が高く熔融過程で蒸発するため，Sr を数 at.% 多めにした混合物を出発物質としておくと，Sr の欠損が少ない試料を合成できる．SrSi$_2$ は熱的衝撃に弱いらしく，ある程度の大きさになると，アークプラズマを SrSi$_2$ に当てた瞬間や，アークプラズマを SrSi$_2$ から外した後の冷却過程で割れる．このように合成した多結晶試料をもう一度熔融し徐冷することにより，ある程度の大きさの単結晶試料を得ることができる．SrSi$_2$ は水と容易に反応するが，大気中の水分と反応し粉末になるということは数日単位では起きない．

6.4.3 結晶構造・熱膨張係数・体積弾性率

SrSi$_2$ は図 6.22 に示した **SrSi$_2$ 型構造**（**立方晶**，空間群 P4$_3$32（No. 212），$a = 6.540(2)$ Å，$Z = 4$）[64] を持つ．ここで，Z は単位胞に含まれる化学式の数を示す．

図 6.23 に示すように，[100] 方向から見ると Si 原子は 4 回螺旋状ネットワークを形成していることがわかる．SrSi$_2$ の Si - Si 原子間距離は 2.41 Å

であり，ダイヤモンド型構造 Si のそれ（2.43 Å）と同程度である．**体積熱膨張係数**は $3.82 \times 10^{-5}\,\mathrm{K^{-1}}$ であり遷移金属ダイシリサイドのそれに比べてやや大きい[67]．**体積弾性率**は，Si の約半分の $50.3\,\mathrm{GPa}$ であり $SrSi_2$ は比較的柔らかいことが示されている[68]．$SrSi_2$ は高温高圧下（約 $4\,\mathrm{GPa}$，$1000\,\mathrm{K}$ 以上）で α-$ThSi_2$ 型構造に**相転移**する[68]．この高温高圧相は大気圧室温下で**準安定相**としてクエンチされる．

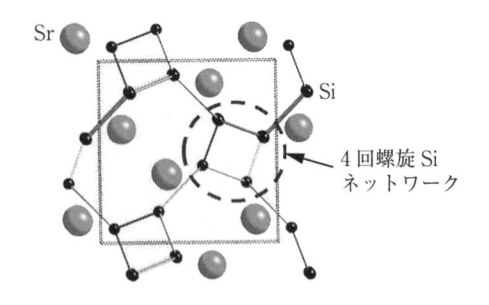

図 6.23 [100] 方向から見た $SrSi_2$ の結晶構造．大きい丸は Sr 原子，小さい丸は Si 原子を表す．

6.4.4 電子的性質

図 6.24 に $SrSi_2$ の**電気抵抗率**，**ホール係数**から求めた**キャリア密度**の温度依存性を示す[69]．$370\,\mathrm{K}$ 以下の低温では，電気抵抗率は温度の上昇と共に減少する半導体的な振舞を示し，それ以上の温度では温度の上昇と共に増加するという金属的な振舞を示す．

$5\sim300\,\mathrm{K}$ の温度領域で，ホール係数の値は正である．このことは，この温度領域での支配的なキャリアが正孔であることを示している．さらに，キャリア密度の温度依存性は，$SrSi_2$ が $35\,\mathrm{meV}$ のエネルギーギャップ E_g を持つ狭ギャップ半導体であることを示している．

熱電特性が調べられており，Sr 原子を Y 原子で部分置換した $SrSi_2$，$Sr_{0.92}Y_{0.08}Si_2$ において，**無次元性能指数** ZT の値が比較的大きい 0.4 になることが報告されている[70]．$SrSi_2$ の E_g は加圧と共に減少し，その**圧力係数** dE_g/dP は $-8.8\,\mathrm{meV/GPa}$ である[71]．この大きさは Si や β-$FeSi_2$ の約半分である．また，**変形ポテンシャル** $a_g = (dE_g/d\ln V)$ は $0.50\,\mathrm{eV}$ である．

6.4 SrSi$_2$ の合成と物性　265

$$n = AT^{3/2}\exp(-E_g/2k_BT)$$
$$E_g = 35\,\mathrm{meV}$$

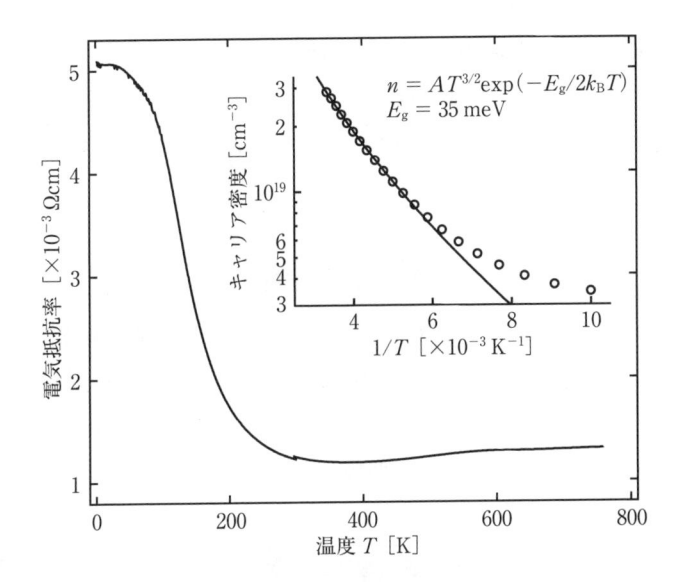

図 6.24 電気抵抗率の温度依存性．内挿図はキャリア密度 n を温度の逆数 $1/T$ の関数として示したグラフ．内挿図の実線は $180 \sim 300\,\mathrm{K}$ のデータを式 $n = AT^{3/2}\exp(-E_g/k_BT)$ でフィットして得られた線を表す．

6.4.5　Sr$_{1-x}$Ba$_x$Si$_2$ 固溶体

SrSi$_2$ において，約 4.3% までの Sr 原子は Ba 原子と置換し**置換型固溶体** Sr$_{1-x}$Ba$_x$Si$_2\,(0 \leq x \leq 0.13)$ を形成する[72]．図 6.25 に異なる Ba 置換量 x を

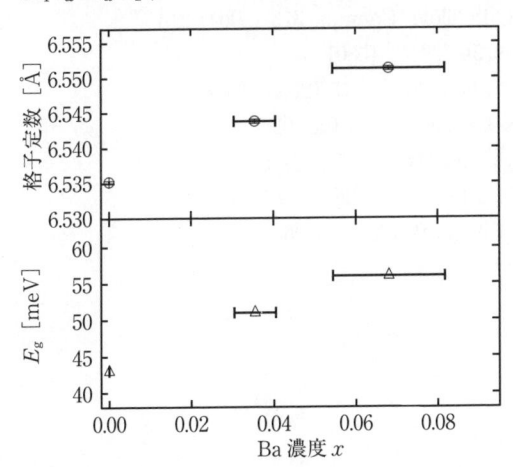

図 6.25 Sr$_{1-x}$Ba$_x$Si$_2$ の格子定数とエネルギーギャップ E_g

持つ $Sr_{1-x}Ba_xSi_2$ の格子定数，電気抵抗率の温度依存性から求めた E_g を示す．電気抵抗率の温度依存性から求めた E_g は，キャリア密度の温度依存性から求めた E_g よりも約22%大きい．格子定数，E_g は x と共に増加する．

6.4.6 まとめ

本節では，$SrSi_2$ の合成法，結晶構造，物性について説明した．$SrSi_2$ は，地殻存在率16位のSrと2位のSiとからなる狭ギャップ半導体である．Srは劇毒物ではないので $SrSi_2$ の安全性は高いと考えられるが，水と容易に反応するという特徴を持つ．この物質は**狭ギャップ半導体**であることから，今後熱電材料などへの応用が大いに期待される．

参 考 文 献

[61] John Emsley : "*The Elements*" 3rd ed. (Claredon Press, Oxford, 1998)
[62] S. M. Kauzlarich ed. : "*Chemistry, Structure, and Bonding of Zintl phases and Ions*" (Wiley‒VCH, New York, 1996)
[63] J. Böhm, *et al.* : Z. Anorg. Chem. **160** (1927) 152
[64] K. Janzon, *et al.* : Angew. Chem. Int. Ed. **4** (1965) 245
[65] H. Schäfer, *et al.* : Angew. Chem. Int. Ed. **2** (1963) 393
[66] A. Palenzona and M. Pani : J. Alloys. Compds. **373** (2004) 214
[67] M. Imai : Jpn. J. Appl. Phys. **50** (2011) 10801
[68] M. Imai and T. Kikegawa : Chem. Mater. **15** (2003) 2543
[69] M. Imai, *et al.* : Appl. Phys. Lett. **86** (2005) 032102
[70] C. S. Lue, *et al.* : Appl. Phys. Lett. **94** (2009) 192105
[71] M. Imai, *et al.* : Intermetallics **15** (2007) 956
[72] M. Imai, *et al.* : Thin Solid Films **519** (2011) 8496

第 7 章

シリサイド系半導体の応用

7.1 シリサイド発光素子

7.1.1 はじめに

　シリサイド系半導体のなかでも，β-FeSi$_2$ は**光通信波長**である 1.5 μm 帯で発光することから，1990 年代の初頭から Si ベースの新しい発光材料として盛んに研究が行われてきた．1997 年には，サリー大学の Homewood などにより，Si pn 接合周辺に Fe をイオン注入し，ポストアニールにより β-FeSi$_2$ 微結晶を形成する方法で，活性領域を Si pn 接合ダイオード内に作り，低温から室温近くまで 1.5 μm 帯のエレクトロルミネッセンスを達成した[1]．2004 年に茨城大学の Udono などにより，β-FeSi$_2$ は間接遷移型半導体であることがバルク結晶の光吸収係数の測定から明らかになったが[2]，多くの研究者が赤外領域の**発光ダイオード**（light emitting diode, LED）を Si ベースの新材料で実現することを目的に，この分野に参入した．

　LED の作製方法は，**イオン注入法**[1,3,4]，**スパッタ法**[5]（スパッタリング法），**分子線エピタキシャル**（molecular beam epitaxy, MBE）**法**[6-14] の 3 つに大別される．このなかで，**量子効率**まで算出したのは，分子線エピタキシャル成長法を用いた筑波大学グループの LED のみである．本節では，この研究を中心に紹介する．

7.1.2 p^+-Si/β-FeSi$_2$/n^+-Si ダブルヘテロ構造 LED

β-FeSi$_2$ 薄膜の Si 基板上への成長は，主に Si(001)面および Si(111)面を用いて行われており，それぞれ β-FeSi$_2$(100)面および β-FeSi$_2$(110)/(101)面で配向成長することが報告されている．しかし，Si と β-FeSi$_2$ の間には Si(001)面において最大 2.0%，Si(111)面においては最大 5.5% の格子不整合率が存在する．また，Si と β-FeSi$_2$ は結晶構造が異なるため，β-FeSi$_2$/Si ヘテロ界面には欠陥が多数存在すると予想される．このヘテロ界面での非発光再結合が，発光強度が弱く量子効率が算出できていない主な原因であると考えられる．

そこで，p^+-Si/β-FeSi$_2$/n^+-Si **ダブルヘテロ構造**において，β-FeSi$_2$ 活性層の厚さを 80 nm から 1 μm まで変えた LED を作製した[13,14]．また，Si 基板と比べて β-FeSi$_2$ との格子整合率が小さい Si$_{0.7}$Ge$_{0.3}$ 緩衝層を用いて LED を作製し，その効果を調べた[15,16]．

n^+-Si(111) 基板上に，Fe のみを供給し基板の Si と反応させる，反応性エピタキシャル成長法にて，基板温度 650°C で約 20 nm の β-FeSi$_2$ 種結晶を形成後，β-FeSi$_2$ 薄膜を MBE 法にて基板温度 750°C で成長させた．この β-FeSi$_2$ は MBE 成長法で形成する β-FeSi$_2$ 膜に対する種結晶としてはたらく．その後，B ドープ p^+-Si 層を基板温度 700°C で成長させた．β-FeSi$_2$ 原料には純度 10 N の Si，純度 5 N の Fe を使用し，電子ビーム蒸着法を用いた．B 原料には HBO$_2$ を使用し，**クヌーセンセル**（**K-cell**）にて供給した．β-FeSi$_2$ 活性層の膜厚は 80 nm，200 nm，1 μm の 3 種類とし，p^+-Si 層の膜厚は 400 nm で固定した．結晶成長後，結晶性改善のため，N$_2$ 雰囲気中で 800°C，14 時間のアニールを行った．

試料は p^+-Si/β-FeSi$_2$/n^+-Si(111) ダブルヘテロ構造であり，結晶性評価に**反射高速電子線回折**（reflection high energy electron diffraction, **RHEED**），**X線回折**（X-ray diffraction, **XRD**）を用い，光学特性評価に

エレクトロルミネッセンス（electroluminescence, EL）測定を用いた．発光スペクトルを光電子増倍管（浜松ホトニクス製 R5509-72），**発光強度**をGe パワーメータ（Newport 製 1815-C）で測定した．

図 7.1 に 3 つの試料の θ-2θ XRD パターンを示す．[16] これにより，β-FeSi$_2$ 膜がエピタキシャル成長していると判断できる．EL 測定においては，試料に 1.5 mm × 1.5 mm のメサ加工を施し，p$^+$-Si 層電極に Al を，n$^+$-Si 層電極に Au(+1% Sb)/Cr を用いた．膜厚に依存せず，すべての試料において β-FeSi$_2$(110)/(101) 配向が支配的となった．また，RHEED パターンは**ストリーク**を示したことから，ダブルヘテロ構造がエピタキシャル成長できたといえる．

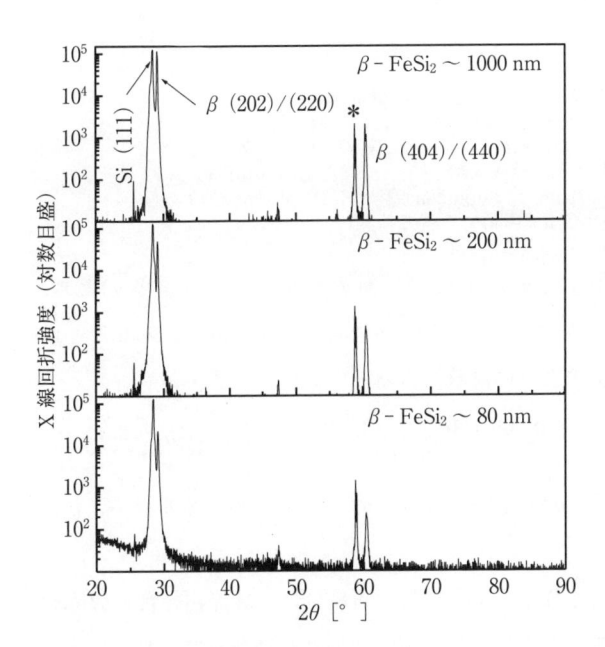

図 7.1 p$^+$-Si/β-FeSi$_2$/n$^+$-Si 構造試料の θ-2θ XRD 測定．図中の * は Si 基板による．(M. Suzuno, T. Koizumi, Kawakami and T. Suemasu : Jpn. J. Appl. Phys. **49**(2010) 04DG16 より許可を得て転載)

図 7.2 に，**注入電流**と**発光強度**の関係を示す．**活性層**の膜厚が増加するに伴い，発光に必要な注入電流が減少していることがわかる[16]．活性層膜厚

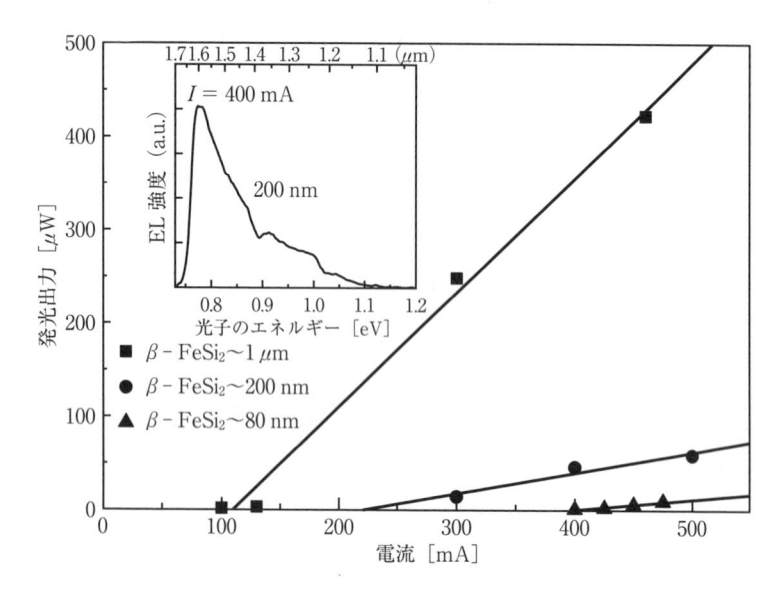

図 7.2 p^+-Si/β-FeSi$_2$/n^+-Si 構造発光ダイオードの注入電流と発光強度の関係.測定は室温で行った.挿入図は,活性層厚が 200 nm の試料の EL スペクトル.注入電流は 400 mA.(M. Suzuno, T. Koizumi, H. Kawakami and T. Suemasu : Jpn. J. Appl. Phys. **49** (2010) 04DG16 より許可を得て転載)

が 1 μm の試料では,注入電流が 460 mA(電流密度は 20 A/cm^2)のとき,発光強度は 0.4 mW であった.発光のピーク波長が 1.6 μm であることから,**外部量子効率**は,次のように計算できる[14].

$$\eta_{\text{ext}} = \frac{P_{\text{opt}}/h\nu}{I/q} = \frac{0.42 \times 10^{-3}/(1.24/1.60)}{0.46} \approx 0.118\% \quad (7.1)$$

ここで,P_{opt} は発光強度,$h\nu$ は波長 1.6 μm のフォトンのエネルギー,q は素電荷である.

一般に,活性層に注入されたキャリア対の再結合は,**発光再結合**と**欠陥**を介した**非発光再結合**の競合過程となる.膜厚増加と共に発光に必要な注入電流が減少したことは,欠陥密度の減少により非発光再結合確率が減少したことを意味する.n^+-Si 層または p^+-Si 層から β-FeSi$_2$ 層へ注入された

キャリアは，再結合するまで β - $FeSi_2$ 層中を動き回る．このキャリアの移動は拡散方程式により記述されるため，この間にキャリアがヘテロ界面に到達し，界面欠陥を介して非発光再結合する確率は，β - $FeSi_2$ 膜厚増加と共に減少する．この結果は，p^+ - Si/β - $FeSi_2/n^+$ - Si ダブルヘテロ構造 LED において，Si/β - $FeSi_2$ 界面欠陥を介した再結合が非発光再結合過程の主要因である可能性が高い．

7.1.3　n - Si/SiGe/β - FeSi$_2$/SiGe/p - Si (001) 構造 LED[16]

次に，格子整合 $Si_{0.7}Ge_{0.3}$ 層を用いて n - Si/SiGe/β - FeSi$_2$/SiGe/p - Si (001) 構造 LED を作製し，光学特性を評価した．$Si_{0.7}Ge_{0.3}$ 層と β - FeSi$_2$ 層の格子不整合率は約 0.2% であり，Si (111) 面上での**格子不整合率**である約 5.5% から 1/10 以下にまで低減される．ただし，Si と β - FeSi$_2$ は結晶構造が異なるため，このように単純に考えられるのかは疑問が残る．

p - Si (001) 基板上に，約 $1.5\,\mu m$ の $Si_{1-x}Ge_x (0 < x < 0.3)$ 組成傾斜層を介して，約 750 nm の $Si_{0.7}Ge_{0.3}$ 緩衝層を形成した基板を成長用基板として用いた．初めに，$Si_{0.7}Ge_{0.3}$/Si (001) にひずみ Si 層を基板温度 650℃ で約 20 nm 成長した後，**反応性エピタキシャル法**にて基板温度 550℃ で約 20 nm の β - FeSi$_2$ 種結晶を $Si_{0.7}Ge_{0.3}$ 層上に形成した．なお，先に成長したひずみ Si 層はすべて β - FeSi$_2$ 種結晶へ変化するよう，Fe の供給量を調節した．次に，**MBE 法**にて基板温度 550℃ で約 200 nm の β - FeSi$_2$ 薄膜を成長させ，続けて約 300 nm の $Si_{0.7}Ge_{0.3}$ 層と約 200 nm の Sb ドープ n - Si 層を，それぞれ基板温度 550℃ と 500℃ で成長させた．結晶性評価に RHEED，XRD 測定を用い，光学特性評価に EL 測定を用いた．

図 7.3 に，$Si_{0.7}Ge_{0.3}$ 層を用いた試料の θ - 2θ **XRD** 測定の結果を示す．Si (001) 面とエピタキシャル関係にある β - FeSi$_2$ (100) 配向が支配的な試料が得られた．

図 7.4 に，室温における EL スペクトルを示す．注入電流密度約 1 A/cm^2

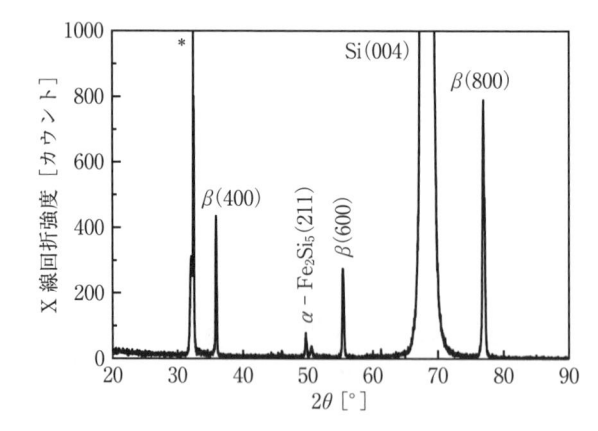

272　7．シリサイド系半導体の応用

図 7.3 p$^+$-Si/β-FeSi$_2$/n$^+$-Si 構造試料のθ-2θ XRD パターン．図中の＊は Si 基板による．

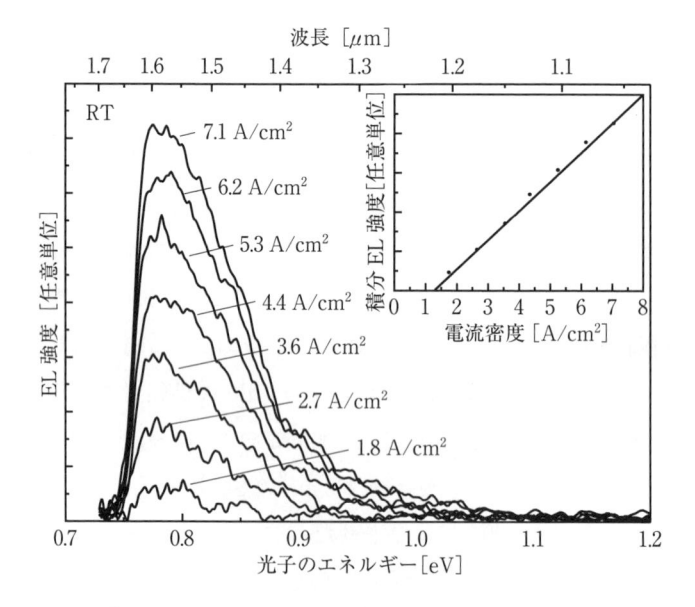

図 7.4 SiGe 層を用いた試料の室温 EL スペクトル．(M. Suzuno, T. Koizumi, H. Kawakami and T. Suemasu：Jpn. J. Appl. Phys. **49** (2010) 04DG16 より許可を得て転載)

以上で，$1.6\mu m$ 帯において明瞭な EL スペクトルが得られた．また挿入図に示すように，電流密度の増加に伴い，EL スペクトルの積分強度は線形に増大した．図 7.5 に，$Si_{0.7}Ge_{0.3}$ 層の有無による，発光に必要な注入電流密度の関係を示す．$Si_{0.7}Ge_{0.3}$ 層導入により，同じ膜厚の試料においても，発光に必要な注入電流密度が約 1 桁低減されている．この結果は，Si/β-$FeSi_2$ 界面に存在する非発光再結合中心となる欠陥密度が，格子整合 $Si_{0.7}Ge_{0.3}$ 緩衝層の導入により低減されたことを示唆している．

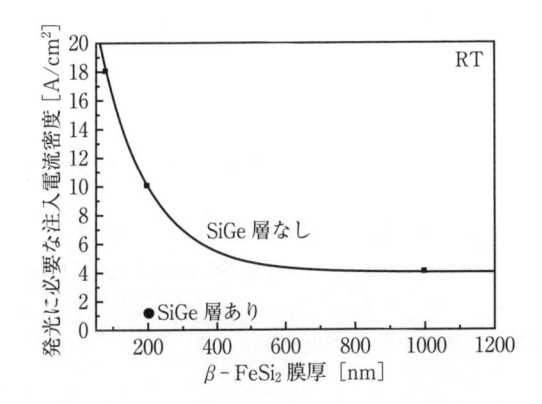

図 7.5 SiGe 層の有無による発光に必要な注入電流密度の比較

以上の実験結果から，β-$FeSi_2$ を活性層とするダブルヘテロ構造 LED では，通常の化合物半導体 LED と同様に，ヘテロ界面での欠陥が発光に大きな影響を与えること，また，格子不整合の少ない SiGe で β-$FeSi_2$ を挟むことで，単純な p^+-Si/β-$FeSi_2/n^+$-Si ダブルヘテロ構造 LED よりも，発光特性の改善が期待される．

参 考 文 献

[1] D. Leong, M. Harry, K. J. Reeson and K. P. Homewood: Nature **387** (1997) 686

[2]　H. Udono, I. Kikuma, T. Okuno, Y. Masumoto and H. Tajima: Appl. Phys. Lett. **85** (2004) 1937
[3]　M. A. Lourenco, T. M. Butler, A. K. Kewell, R. M. Gwilliam, K. J. Kirkby and K. P. Homewood: Jpn. J. Appl. Phys. **40** (2001) 4041
[4]　L. Martinelli, E. Grilli, M. Guzzi and M. G. Grimaldi: Appl. Phys. Lett. **83** (2003) 794
[5]　S. Chu, T. Hirohada, M. Kuwabara, H. Kan and T. Hiruma: Jpn. J. Appl. Phys. **43** (2004) L127
[6]　T. Suemasu, Y. Negishi, K. Takakura and F. Hasegawa: Jpn. J. Appl. Phys. **39** (2000) L1013
[7]　T. Suemasu, Y. Negishi, K. Takakura and F. Hasegawa: Appl. Phys. Lett. **79** (2001) 1804
[8]　M. Takauji, C. Li, T. Suemasu and F. Hasegawa: Jpn. J. Appl. Phys. **44** (2005) 2483
[9]　T. Sunohara, C. Li, Y. Ozawa, T. Suemasu and F. Hasegawa: Jpn. J. Appl. Phys. **44** (2005) 3951
[10]　C. Li, T. Suemasu and F. Hasegawa: J. Appl. Phys. **97** (2005) 043529
[11]　T. Suemasu, Y. Ugajin, S. Murase, T. Sunohara and M. Suzuno: J. Appl. Phys. **101** (2007) 124506
[12]　T. Koizumi, S. Murase, M. Suzuno and T. Suemasu: Appl. Phys. Express **1** (2008) 051405
[13]　M. Suzuno, S. Murase, T. Koizumi and T. Suemasu: Appl. Phys. Express **1** (2008) 021403
[14]　M. Suzuno, T. Koizumi and T. Suemasu: Appl. Phys. Lett. **94** (2009) 213509
[15]　T. Saito, T. Suemasu, K. Yamaguchi, K. Mizushima and F. Hasegwa: Jpn. J. Appl. Phys. **43** (2004) L957
[16]　M. Suzuno, T. Koizumi, H. Kawakami and T. Suemasu: Jpn. J. Appl. Phys. **49** (2010) 04DG16

7.2　シリサイド太陽電池

7.2.1　はじめに

シリサイド系半導体 BaSi$_2$ は光吸収係数が大きく，禁制帯幅が**太陽電池**に

相応しい 1.4 eV に近いため，新しい薄膜太陽電池材料として注目されている．原理的には厚さ 2 μm の pn 接合で，25% を超えるエネルギー変換効率が期待される．このような太陽電池を，資源の豊富な Si と Ba で実現できる点も魅力の 1 つである．図 7.6 では，pn 接合ダイオードの逆方向飽和電流密度をパラメータとして，光吸収層の膜厚に対して，期待されるエネルギー変換効率を計算した．

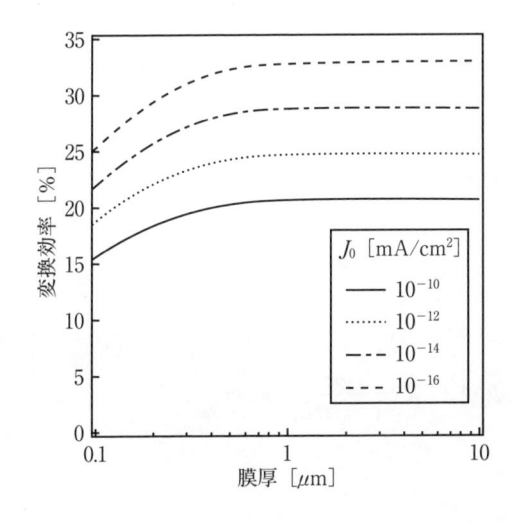

図 7.6 BaSi$_2$ 太陽電池の厚さと予想される変換効率

7.2.2 BaSi$_2$ 太陽電池

この BaSi$_2$ の別の魅力は，光吸収係数と少数キャリア拡散長が同時に大きいことである．図 7.7 に pn 接合型太陽電池のモデル図と，キャリア生成割合の深さ依存性を示す．p 型中性領域が電子の拡散長 L_e よりも十分長い場合を例に取り，p 型中性領域を流れる電子電流密度 J_e を導出する．

この値の導出方法は，次に述べる流れとなる．つまり，**p 型中性領域**の電子密度 $n_p(x)$ は，(7.2) の微分方程式を解いて得られ，境界条件を使って (7.3) のように求められる．これより，p 型中性領域を流れる電子電流は (7.4) で表される．

7. シリサイド系半導体の応用

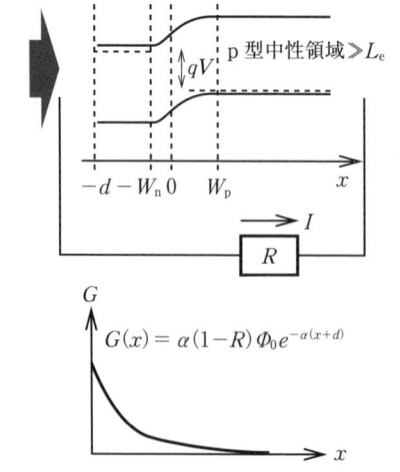

図 7.7 pn 接合型太陽電池のモデル図（上），およびキャリア生成割合 G の深さ依存性（下）．

$$\frac{d^2(n_p - n_{p0})}{dx^2} - \frac{n_p - n_{p0}}{L_e^2} + \frac{\alpha\Phi_0(1-R)e^{-\alpha(x+d)}}{D_e} = 0 \quad (7.2)$$

$$\left.\begin{array}{l} n_p(x) = n_{p0} + [n_{p0}(e^{qV/kT} - 1) - Fe^{-\alpha W_p}]e^{(W_p - x)/L_e} + Fe^{-\alpha x} \\ \qquad F = \Phi_0(1-R)\dfrac{\alpha\tau}{1 - \alpha^2 L_e^2}\,e^{-\alpha d} \end{array}\right\}$$
$$(7.3)$$

$$J_e = qD_e\left.\frac{d\,\Delta n_p}{dx}\right|_{x=W_p} = q\frac{D_e}{L_e}n_{p0}(e^{qV/kT} - 1)$$
$$- q\Phi_0(1-R)e^{-\alpha(W_p+d)}\frac{\alpha L_e}{1 + \alpha L_e} \quad (7.4)$$

ここで，n_{p0} は熱平衡時の電子密度，D_e は電子の拡散係数，R は $x = -d$ での反射率，α は**光吸収係数**，Φ_0 は**光子密度**である．(7.4)の右辺第2項は光電流密度を表すが，光吸収係数と**少数キャリア拡散長**の積が大きいほど，光電流が大きくなることを表している．

一般に，GaAs などの**直接遷移型半導体**では，結晶 Si に比べて光吸収係数は格段に大きいが，少数キャリアの寿命時間は短く，少数キャリア拡散長

は結晶 Si に比べて極端に短い．一方，結晶 Si は間接遷移型半導体であるため，少数キャリア寿命時間は長く，少数キャリア拡散長も大きい．しかし，光吸収係数が小さいため，太陽電池の光吸収層の厚さは一般に 50 μm 以上必要である．また，Ge は間接遷移型半導体であるが，L 点付近の伝導帯最下端と Γ 点の伝導帯極小点の差が小さいため，1 eV の光に対して Γ 点での直接遷移が生じる．このため，**間接遷移型半導体**でありながら，光吸収係数が大きい特長を持つ．

同様に，$BaSi_2$ は間接遷移型半導体であるが，価電子帯頂上付近にも伝導帯の極小点($0.7 \times \Gamma - Y$)が存在する．このため，禁制帯を挟んだ双極子遷移が生じやすいと考えられ，第 6 章の図 6.16 に示すように光吸収係数が大きい．$BaSi_2$ で少数キャリア拡散長が長いのは，光吸収により価電子帯頂上から遷移したキャリアが，伝導帯の極小点($0.7 \times \Gamma - Y$)から最下端（T 点）に極短時間に緩和するためと考えられる．今後，実験データを積み上げることで，基礎物性の理解がさらに進むと思われる．

7.2.3　不純物ドーピング

次に，**不純物ドーピング**による $BaSi_2$ の伝導型および**キャリア密度制御**について述べる．太陽電池の基本構造は **pn 接合**であるため，ドーピング技術を確立することは非常に重要である．Imai らの第一原理計算によると[17]，$BaSi_2$ 内の Ba 原子を置換するよりも，Si 原子を置換した方がエネルギー的に安定になるとの報告がある．このため，Si と同様に 13 族元素により p 型に，15 族元素により n 型になると予想される．$BaSi_2$ への不純物ドーピングの実験は，**MBE 法**とイオン注入法で行われている[18-24]．MBE 法では，B，In，Al，Ga，Cu，Ag，Sb のドーピングが行われており，Ga を除き 13 族元素では p 型伝導が得られている．また，Sb および P では n 型伝導が得られており，第一原理計算の予想とほぼ一致する結果となっている．また，Cu では n 型に，Ag は p 型になると報告されている[21]．

7. シリサイド系半導体の応用

図 7.8 に，MBE 法で成長した不純物ドープ BaSi$_2$ 膜の室温でのキャリア密度と移動度の関係を示す．n 型不純物では Sb が，また，p 型不純物では

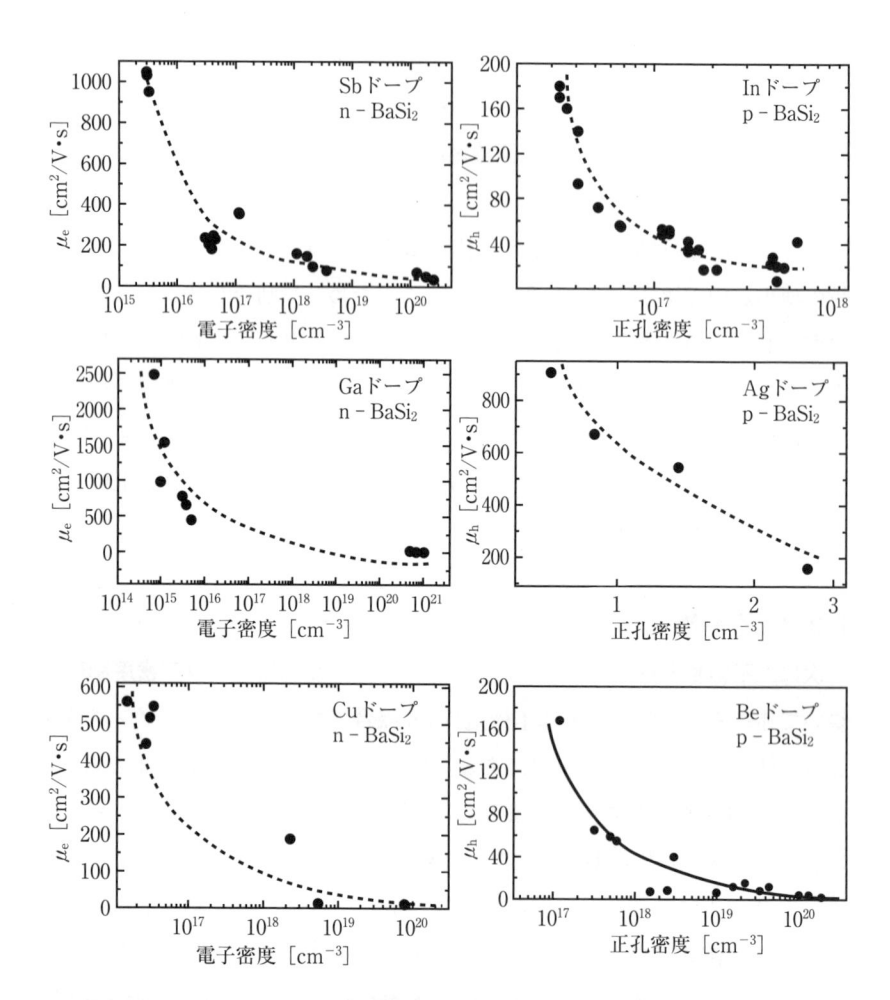

図 7.8 MBE 法で形成した，不純物ドープ BaSi$_2$ 膜の室温における キャリア密度と移動度の関係．(M. Ajmal Kahn, T. Saito, K. Nakamura, M. Baba, W. Du, K. Toh, K. Toko and T. Suemasu : Thin Solid Films **522** (2012) 95, M. Ajmal Kahn, K. O. Hara, W. Du, M. Baba, K. Nakamura, M. Suzuno, K. Toko, N. Usami and T. Suemasu : Appl. Phys. Lett. **102** (2013) 112107 より許可を得て転載)

Bを用いることで，キャリア密度を広い範囲で制御できる．また，電子の移動度はホールの移動度よりも大きい．これは，電子の**有効質量**の方がホールの有効質量よりも小さいことに起因していると考えられる．

太陽電池では，光のエネルギーを吸収して生じた電子・ホール対を，pn接合の電場を利用して分離するため，急峻なpn接合を形成する必要がある．図7.8に示すように，さまざまな不純物により伝導型およびキャリア密度が制御できているが，急峻なpn接合が形成できるよう，拡散係数の小さい不純物原子を選ぶ必要がある．BaSi$_2$中の不純物の拡散係数は，a軸配向BaSi$_2$エピタキシャル膜上に不純物原子を堆積し，加熱後の不純物の深さ方向分布をフィッティングすることで評価されている．

ここで，図7.9に試料の平面透過型電子顕微鏡（transmission electron microscope, **TEM**）像を示す．平面TEM像より直線状の結晶粒界が見られる．これはSi基板の対称性を反映し，3つのエピタキシャルドメインから構成されることによる．粒界はBaSi$_2$ (011)と(0$\bar{1}$1)面であることがわかっている[26]．このため，Bの拡散機構として格子拡散と粒界拡散の2つを考慮し，図7.10のように実験結果をフィッティングしてそれぞれの拡散係数を求めた[25]．

図7.9 BaSi$_2$ エピタキシャル膜を a 軸方向に沿って観察した平面TEM像．

図7.11に，AlとBの**格子拡散係数** D_l および**粒界拡散係数** sD_{SB} のアレニウスプロットを示す[25, 27]．また，シリサイド中の拡散係数の報告例も合わせて載せた．これより，BはAlよりも拡散係数が小さく，ホール密度も広い範囲で制御できるため，p型不純物として適しているといえる．これまで述べてきたように，不純物ドーピングによる伝導型およびキャリア密度の制御ができている．さらに，**少数キャリア拡散長**や**キャリア寿命時間**，光吸収

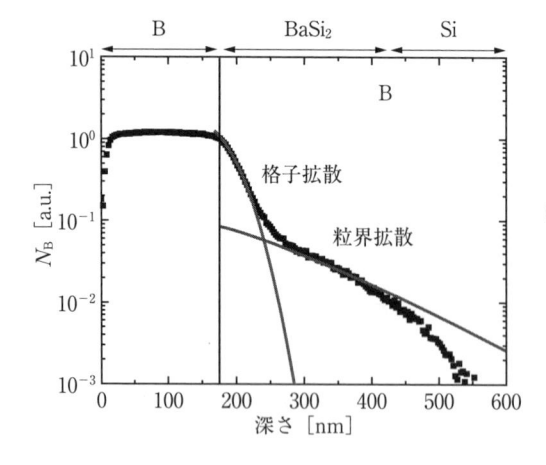

280　7. シリサイド系半導体の応用

図7.10 Bを800℃で1時間拡散させた後の深さ分布とフィッティング.（K. Nakamura, M. Baba, M. Ajmal Kahn, W. Du, M. Sasase, K. O. Hara, N. Usami and T. Suemasu : J. Appl. Phys. **113**（2013）053511より許可を得て転載）

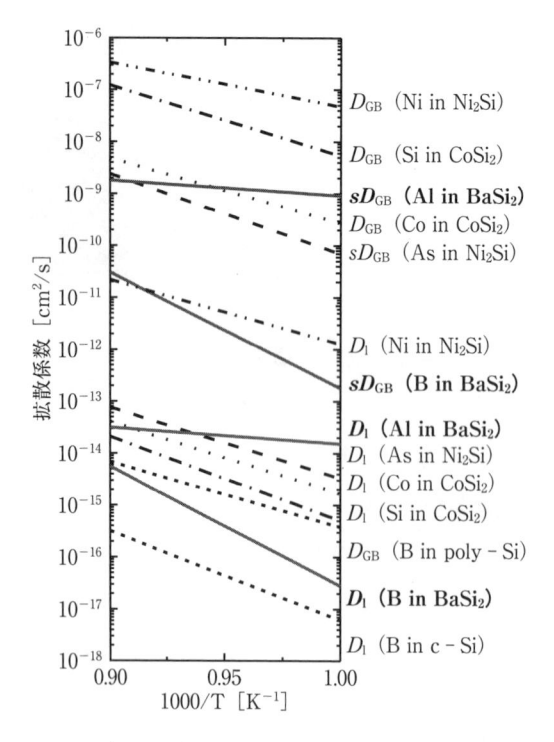

グラフ内ラベル: B, BaSi$_2$, Si, B, 格子拡散, 粒界拡散, N_B [a.u.], 深さ [nm]

図7.11 BとAlの格子拡散係数 D_l および粒界拡散係数 sD_{SB} のアレニウスプロット.（K. Nakamura, M. Baba, M. Ajmal Kahn, W. Du, M. Sasase, K. O. Hara, N. Usami and T. Suemasu : J. Appl. Phys. **113**（2013）053511, および（K. Nakamura, K. Toh, M. Baba, M. Ajamal Kahn, W. Du, K. Toko and T. Suemasu : J. Cryst. Growth **378**（2013）189より許可を得て転載）

グラフ内ラベル: 拡散係数 [cm^2/s], 1000/T [K^{-1}]
- D_{GB}（Ni in Ni$_2$Si）
- D_{GB}（Si in CoSi$_2$）
- sD_{GB}（Al in BaSi$_2$）
- D_{GB}（Co in CoSi$_2$）
- sD_{GB}（As in Ni$_2$Si）
- D_l（Ni in Ni$_2$Si）
- sD_{GB}（B in BaSi$_2$）
- D_l（Al in BaSi$_2$）
- D_l（As in Ni$_2$Si）
- D_l（Co in CoSi$_2$）
- D_l（Si in CoSi$_2$）
- D_{GB}（B in poly-Si）
- D_l（B in BaSi$_2$）
- D_l（B in c-Si）

係数および分光感度特性についてのデータも豊かになっている．今後，pn接合ダイオードによる太陽電池動作の確認が期待される．

参 考 文 献

[17]　Y. Imai and A. Watanabe : Intermetallics **15**（2007）1291
[18]　M. Kobayashi, Y. Matsumoto, Y. Ichikawa, D. Tsukada and T. Suemasu : Appl. Phys. Express **1**（2008）051403
[19]　M. Takeishi, Y. Matsumoto, R. Sasaki, T. Saito and T. Suemasu : Phys. Procedia **11**（2011）27
[20]　M. Ajmal Khan, M. Takeishi, Y. Matsumoto, T. Saito and T. Suemasu : Phy. Procedia **11**（2011）11
[21]　M. Ajmal Khan, T. Saito, K. Nakamura, M. Baba, W. Du, K. Toh, K. Toko and T. Suemasu : Thin Solid Films **522**（2012）95
[22]　M. Ajmal Khan, K. O. Hara, W. Du, M. Baba, K. Nakamura, M. Suzuno, K. Toko, N. Usami and T. Suemasu : Appl. Phys. Lett. **102**（2013）112107
[23]　K. O. Hara, N. Usami, Y. Hoshi, Y. Shiraki, M. Suzuno, K. Toko and T. Suemasu : Jpn. J. Appl. Phys. **50**（2011）121202
[24]　K. O. Hara, Y. Hoshi, N. Usami, Y. Shiraki, K. Nakamura, K. Toko and T. Suemasu : Thin Solid Films **534**（2013）470
[25]　K. Nakamura, M. Baba, M. Ajmal Khan, W. Du, M. Sasase, K. O. Hara, N. Usami and T. Suemasu : J. Appl. Phys. **113**（2013）053511
[26]　M. Baba, K. Toh, K. Toko, N. Saito, N. Yoshizawa, K. Jiptner, T. Sekiguchi, K. O. Hara, N. Usami and T. Suemasu : J. Cryst. Growth **348**（2012）75
[27]　K. Nakamura, K. Toh, M. Baba, M. Ajmal Kohn, W. Du, K. Toko and T. Suemasu : J. Cryst. Growth **378**（2013）189

7.3　シリサイドオプティクス

7.3.1　はじめに：高屈折率・高吸収率材料としてのシリサイド系半導体

鉄シリサイドを始めとするシリサイド系半導体の基礎物性の解明が進むと

共に，**発光素子，太陽電池，熱電発電素子**などの応用に関する研究が大きく進展したことは本書で紹介されている通りである．一方で，これらの応用と直接関係のない物性は，どちらかといえば世間の注目度は高くはなかった．例えば，Udonoら（5.2節を参照）によって詳細が明らかになった，鉄シリサイドの**屈折率**や**吸収率**も比較的注目度の低い物性の一つであった．

図7.12にβ-FeSi$_2$の光学定数と一般的な光学薄膜材料や半導体のそれと

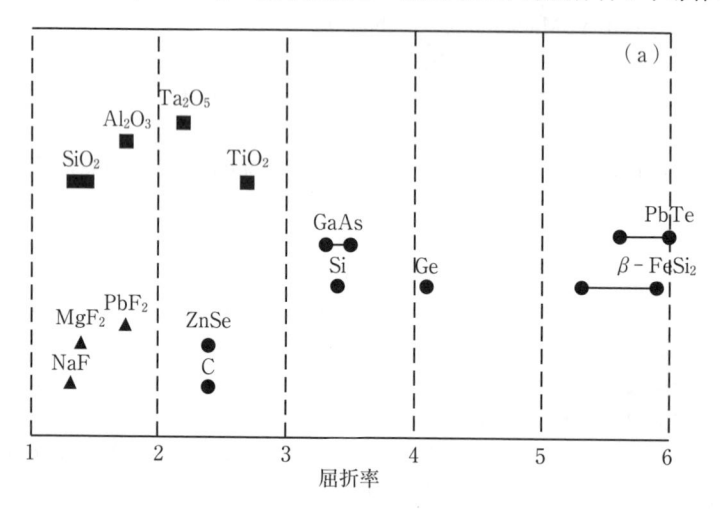

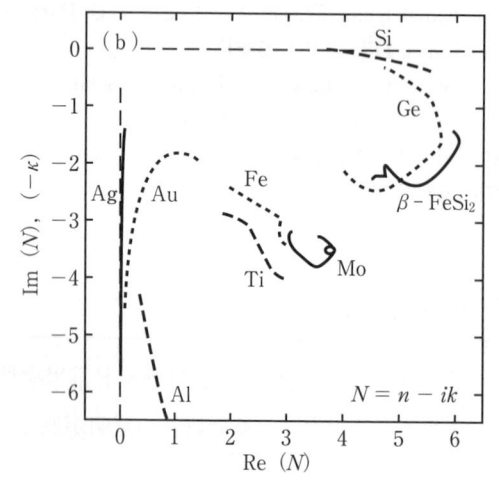

図 **7.12** （a）赤外域の屈折率と，（b）可視域の光学定数の比較．

の比較を示した．赤外透明域における$\beta\text{-FeSi}_2$の屈折率は$n \sim 5$程度であり，酸化物やフッ化物の光学薄膜材料や，Siなどの半導体材料に比べて突出して高い．屈折率が高い材料として知られるPbTeは$\beta\text{-FeSi}_2$に比べると毒性や化学的な安定性の点で問題がある．一方，可視域では，$\beta\text{-FeSi}_2$の光学定数の実部が金属のそれに比べて極めて大きく，虚部は金属と同程度の大きさである．

このように，$\beta\text{-FeSi}_2$の光学定数は，従来の材料にない特長を有している．意外にも，このような特徴的な性質を利用した光学デバイスについてはほとんど報告がなく，Maedaらによるフォトニック結晶への応用があるだけである（7.4節を参照）．本節が，シリサイド系半導体の特徴的な光学的性質の応用を考えるための手がかりとなるよう，**光学アドミッタンス**[28]に基づいて，鉄シリサイド薄膜を含んだ薄膜系の**反射率**，**吸収率**について議論する．

7.3.2　$\beta\text{-FeSi}_2$単層膜を用いた完全吸収体

始めに，赤外域における$\beta\text{-FeSi}_2$の単層膜による金属基板の反射防止とその応用について紹介する．光学定数N_2の基板上に光学定数N_1，厚さdの薄膜を形成し，表面に垂直な方向から光を入射したとき，系の光学的な**特性行列**[28]は，

$$\begin{bmatrix} B \\ C \end{bmatrix} = \begin{bmatrix} \cos\delta & i\sin\delta/\eta_1 \\ i\eta_1\sin\delta & \cos\delta \end{bmatrix} \begin{bmatrix} 1 \\ \eta_2 \end{bmatrix} \quad (7.5)$$

と書ける．ここで，$\delta = 2\pi N_1 d/\lambda$，$\eta_1$と$\eta_2$はそれぞれ薄膜と基板の**光学アドミッタンス**であり，垂直入射の場合はそれぞれN_1とN_2に等しい．系の光学アドミッタンスYは，この特性行列を用いて$Y = C/B$と定義される．系の反射率は，

$$R = \left|\frac{1-Y}{1+Y}\right|^2 \quad (7.6)$$

という簡単な式で表される．基板が金属であれば透過率がゼロなので，吸収

率は $A = 1 - R$ である.

薄膜に吸収がなく,$\eta_1 = N_1 = n_1$(n_1 は実数)であるとき,$Y = x + iy$,$\eta_2 = n_2 - ik_2$ とおいて(7.5)から δ を消去すると,

$$x^2 + y^2 - \frac{n_2^2 + k_2^2 + n_1^2}{n_2} x + n_1^2 = 0 \tag{7.7}$$

となり,Y の軌跡は (n_2, k_2) から出発し,膜厚の増加と共に $((n_2^2 + k_2^2 + n_1^2)/2n_2, 0)$ を中心とする時計回りの円弧を描くことがわかる.中心の座標や半径には n_1^2 の項が入っているため,β-$FeSi_2$ のように屈折率の高い薄膜の場合には円の中心は急速に原点から遠くなり,半径は急激に大きくなる.このことによって,従来の光学材料を使った場合には実現することのできなかったさまざまな光の制御が可能になる.

一例として反射防止条件を考えてみよう.厳密な反射防止条件が満たされるとき,光学アドミッタンスの軌跡は $Y = 1$ の点を通過するため,(7.7)から n_2 と k_2 を消去すると,次の Y の軌跡の方程式は,

$$\left(x - \frac{n_1^2 + 1}{2}\right)^2 + y^2 = \left(\frac{n_1^2 - 1}{2}\right)^2 \tag{7.8}$$

が得られる.したがって,基板の光学定数と(7.8)で表される円が複素平面上で重なれば,その薄膜と基板の組み合わせを用いて反射率をゼロにすることができる.

図 7.13 に $2 \leq n_1 \leq 6$ の薄膜を用いて,反射防止条件を満たした場合の Y の軌跡と典型的な金属の光学定数を示した.興味深いことに,**ステンレス**や**インコネル**などの光学定数が $n_1 = 5$ の反射防止条件の近傍に分布していることである.このことは,適当な厚さの β-$FeSi_2$ の単層膜を,ステンレス上に成膜すれば,特定の波長の光を完全に吸収する完全吸収体を実現できる可能性を示している[29].

実際,良く研磨したステンレス鋼の一種である SUS 304 を 700 〜 750 K に加熱し,**マグネトロンスパッタリング法**によって $FeSi_2$ を堆積すると,β-

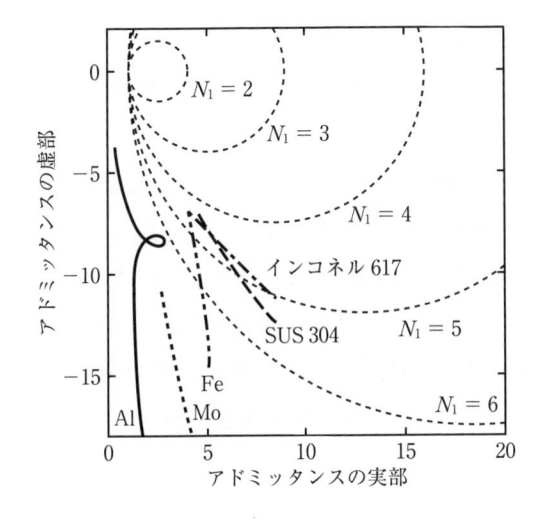

7.3 シリサイドオプティクス 285

図 7.13 反射防止条件を満たす薄膜-基板系のアドミッタンスの軌跡といくつかの金属の光学定数の比較.

$FeSi_2$ の多結晶薄膜が得られる．図 7.14 は，異なる厚さの β-$FeSi_2$ 薄膜/SUS 304 の**吸収スペクトル**である．どの試料にも明確な吸収のピークが現れており，厚さの増加と共にピーク波長が長波長側にシフトしていることが

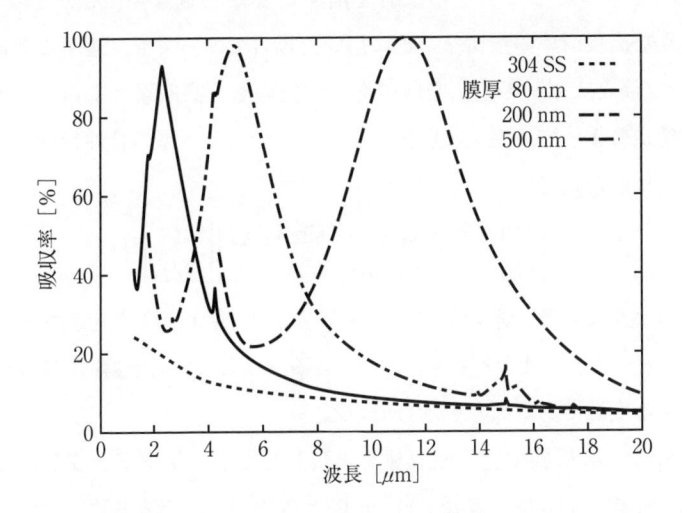

図 7.14 SUS 304 基板上に成膜した厚さの異なる β-$FeSi_2$ 薄膜の吸収スペクトル

わかる[30]．注目すべきは，波長 10 μm 付近での干渉条件を実現するために，わずか 500 nm の厚さの薄膜で十分な点である．また，このときの吸収率がほぼ 100% であることも注目に値する．

熱輻射に関する**キルヒホッフの法則**によれば，このような**完全吸収体**は，**波長選択制**を有する**熱輻射赤外線源**として機能する．とりわけ β-FeSi$_2$ を熱電素子として用いた場合には，空気中で加熱しても劣化しない高い耐久性を持つことが知られており，赤外線源としても高い耐久性を持つことが期待される．このように，β-FeSi$_2$ の高い屈折率と耐久性は，赤外域での光の干渉を制御するために有用であり，さまざまに実用的な**赤外線フィルター**に展開可能であろう[28]．

7.3.3　2層の完全吸収体

図 7.13 を見ると，Al などの高反射率の金属の光学定数は，実在しない $n_1 = 6$ の薄膜に対する反射防止条件の外側にあり，高い屈折率を有する β-FeSi$_2$ をもってしてもその反射を消すことができない．しかしながら，このような高反射率の金属を基板に用いた場合であっても，透明な誘電体層（ギャップ層とよぶ）の上に吸収のある物質の層（吸収層とよぶ）を形成した 2 層構造によって，完全吸収体が実現可能である．系の特性行列は単層の場合と同様の形式で，

$$\begin{bmatrix} B' \\ C' \end{bmatrix} = \begin{bmatrix} \cos\delta_A & i\sin\delta_A/\eta_A \\ i\eta_A\sin\delta_A & \cos\delta_A \end{bmatrix} \begin{bmatrix} 1 \\ C/B \end{bmatrix} \quad (7.9)$$

と書くことができる．系のアドミッタンスを $Y' = C'/B'$ と定義すると，反射率は，$R = |(1 - Y')/(1 + Y')|^2$ である．ここで，添え字 A は δ が吸収層に関する変数であることを示している．

図 7.15 に，2 層膜で完全吸収体を実現したときの**アドミッタンス軌跡**の例を示した[29]．O$_{Al}$ は，波長 500 nm のときの Al の光学定数に対応する点である．Al の上に $n_1 = 1.5$ の透明なギャップ層を形成すると，アドミッタ

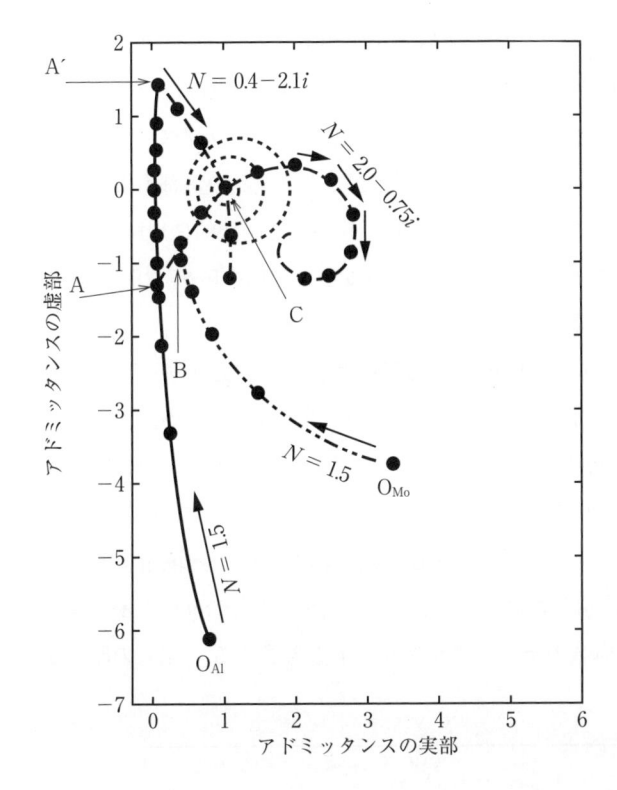

7.3 シリサイドオプティクス 287

図 7.15 二層反射防止膜のアドミッタンスの軌跡

ンスは膜厚の増加と共に(7.9)で表される円弧に沿って変化する．円弧上には膜厚 10 nm ごとに点を打ってある．膜厚が約 30 nm になったところ（点A）で，薄膜の材料を $N_A = 2.0 - 0.75i$ の吸収性の物質に変えると，アドミッタンスは方向を変え，(7.9)に従って変化する．吸収膜を形成したときに，アドミッタンスはらせんを描きながら N_A に向かって収束する．図 7.15 に示した例では，吸収膜を約 30 nm 形成したところで，$Y = 1$ の完全吸収体が得られている．

この方法による**完全吸収体**は，原理的には幅広い材料の組み合わせで実現可能である．例えば，吸収膜の材料を $N_A = 0.4 - 2.1i$ の高反射率金属に変えたときには，ギャップ層を 100 nm 程度の厚さにして点 A′ から点 C に

向かって折り返してやることで完全吸収体を実現できる.また,基板にMoを用いてもO_{Mo}-B-Cというルートで反射防止を実現することができる.しかしながら,完全吸収体を実現するための膜厚を,ギャップ層,吸収層いずれも薄くしようとすれば,吸収層の材料として光学定数の実部も虚部も両方とも大きな材料が適していることは,図7.15からも直観的に理解できる.可視域で高反射率金属の反射を消す必要があるときには,$FeSi_2$の可視域における光学特性が,吸収層の材料として適しているといえる.

この2層反射防止膜の考え方を,Alの**ワイヤグリッド偏光子**の反射率を低く抑えるために応用した例が報告されている[29].あらかじめ,ナノリソグラフィ技術を用いて形成されたAlのワイヤグリッド偏光子の上に,マグネトロンスパッタリング法によってSiO_2を堆積し,その上に$FeSi_2$をイオンビームスパッタリング法によって表面すれすれの方向から堆積することで,図7.16の挿入図に示したような,$FeSi_2$扁長ナノ粒子/SiO_2ギャップ層/Alナノワイヤの三層構造のナノワイヤグリッドを形成する.SiO_2の厚さが

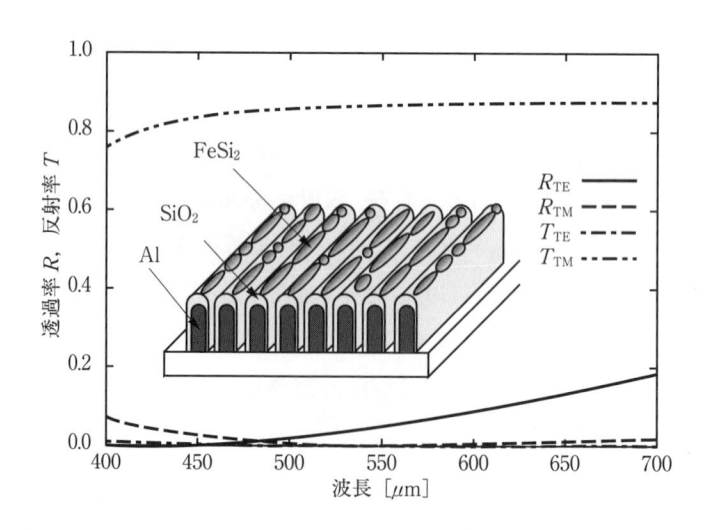

図 7.16 $FeSi_2/SiO_2/Al$ 低反射ワイヤグリッド偏光子の透過率 T と反射率 R スペクトル

20 nm 程度，FeSi$_2$ 層の厚さが 10 nm 程度のとき，図 7.16 に示すように，反射率は 1% 以下の低い値を実現した．低反射ワイヤグリッド偏光子はすべて無機材料で構成されており，とりわけ FeSi$_2$ が**耐熱性，耐食性**に優れていることから，**液晶プロジェクタ**用の偏光子として応用が期待されている[29]．

7.3.4 まとめ

FeSi$_2$ は赤外域で従来の光学薄膜材料に比べて極めて高い屈折率を，可視域においては光学定数の実数部も虚数部も高い値を持つユニークな材料であるが，これまでは光学薄膜材料として扱われることはほとんどなかった．β-FeSi$_2$ を始めとする，バリエーション豊富なシリサイド系半導体を光学薄膜材料と捉えることで，常識を打ち破る新しい応用も生まれるであろう．

参 考 文 献

[28] H. Angus Macleod : "*Thin Film Optical Filters*" 3rd Ed. (Institute of Physics Pub., Bristol, UK, 2001).
[29] M. Suzuki, A. Takada, T. Yamada, T. Hayasaka, K. Sasaki, E. Takahashi and S. Kumagai : Thin Solid Films **519** (2011) 8485
[30] Y. Kaneko, M. Suzuki, K. Nakajima, and K. Kimura : in Proc SPIE **8465** (2012) 846516.

7.4 シリサイド・フォトニック結晶

7.4.1 はじめに

フォトニック結晶（photonic crystal, PhC）とは，屈折率が異なる物質が周期的に配列した構造体である．屈折率の周期性により，特定の波長域の光に対する**フォトニックバンドギャップ**（photonic band gap, PBG）が形成される．PhC の特徴は，この PBG に対応した光の伝播を禁制することである．

この状況は，基本構造のサイズや波の波長が異なるが，結晶中を伝播する電子波によって生み出される電子の**バンドギャップ**と類似している．また，PhC 中に意図的に**欠陥**を導入することで，**光導波路**や**光共振器**などの**光回路**への応用が期待されている[31-33]．

一般に，PhC の特性は PhC の構成材料の**屈折率差**（Δn）によって支配される．シリサイド系半導体 β-FeSi$_2$ は $n > 5.2$ であり，代表的な PhC 材料である GaAs（$n = 3.36$）や Si（$n = 3.5$）よりも屈折率が大きく，高コントラストを実現できる PhC 材料である[34-36]．本節では，鉄シリサイド（β-FeSi$_2$）を応用したフォトニック結晶の研究を紹介する．

7.4.2 鉄シリサイド・フォトニック結晶

代表的なフォトニック結晶材料と**屈折率**を図 7.17 に示した．**光通信波長帯**において Si（$n = 3.6$）や GaAs（$n = 3.36$）などと比較すると，β-FeSi$_2$ は $n = 5.6$ と非常に大きな値を持っていることがわかる．フォトニック結晶は**屈折率の周期的構造**によって電磁波の存在を禁制するため，周期構造の屈折率差 Δn の値が大きいほど**電磁波の閉じ込め効率**は高くなり，屈曲部におけ

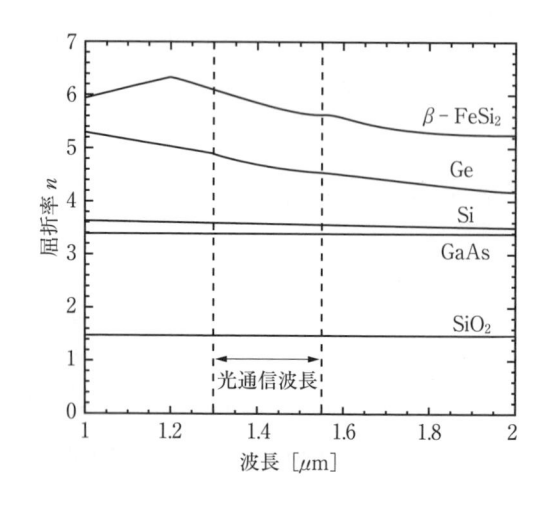

図 7.17 代表的なフォトニック結晶の材料とその屈折率の波長分散

る**放射損失**も低減できるという,光回路にとっては非常に優れた特性が期待されることが報告されている[37].

表7.1に,各種材料を用いたフォトニック結晶の特性比較を示す.このように,β-FeSi$_2$を用いたフォトニック結晶はSi上に**ヘテロエピ成長**するため,Siが主流である現在の電子集積回路との整合性が高く,高屈折率であるがゆえに,素子サイズの微細化や**低放射損失**を活かした高機能素子の設計が容易になるという利点を有する.また,現在広く研究されているGaAsのようなIII-V族化合物半導体に対して,**環境負荷**,**資源寿命**の点からも優位にあることは明らかである.

表7.1 各種材料によるフォトニック結晶の特性比較

	Si	III-V族化合物半導体	β-FeSi$_2$
Siヘテロエピ	ホモ成長	困難	ヘテロ成長
フォトニック結晶の作製	容易,屈折率(n=3.6)	容易,屈折率(GaAs:n=3.36)	容易,屈折率(n>5.2)
素子サイズ	1(として)	~1	~0.6
放射損失	大	大	小
環境負荷	小	大	小(Siと同程度)
資源寿命	1万年以上	30年(In, Asの枯渇)	1万年以上(Siと同程度)

7.4.3 フォトニック結晶の設計[31-33]

フォトニック結晶中における電磁波の挙動を解析するためには,マクロスコーピックな**マクスウェル方程式**を平面波の電磁界固有状態に展開する必要がある.次のマクスウェル方程式(7.10)から,電磁界に関して単一の方程式が得られる.

$$\nabla \times \boldsymbol{E} = i\frac{\omega}{c}\boldsymbol{H}, \quad \nabla \times \boldsymbol{H} = -i\frac{\omega}{c}\varepsilon(r)\boldsymbol{E} \quad (7.10)$$

上式より$\boldsymbol{E}$を消去して

$$\nabla \times \left[\frac{1}{\varepsilon(r)}\nabla \times \boldsymbol{H}\right] = \frac{\omega^2}{c^2}\boldsymbol{H} \quad (7.11)$$

を得る.(7.11)は**マスター方程式**とよばれる.ここで,H は磁界を,$\varepsilon(r)$ は誘電関数を,ω は伝播波の周波数,c は真空中における光速を表す.フォトニック結晶として誘電体の周期構造を考えるため,$\varepsilon(r)$ は周期関数であって,磁界 H の**平面波展開**にブロッホ(Bloch)**の定理**を以下のように適用することができる.

$$H(r) = \sum_{G} \sum_{\lambda=1}^{2} h_{G,\lambda} e_{G,\lambda} \exp\{i(\boldsymbol{k} + \boldsymbol{G}) \cdot \boldsymbol{r}\} \qquad (7.12)$$

これを平面波展開法という.ここで,それぞれ G は逆格子ベクトル,$e_{G,\lambda}$ は $\boldsymbol{k} + \boldsymbol{G}$ ベクトルに垂直な単位ベクトルである.

x-y 平面上に広がる誘電体の 2 次元的な周期構造では,以下の 2 つの独立した**電磁モード**が導かれる.

横電界(TE)モード:

$$\boldsymbol{E}(x,y) = (E_x(x,y), E_y(x,y), 0), \quad \boldsymbol{H}(x,y) = (0, 0, H_z(x,y))$$

横磁界(TM)モード:

$$\boldsymbol{E}(x,y) = (0, 0, E_z(x,y)), \quad \boldsymbol{H}(x,y) = (H_x(x,y), H_y(x,y), 0)$$

したがって,これら 2 つのモードに対して独立したマスター方程式が得られ,

$$\frac{\partial}{\partial x}\left\{\varepsilon^{-1}(x,y)\frac{\partial H_z(x,y)}{\partial x}\right\} + \frac{\partial}{\partial y}\left\{\varepsilon^{-1}(x,y)\frac{\partial H_z(x,y)}{\partial y}\right\}$$
$$+ \frac{\omega^2}{c^2}H_z(x,y) = 0 \quad \text{(TE)}$$
$$(7.13)$$

$$\varepsilon^{-1}(x,y)\left\{\frac{\partial^2 E_z(x,y)}{\partial x^2} + \frac{\partial^2 E_z(x,y)}{\partial y^2}\right\} + \frac{\omega^2}{c^2}E_z(x,y) = 0 \quad \text{(TM)}$$
$$(7.14)$$

が得られる.これらのマスター方程式を用いることにより,2 次元フォトニック結晶における **TE** と **TM** モードに対するフォトニックバンド構造,PBG を計算できる(詳細は文献[31-33]を参照).

時間領域有限差分（finite difference time domain, FDTD）**法**は，マクスウェル方程式を時間および空間の両方の領域で差分化し，解析空間内の電磁界に関して Yee **アルゴリズム**を適用することにより時間的に更新し，出力点の時間応答を得る手法である．したがって，**過渡解**もしくは**周波数応答**を直接求めることができ，フォトニック結晶内部を伝播する光波の解析に用いられる（図7.24参照）FDTDは，マクスウェル微分方程式に対する直接の解法であるために簡便である[32]．

7.4.4 ワイドギャップ・フォトニック結晶

β-FeSi$_2$は屈折率 $n_1 = 5.6$ と非常に大きな値を持つために，屈折率差 $\Delta n = n_1 - n_0 (n_1 > n_0)$ の値が大きい高コントラストなフォトニック結晶が作製できる．このことを明らかにするためにPBGの大きさを評価する．PBGの**ギャップ-中間ギャップ比**は，

$$\frac{\Delta\omega}{\omega_0} = \frac{\left|\left(\frac{n_1}{n_0}\right)^2 - 1\right|}{1 + \left\{\left(\frac{n_1}{n_0}\right)^2 - 1\right\} \cdot \frac{r}{a}} \cdot \frac{\sin\left(\pi \cdot \frac{r}{a}\right)}{\pi} \tag{7.15}$$

で定義され，フォトニック結晶が制御できる波長帯域の広さを示す指標となる[31]．図7.18(a)に示すように $\Delta\omega$ はPBGの幅，ω_0 はその中心周波数，a は格子定数，r はコラム半径を示す．図7.18(b)に，**パターンの充填率**（r/a）に対するギャップ-中間ギャップ比の関係を示す．この結果から明らかなように，いずれの充填率においても β-FeSi$_2$ の方が，GaAs よりも大きな最大ギャップ-中間ギャップ比を維持しているワイドギャップ・フォトニック結晶であることがわかる．

図7.19にPBGのコラム半径（r）依存性を表すPBGマップを示した．(a)は β-FeSi$_2$ の場合を，(b)には比較のためにフォトニック結晶で一般的に用いられているGaAsの場合を示す．格子定数 a を $1.00\,\mu m$ に固定す

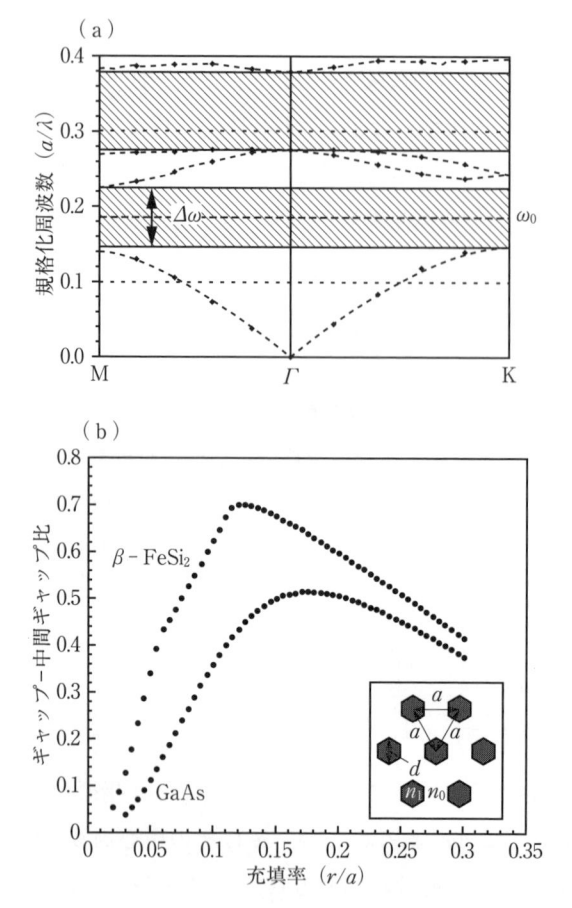

294　7．シリサイド系半導体の応用

図 7.18 （a）ギャップ（$\Delta\omega$）-中間ギャップ（ω_0）比の定義，（b）パターンの充填率（r/a）に対するギャップ-中間ギャップ比の関係．

ると，光通信波長 $1.55\,\mu m$ の光に対応した規格化周波数 $a/\lambda = 0.65$ となり，このマップから，この周波数で PBG を持つコラム半径 $r(= d/2)$ を決定できる．β-FeSi$_2$ の場合には，コラム半径 $r = 0.19 \sim 0.25\,\mu m$，または $r = 0.27 \sim 0.31\,\mu m$（図中の矢印）であれば TE 光の PBG ができる．一方，GaAs の場合は，$r = 0.34 \sim 0.38\,\mu m$ にしか PBG が存在しないため格子パターンが限定される．また，$1.55\,\mu m$ の光に対応していないが，図中でPPBG と示した領域は，TE と TM 光波の両方に対して PBG が存在する

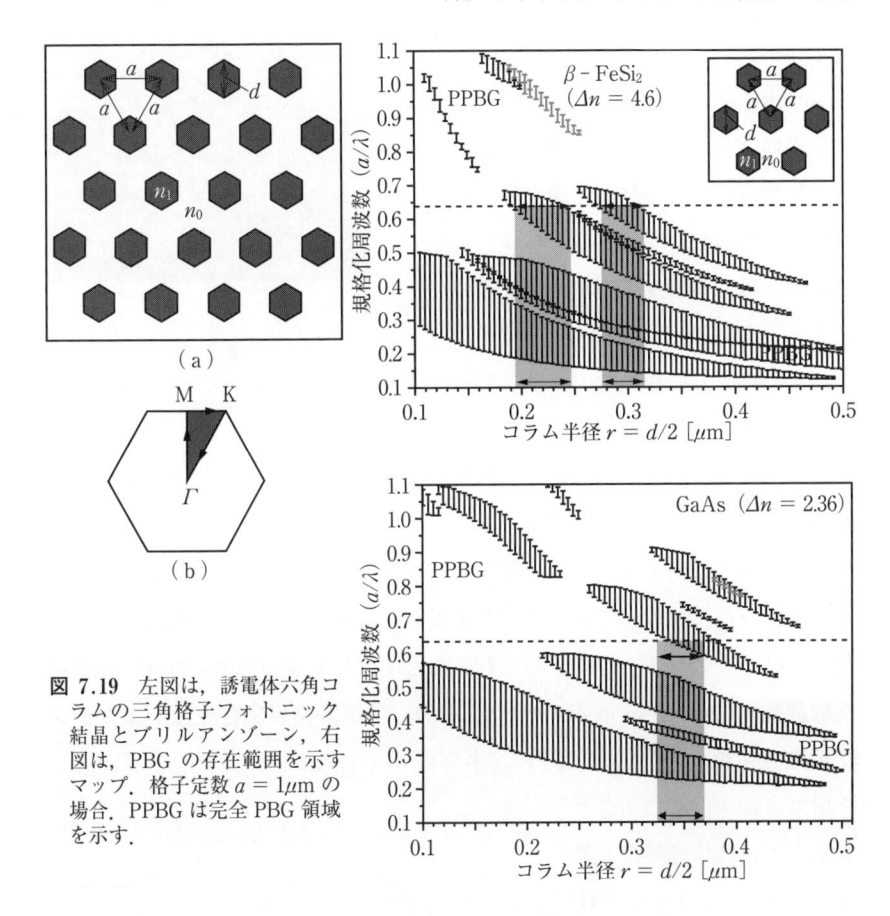

図 7.19 左図は,誘電体六角コラムの三角格子フォトニック結晶とブリルアンゾーン,右図は,PBG の存在範囲を示すマップ.格子定数 $a = 1\mu$m の場合.PPBG は完全 PBG 領域を示す.

完全フォトニックバンドギャップ (perfect photonic band gap, PPBG) である.この場合にも,β-FeSi$_2$ の場合には GaAs に比較して広い範囲に PPBG が広がっていることがわかる.

7.4.5 作製プロセス

β-FeSi$_2$ 薄膜は,高真空で結晶性の高い薄膜成長が可能なイオンビームスパッタ蒸着 (ion beam sputter deposition, IBSD) 法 (3.6 節参照) を用いてシリコン基板上に成膜した.図 7.20 に,900℃ でアニールして結晶化した

296　7．シリサイド系半導体の応用

後の β-FeSi$_2$ 薄膜の走査型電子顕微鏡（scanning electron microscope, SEM）による表面像を示す．結晶化後も，表面は平坦で断面も均一な多結晶薄膜が得られた．

CADで設計されたフォトニック結晶のパターンは，**微細加工プロセス**を用いて作製する．微細加工プロセスは，電子線リソグラフィによる基板へのパターン転写と反応性エッチングによる加工の2段階に分けられる．フォトニック結晶の作製には，なるべく異方性の高いエッチングで周期構造を形成する必要がある．そのためには，**反応ガス分圧**をできるだけ低圧にすることが求められる．**反応性イオンエッチング**では，**イオンアシストエッチング**に比較してエッチングが浅くなる欠点がある．これを回避するために反応ガス分圧を小さくしても，高密度プラズマの発生が可能な**磁気中性線放電**（neutral loop discharge, NLD）**プラズマ反応性イオンエッチング装置**を使用した[38]．表7.2に，半導体プロセスで用いられるドライエッチ用ガスの典型的な組合せを示す．磁性体薄膜など鉄を含む材料では CO/NH$_3$ ガスが用いられるが，シリコン微細加工とのプロセス共存を考慮して，主として SF$_6$ 系ガスの可能性を検討した[38]．

図 7.20　イオンビームスパッタ蒸着法（IBSD法）で作製した β-FeSi$_2$ 薄膜の SEM 像

表 7.2　ドライエッチングに用いられるガスの典型的な組合せ

エッチング材質	エッチングガス
シリコン	CF$_4$, CF$_4$/O$_2$, SF$_6$, C$_2$H$_6$, CCl$_4$
ポリシリコン	CF$_4$, CF$_4$/O$_2$, SF$_6$, CCl$_2$F$_2$
シリカ	CF$_4$, CF$_4$/H$_2$, C$_2$H$_6$, CHF$_3$
鉄	CO/NH$_3$
クロム	Cl$_2$, CCl$_4$/O$_2$
ポリマー	O$_2$

図 7.21 に，β-FeSi$_2$ 薄膜の結晶質の違い（多結晶，単結晶）によるエッチング速度の変化について示す．エッチングは，SF$_6$/CHF$_3$ の 5:1 混合ガスを用いてガス分圧 0.4 Pa の下印加バイアスパワーを 100, 200, 300, 400 W

7.4 シリサイド・フォトニック結晶

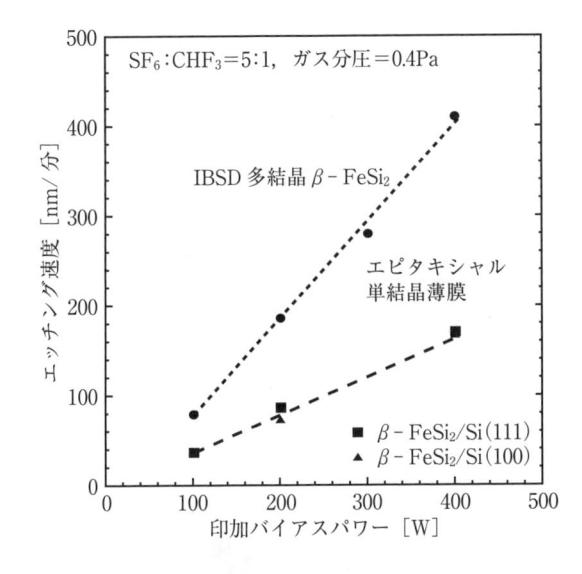

図7.21 β-FeSi$_2$ の結晶質の違いによるエッチング速度の変化

と変化させていった．β-FeSi$_2$ 多結晶薄膜では，印加バイアスパワーに対してエッチング速度が線形に増加し，エッチング速度は Si の場合と比較して，およそ 0.07 倍（印加バイアス 200 W）と非常に小さいことがわかった．一方，エピタキシャル成長した β-FeSi$_2$ 単結晶薄膜のエッチング速度も印加バイアスに対して線形に増加するが，下地基板の単結晶 Si の面方位に関わらず，多結晶薄膜と比較しておよそ 0.43 倍であることがわかった．多結晶と単結晶膜の速度の違いは，粒界などでの不均一エッチングが原因である[39,40]．

図 7.22 に，Fe 組成の異なった**鉄シリサイド**（β-FeSi$_2$，**FeSi**，**Fe$_3$Si** 薄膜）と，その結晶状態の違い（多結晶，エピタキシャル単結晶）による**エッチング速度**をまとめた．Fe 組成が大きな FeSi，Fe$_3$Si 薄膜では β-FeSi$_2$ 薄膜よりもエッチング速度が低下することがわかる．これは，SF$_6$ ガスによる反応性イオンエッチングが Fe 原子では起こらないなど，鉄シリサイドの反応性イオンエッチングメカニズムに関係している．

また，鉄シリサイドのエッチングは，図 7.23 に示すように，（1）**フッ素**

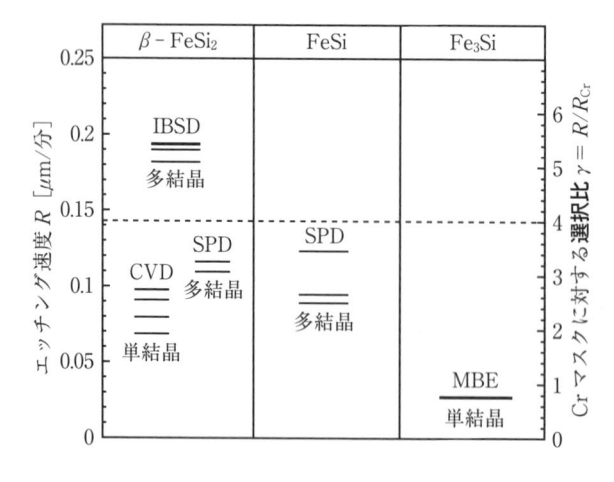

図 7.22 鉄シリサイドの組成とエッチング速度の関係. SF_6/CHF_3 の 5:1 混合ガスを用いて, ガス分圧 0.4Pa, 印加バイアスパワー 200 W でエッチングを行った.

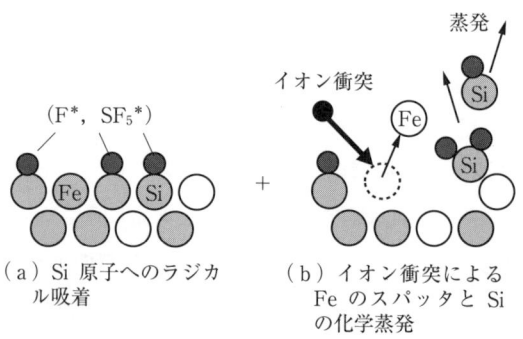

図 7.23 鉄シリサイドのエッチングメカニズム (模式図)

ラジカルなどが表面 Si 原子に吸着し揮発性化合物を形成する. そして, (2) Si が揮発性化合物を形成して脱離した後, 結合が切れて不安定になった表面の Fe 原子を, イオンによる**物理的スパッタ**によって弾き飛ばすことにより進行していると考えることができる[39,40].

このように低圧イオンエッチングでは, 化学プロセスと物理プロセスの両方が起こる. 強磁性体 Fe_3Si 薄膜では難エッチング特性を逆に応用し, Fe_3Si そのものをマスクとして利用する**セルフリフトオフ法**を用いて, Fe_3Si 磁性体フォトニック結晶の試作が行われている[41].

（a） 加工誤差：フォトニックバンド構造への影響[39,42]

加工によるパターンの寸法誤差（**加工誤差**）のフォトニックバンドへの影響や許容誤差について，事前に検討しておく必要がある．図7.24に，β-FeSi$_2$六角コラム正方格子のPBGが存在する限界から求めた許容誤差を示す．ただし，格子定数 $a = 1.0\,\mu$m，コラム直径 $d = 0.5\,\mu$m である．格子定数 a の誤差 Δa に対するコラム直径の許容誤差 $\Delta a/a$ とする．

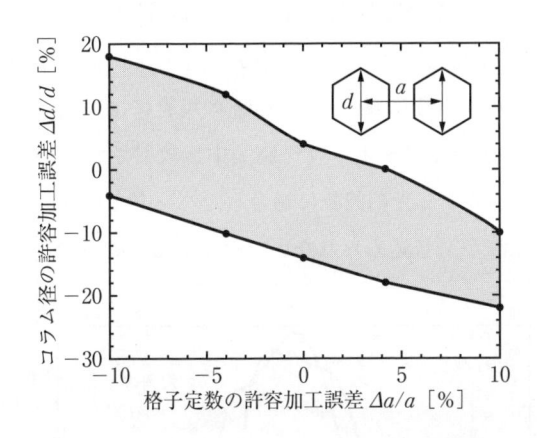

図 7.24 β-FeSi$_2$ 六角コラムを持つ正方格子 PhC の許容加工誤差範囲．伝播光波長を 1.67 μm で計算した結果．

その結果，格子定数の誤差が ± 10% の範囲においては，コラム直径の誤差はおよそ 15 ～ 20% の許容誤差があることがわかる．また，格子定数が負の誤差を持つ場合にはコラム直径の誤差が正の方向に広い許容範囲を，逆の場合にはコラム直径の誤差は負の方向に広い許容範囲を持つようになる．これは，許容誤差が PBG マップを反映しているからである．実際に作製したパターンの加工誤差は，格子定数 a に関して 0%，コラム直径に関して＋3.6% であったので，この許容範囲内で作製できていることになる．

（b） 加工誤差：伝播特性への影響[39,42]

時間領域有限差分（finite-difference time-domain, FDTD）法を用いて，フォトニック結晶内光導波路（楔形線欠陥）の伝播特性について検討した例

300   7. シリサイド系半導体の応用

を紹介する．格子定数 a を $1.0\,\mu m$ に固定して，コラム直径の誤差に対する伝播効率 T を求めた．光導波路を導波する TE 波の入力側と出力側のエネルギー比から伝播効率 T を計算した．

図 7.25 に，光導波路内の光波伝播の様子とコラム直径の加工誤差 ($\Delta d/d$) に対する伝播効率 T を示す．(a) は加工誤差のない場合で，入射した光波は 90% 以上伝播している．(b) は誤差が + 10% である場合で，PBG 内の電磁波の伝播であるために，伝播効率は約 50% である．光導波路の屈曲部において反射する成分が存在し，**屈曲部**での光波の干渉が発生して伝播効率が減少するためである．(c) に示すように誤差が − 20% の場合には，入射した光波が**線欠陥**を導波することなくフォトニック結晶中へ放射されている．これは加工誤差によって，導波する光の波長に適合したバンドギャップが形成されず，光導波路内に光波が閉じ込められないためである．β - FeSi$_2$

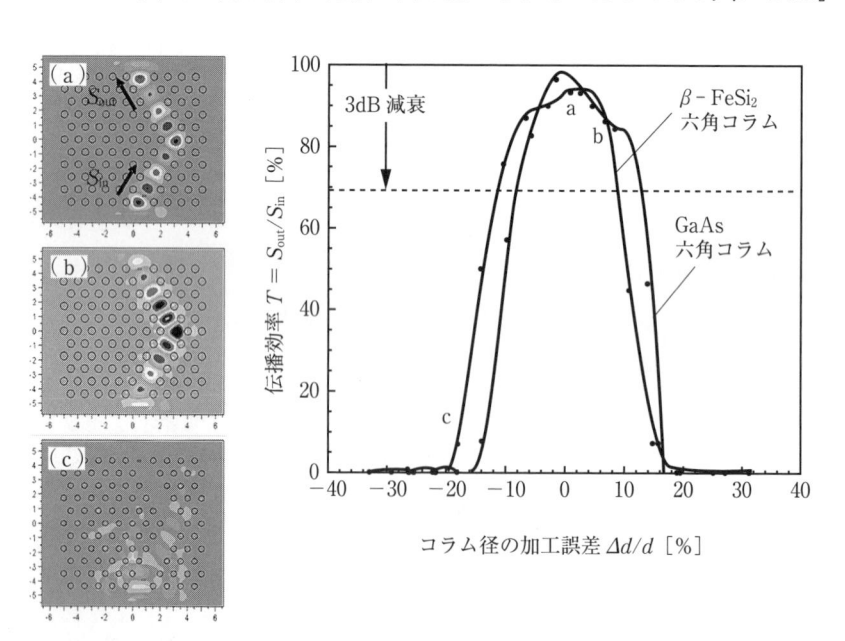

図 7.25　六角コラム径の加工誤差による TE 光波の伝播効率 T の変化（計算）．右図中の a, b, c は左図の (a)(b)(c) に対応している．

と GaAs 六角コラムフォトニック結晶の加工許容誤差は，GaAs の場合は±12％であるのに対し，β-FeSi$_2$ の場合には±8％となっており，β-FeSi$_2$ のような高屈折率材料を用いた場合には，より加工精度が求められるが，実際の作製ではこれ以下の加工誤差が実現されている．

図 7.26 に，シリコン基板上での β-FeSi$_2$ フォトニック結晶の作製例を示す．図 7.26(c) は，光を入射面での**フレネル損失**を防ぐために設計された**共役反転パターン**である[36,39,43,44]．高い加工精度が実現されていることがわかる．

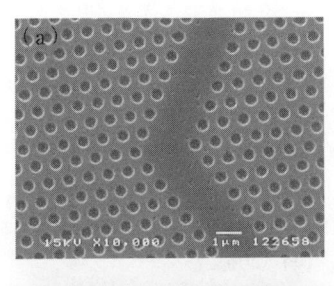

図 7.26 (a), (b) Si 基板上に作製された β-FeSi$_2$ フォトニック結晶(光導波路)パターンの SEM 像．(c) 共役反転パターンの界面付近の像．

7.4.6 まとめ

本節では，β-FeSi$_2$ が赤外で屈折率が大きいことを利用した高コントラスト・フォトニック結晶の利点や実際の作製，加工精度の検討などを紹介した．シリコン基板上でも屈折率差が大きいために，**シリコンオプトエレクトロニクス**との整合性が良い．この利点を生かした今後の展開が期待される．

また，すでに薄膜形成技術が開発され，高屈折率であるにもかかわらず，サブミクロンの微細加工が検討されていないシリサイド系半導体が多数ある．これらもフォトニクス結晶の材料として今後の研究が待たれる．

参 考 文 献

[31] J. D. Joannopoulos, R. D. Meade and J. N. Winn : "*Photonic Crystals - Modeling the Flow of Light -*" (Princeton Univ. Press, Pronceton, 1995)

[32] 迫田和彰 著：「フォトニック結晶入門」（森北出版，2004 年）

[33] 吉野勝美，武田寛之 共著：「フォトニック結晶の基礎と応用」（コロナ社，2005 年）

[34] A. Imai, S. Kunimatsu, K. Akiyama, Y. Terai and Y. Maeda : Thin Solid Films **515** (2007) 8162

[35] Y. Maeda : Thin Solid Films **515** (2007) 8118

[36] 前田佳均 著：「鉄シリサイドの光学応用」応用物理 **79** (2010) 135

[37] 國松俊佑，今井章文，秋山賢輔，前田佳均 共著：電子情報通信学会技術研究報告 SDM（シリコン材料・デバイス）**106** (206) 7

[38] 今井章文，安藤裕一郎，寺井慶和，秋山賢輔，前田佳均：「β-FeSi$_2$ フォトニック結晶の作製(1)：反応性イオンエッチングの検討」(第 53 回応用物理学関連連合講演会（2006 年春，武蔵工業大学），講演番号 25p-D-11)

[39] 今井章文 著：「高屈折率シリサイド半導体フォトニック結晶の設計と作製」（京都大学大学院エネルギー科学研究科・修士学位論文，平成 18 年度）

[40] 今井章文，國松俊佑，前田佳均，秋山賢輔，寺井慶和：「Si エッチングガスを用いた Fe 系シリサイドのサブミクロン加工：フォトニック結晶の作製を目指して」(第 67 回応用物理学会学術講演会（2006 年秋，立命館大学），講演番号 31p-RD-3)

[41] 國松俊佑，今井章文，寺井慶和，秋山賢輔，前田佳均：「Fe$_3$Si リフトオフ法による磁性体フォトニック結晶の作製」(第 54 回応用物理学関連連合講演会（2007 年春，青山学院大学），講演番号 29a-P6-3)

[42] 國松俊佑，今井章文，安藤裕一郎，前田佳均：「β-FeSi$_2$：2 次元フォトニック結晶のサイズ誤差の影響」(第 67 回応用物理学会学術講演会（2006 年秋，立命館大学），講演番号 31p-RD-3)

[43] 國松俊佑，寺井慶和，前田佳均 共著：電子情報通信学会技術研究報告 SDM

(シリコン材料・デバイス) **107** (2007) 39
[44] Y. Maeda and Y. Terai: "*Fabrication of iron silicide photonic crystals and properties of light propagation in Compound Semiconductor Photonics Materials, Devices, and Integration*" (Pan Stanford Pub. Singapore, 2010) p. 170

7.5 シリサイド・スピントロニクス

7.5.1 はじめに

近年，活況を呈している**スピントロニクス**とは，電子の有する2つの内部自由度である「電荷」と「**スピン**」を自在に制御し，デバイスの高性能化を図る研究分野である．主要目的に大規模集積回路の高性能化が挙げられるため，Siプロセスとの整合性を重視する研究が多い．この点において，本書5.6節でも述べられているように，シリサイド強磁性体は大きな優位性を有しており，脚光を浴びている材料の1つである．特に，ホイスラー合金型の**シリサイド強磁性体**（図7.27(a)）は結晶構造や成長プロセスを変えることなく，組成制御のみで磁気・スピン・電気伝導特性などを制御できる特長があり，精力的な研究が続いている[45]．

本節では，スピントロニクスの近年の動向をシリサイド強磁性体と関連づ

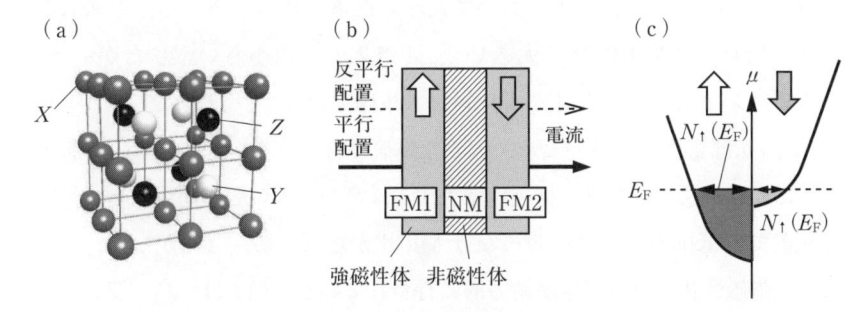

図7.27 （a）ホイスラー合金の結晶構造．Z は Si などの非磁性元素で構成される．（b）GMR，TMR の素子構造．（c）強磁性体のバンド構造．横幅は電子の状態密度を表す．

けながら，この分野に馴染みのない研究者が研究に着手することを想定して，代表的な研究成果の理解に必要な事項を中心に解説した．

7.5.2 TMR 素子，GMR 素子とシリサイド強磁性体

最も有名なスピンデバイスは，**巨大磁気抵抗**（giant magneto resistance, GMR）**素子**と**トンネル磁気抵抗**（tunnel magneto resistance, TMR）**素子**であろう[46,47]．両素子とも2層の強磁性体で構成されているが（図7.27(b))，それらを隔てる非磁性体層が，金属であるのが GMR であり，絶縁体であるのが TMR である．磁化配置を平行・反平行と切り替えることにより，抵抗変化を実現する．ここで，抵抗変化の大きさ（MR 比：平行，反平行配置での抵抗を R_P, R_{AP} とし，$MR(\%) = \{(R_{AF} - R_P)/R_P\} \times 100$ で定義）は，「**スピン偏極率**」に強く依存する．スピン偏極率 P とは $P(\%) = [\{N_\uparrow(E_F) - N_\downarrow(E_F)\}/\{N_\uparrow(E_F) + N_\downarrow(E_F)\}] \times 100$ で定義される伝導電子のスピンの偏りを示す物性値であり，$N_\uparrow(E_F)$, $N_\downarrow(E_F)$ はそれぞれアップ（↑）スピンとダウン（↓）スピンのそれぞれフェルミ順位における状態密度である（図7.27(c)).一方のスピンにおいて，**フェルミ順位**がバンドギャップ内に位置している「**ハーフメタル材料**」では，$P = 100\%$ となる．

図7.27(b)の TMR 素子において反平行配置の場合を考える．↑スピンの状態密度は FM 1 中では大きいが，FM 2 中では小さい．したがって，↑スピンの FM 1 から FM 2 への**トンネル確率**は低い．他方，↓スピンは FM 1 の状態密度が小さいため，大きな電流は得られない．ゆえに，平行配置と比較して反平行配置の抵抗は増大する．P が大きい強磁性体ほど，反平行配置での抵抗の増大が顕著になり MR 比が増大する．したがって，P が大きい強磁性体材料の探索が精力的に行われている．例えば，**ハーフメタル**が期待されるホイスラー合金で組成を精密に制御することにより，室温でも高いスピン偏極率を有する強磁性体が実現している．これまでに，Co_2MnSi

や $Co_2FeAl_xSi_{1-x}$ などを用いた GMR 素子，TMR 素子において非常に高い MR 比が報告されている[48,49]．

7.5.3 能動的なスピンデバイスを指向した研究

　近年では輸送途中のスピンを操作し，多機能化を図る能動的な素子が実現しつつある．ここでは，電気的にスピンを注入し輸送する手法について説明する．スピン注入・輸送の実証方法として，GMR 構造（図 7.27(b)）の非磁性体層を厚くした素子を用いて，磁気抵抗を観測することが容易に思いつく（2 端子磁気抵抗測定）．しかし，輸送距離が長い場合にはスピン情報は次第に散逸され，検出される信号の大きさは著しく減少する．その大きさがスピンに起因しない電圧変化と同程度である場合，"偽"の信号をスピン信号と誤認してしまう恐れがある．この問題を回避するため，偽の信号が重畳しにくいセットアップで実験を行う必要がある．

　スピン注入・輸送・検出の実験において重要な物理現象に「**スピン蓄積**」がある．強磁性体/非磁性体間に電流を流す場合を考える．強磁性体中では↑スピンと↓スピンの状態密度が異なるため，電流に寄与する電子の数に偏りがある．このような電流を「**スピン偏極電流**」とよぶ．スピン偏極電流の流入により，非磁性体中では↑スピンの数が多くなる．このように，↑スピンと↓スピンの存在比率が熱平衡から乖離している状態を「スピン蓄積」とよぶ．非磁性体中では↑スピンと↓スピンの状態密度は等しいため，↑スピンは高い電気化学ポテンシャル（$\mu_\uparrow, \mu_\downarrow$）を有することになる．電子は電気化学ポテンシャルが高い領域から低い領域に**拡散伝導**するため，スピン蓄積は強磁性体/非磁性体界面から離れた領域にも形成される．このスピン蓄積を電気信号として検出する．検出方法としては**非局所 4 端子法**[50]，**非局所 3 端子法**[51] など複数提案されている．

7.5.4 非局所4端子法の原理

非局所4端子法の原理を模式的に図7.28に示す.強磁性電極①,②および非磁性細線を配置する.電極①から非磁性体にスピンを注入し,スピン蓄積を実現する.このときの非磁性体面内方向の**電気化学ポテンシャル**を図7.28(b)に示す.強磁性体電極①から離れた領域でも,スピンの拡散によりスピン蓄積が生じる.このとき,電流経路外に強磁性電極②を配置すると,電荷の伴わない純スピン流(↑スピンと↓スピンが同数反対方向に流れる流れ)が電極②内にも拡散流入し,**スピン蓄積**が生じる.

ここで,強磁性電極では↑スピンと↓スピンに対する伝導率が異なる.電荷中性条件を満たすためには電極②中の電気化学ポテンシャルの傾きが↑スピンと↓スピンで異なる必要がある.その結果,電極②内部の電気化学ポテンシャルは非磁性体中のポテンシャルとは異なる(図7.28(c)).その差異を電圧として検出する.電圧を面内外部磁界の関数として測定すると,電極①,②の**磁化反転**に伴い**非局所電圧**に差が発生し,矩形の信号が得られる.(図7.28(d))

以上の現象を数式で記述する.注入電極の強磁性体①/非磁性体接合を原点とし,非磁性体中の位置を Z_1,強磁性体中の位置を Z_2 とする.簡単のため,強磁性体①,②は同じ物質であり,非磁性体との界面抵抗はないと仮定する.それぞれの領域での電気化学ポテンシャルは,

領域 FM1-1($Z_2 < 0$):

$$\mu_\uparrow = A\sigma_\uparrow^{-1} e^{Z_2/l_F} + BZ_2 + C, \quad \mu_\downarrow = -A\sigma_\downarrow^{-1} e^{Z_2/l_F} + BZ_2 + C \tag{7.16}$$

領域 FM2-1($L < Z_2$):

$$\mu_\uparrow = D\sigma_\uparrow^{-1} e^{-(Z_2-L)/l_F} + E, \quad \mu_\downarrow = -D\sigma_\downarrow^{-1} e^{-(Z_2-L)/l_F} + E \tag{7.17}$$

領域 NM1-1($Z_1 < 0$):

$$\mu_\uparrow = a\sigma_N^{-1} e^{Z_1/l_N} + bZ_1, \quad \mu_\downarrow = -a\sigma_N^{-1} e^{Z_1/l_N} + bZ_1 \tag{7.18}$$

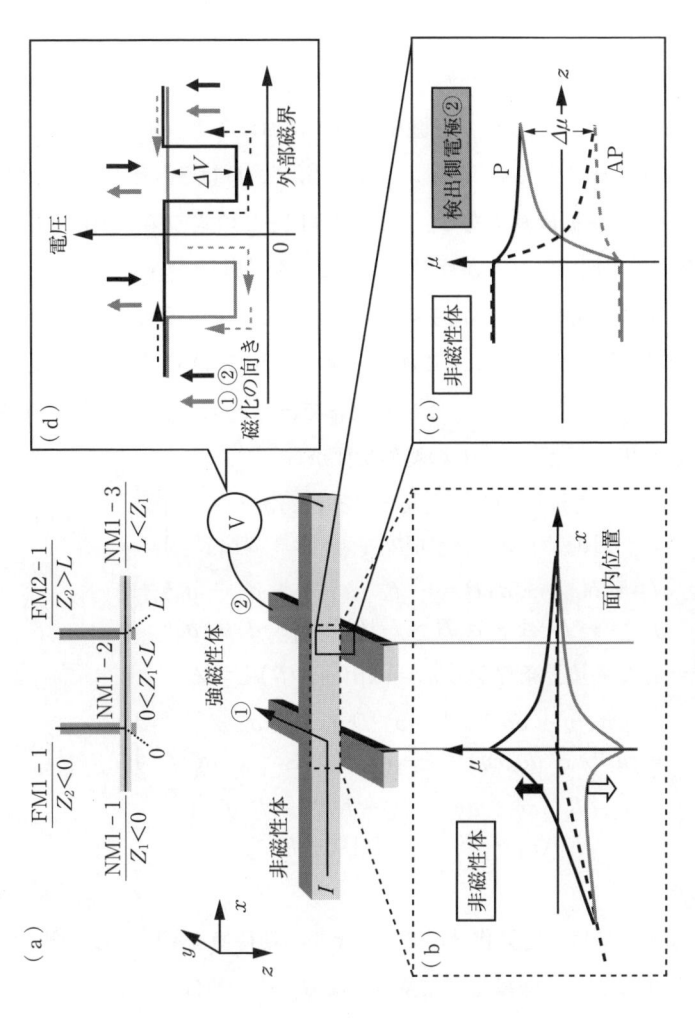

図 7.28 （a）非局所 4 端子法で用いるスピンデバイスの素子構造．（b）非磁性体面内方向，および（c）強磁性体②面直方向における電気化学ポテンシャル．（d）面内磁界掃引時に得られる電圧信号．

領域 NM 1 - 2 $(0 < Z_1 < L)$:

$$\mu_\uparrow = c\sigma_N^{-1}e^{-Z_1/l_N} + d\sigma_N^{-1}e^{Z_1/l_N}, \qquad \mu_\downarrow = -c\sigma_N^{-1}e^{-Z_1/l_N} - d\sigma_N^{-1}e^{Z_1/l_N}$$
(7.19)

領域 NM 1 - 3 $(L < Z_1)$:

$$\mu_\uparrow = f\sigma_N^{-1}e^{-(Z_1-L)/l_N}, \qquad \mu_\downarrow = -f\sigma_N^{-1}e^{-(Z_1-L)/l_N} \qquad (7.20)$$

と記述できる．ここで $\sigma_\uparrow$ ($\sigma_\downarrow$) は強磁性体中における↑（↓）スピンの伝導率，σ_N は非磁性体の↑（↓）スピンの伝導率，l_F, l_N はそれぞれ強磁性体，非磁性体中のスピン拡散長である．また，NM 1 - 2 の式の第 2 項は非磁性体/強磁性体②の界面でスピンが反射されることを考慮している．

それでは，上式を用いて検出電圧を計算してみる．未定係数は A, B, C, D, E, a, b, c, d, f, であり，これらを決定すればよい．$Z_{1,2} = 0$, L において，$\mu_\uparrow$, $\mu_\downarrow$ および↑, ↓ スピンの流れである $eJ_\uparrow$, $eJ_\downarrow$ がそれぞれ連続であることを用いると，$Z = 0$ の境界条件から

$$\left.\begin{array}{l} A\sigma_\uparrow^{-1} + C = \sigma_N^{-1}a = (c+d)\sigma_N^{-1} \\ -A\sigma_\downarrow^{-1} + C = -\sigma_N^{-1}a = -(c+d)\sigma_N^{-1} \end{array}\right\} \qquad (7.21)$$

$$\left.\begin{array}{l} eJ_\uparrow = l_F^{-1}A + \sigma_\uparrow B = -l_N^{-1}(a+c-d) + \sigma_N b \\ eJ_\downarrow = -l_F^{-1}A + \sigma_\downarrow B = l_N^{-1}(a+c-d) + \sigma_N b \end{array}\right\} \qquad (7.22)$$

となり，$Z = L$ での境界条件から $\eta = \exp(-L/l_N)$ とすると，

$$\left.\begin{array}{l} c\sigma_N^{-1}\eta + d\sigma_N^{-1}\eta^{-1} = \sigma_\uparrow^{-1}D + E = \sigma_N^{-1}f \\ -c\sigma_N^{-1}\eta - d\sigma_N^{-1}\eta^{-1} = -\sigma_\downarrow^{-1}D + E = -\sigma_N^{-1}f \end{array}\right\} \qquad (7.23)$$

$$\left.\begin{array}{l} -l_N^{-1}(c\eta - d\eta^{-1}) = -l_F^{-1}D - l_N^{-1}f \\ l_N^{-1}(c\eta - d\eta^{-1}) = l_F^{-1}D + l_N^{-1}f \end{array}\right\} \qquad (7.24)$$

が得られる．

非局所 4 端子法では，電気化学ポテンシャルの期待値を電圧として測定するため，その値は $2E/e$（e は電気素量）となる．その値は，

$$\frac{2E}{e} = \frac{\gamma_F^2 \gamma_N}{(\gamma_N + 2\gamma_F)^2 - \gamma_N^2 \eta^2} \eta e\beta^2 J \qquad (7.25)$$

となり，有限の値となる．ここでそれぞれ，$\gamma_F \equiv (1/4) l_F (\sigma_\uparrow^{-1} + \sigma_\downarrow^{-1})$，$\gamma_N \equiv (1/2) l_N (\sigma_N^{-1})$，$\beta \equiv (\sigma_\uparrow^{-1} - \sigma_\downarrow^{-1})/(\sigma_\uparrow^{-1} + \sigma_\downarrow^{-1})$ と定義した．

非局所4端子法の利点は，電流回路と電圧測定回路が空間的に分離している点にある．電圧測定回路内に電流が流れている場合には，外部磁界による抵抗変化（**ローレンツ MR**）や**異方性磁気抵抗効果**，**異常ホール効果**などを考慮する必要がある．

7.5.5 非局所3端子法の原理

非局所3端子法および**2端子磁気抵抗測定**の原理も(7.16)～(7.25)で理解できる．前者は(7.16)の電圧 C/e を検出しており，後者も電流が電極①，②に印加されている条件で解けば値が導かれる．

非局所4端子法や2端子磁気抵抗測定では，蓄積スピンの向きを検出電極に対して平行/反平行と切り替え，電圧変化を測定する．一方，非局所3端子法の素子は1つの強磁性体で構成されるため（図7.29(a)），スピン蓄積状態と熱平衡状態との電圧差を測定する．ポイントは，定電流印加時にスピン蓄積が起きていない状態を実現する手段である．そのために外部磁界を利用する．スピンに垂直方向の磁界を印加すると，スピンは外部磁界の方向を中心軸とした**歳差運動**を起こす．歳差運動の速度は外部磁界の強さに比例する．ここで，磁界がゼロの場合と弱い磁界および強い磁界を印加したときのスピンの動きを，模式的に図7.29(c)～(e)に示す．

まず，磁界がゼロの場合を考える．注入されたスピンは時間の経過と共にその情報を失う．図7.29(c)は注入直後のスピンの量を1とし，時間の経過と共にその情報が散逸していく様子を示している．定電流を印加している場合を考えると，横軸を t 秒前に注入されたスピンが現在保持しているスピンの量とも理解することができ，現在のスピン蓄積は図の 斜線部分Aの面積 となる．次に，弱い磁界が印加された場合を考える．磁界による歳差運動のため，t_1 秒前に注入されたスピンは下向きを向いていることになる．このと

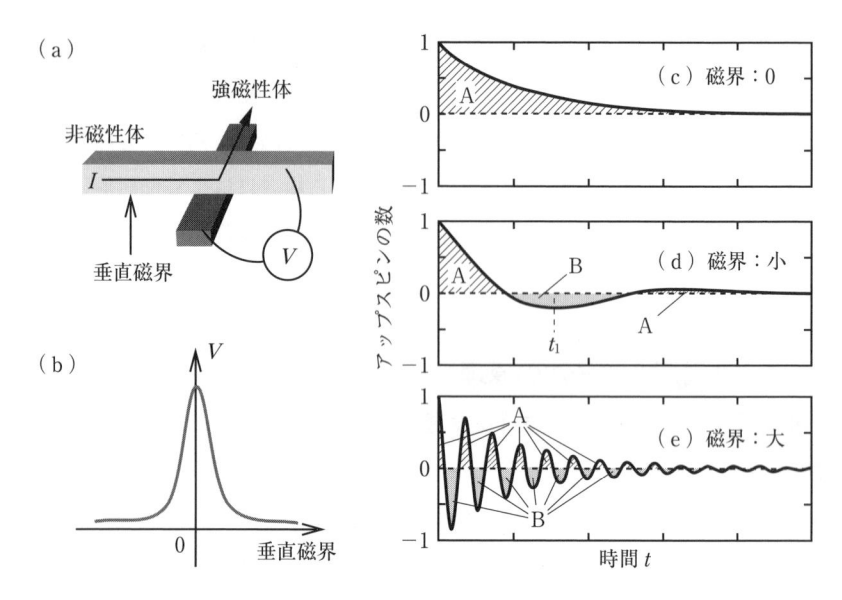

図 7.29 （a）非局所 3 端子法で用いるスピンデバイスの素子構造．（b）垂直磁界掃引時に得られる信号．（c）～（e）注入されたスピンの蓄積の様子．

きのスピン蓄積量は Aの面積 と Bの面積 の差分となり，磁界ゼロの場合と比較してスピン蓄積量は減少している．さらに強い磁界を印加した場合には（図 7.29(e)），Aの面積 ≒ Bの面積 となるためスピン蓄積量は 0 に漸近する．

実際の測定では一定電流を流し，磁界掃引の下で電圧を測定する．外部磁界を横軸にして電圧をプロットすると，強磁界ではスピン蓄積が起きていない状態を測定していると見なすことができる．このときの電圧変化を測定することにより，スピン蓄積量を評価することができる（図 7.29(b)）．

本測定の利点は試料構造が単純であり，比較的大きな試料でも実験可能である点である．しかし，電流回路の一部に電圧測定回路があるため，信号の同定には十分な注意を要する．温度依存性や非磁性体の材料依存性など，複数の測定を行い，慎重に検討する必要がある．

7.5.6 スピン注入に関する研究とシリサイド強磁性体

電気的スピン注入方法においても，シリサイド強磁性体には大きな期待が寄せられている．例えば，**非磁性金属/強磁性金属接合**を用いた**スピン注入**において，Co_2FeSi を用いた試料で最も高いスピン注入効率が報告されている[52]．また，半導体（Si, Ge, GaAs）中へのスピン注入に関する研究でもシリサイド強磁性体が多用されている[53-55]．シリサイド強磁性体/半導体接合は高品質形成が可能であることが判明し[56,57]，現在でも活発な研究が続いている．

ごく最近では，電流を全く用いない新しいスピン注入の方法が提案されている．**熱や音響によるスピン注入**[58,61]，**磁化ダイナミクス**によるスピン注入[62]など学術的に興味深い結果が次々と報告されている．これらの研究でもシリサイド強磁性体は活用されており，Fe_3Si を用いた磁化ダイナミクスによるスピン注入では，従来素子と比較して 20 倍ものスピン注入効率の向上が報告された[63]．

技術が成熟しつつあるスピントロニクスにおいて，材料探索研究が果たす役割は大きい．今後もシリサイド強磁性体がスピントロニクス研究の大きなマイルストンを築き，スピントロニクスの発展に多大な貢献をすると確信している．

参 考 文 献

[45] A. Hirohata, A. Kikuchi, N. Tezuka, K. Inomata, J. S. Claydon, Y. B. Xu and G. van der Laan : Current Opinion in Solid State and Materials Science **10**（2006）93

[46] M. N. Baibich, J. M. Broto, A. Fert, F. N. Vandau, F. Petroff, P. Eitenne, G. Creuzet, A. Friederich and J. Chazelas : Phys. Rev. Lett. **61**（1988）2472

[47] T. Miyazaki and N. Tezuka : J. Magn. Magn. Mater. **93**（2008）122507

[48] T. Furubayashi, K. Kodama, H. Sukegawa, Y. K. Takahashi, K. Inomata and

K. Hono: Appl. Phys. Lett. **93** (2008) 122507
[49]　T. Ishikawa, H. Liu, T. Taira, K. Matsuda, T. Uemura and M. Yamamoto: Appl. Phys. Lett. **95** (2009) 232512
[50]　F. J. Jedema, A. T. Filip and B. J. van Wees: Nature **410** (2001) 345
[51]　X. Lou, C. Adelmann, M. Furis, S. A. Crooker, C. J. Palmstrom and P. A. Croweell: Phys. Rev. Lett. **96** (2006) 176603
[52]　T. Kimura, N. Hashimoto, S. Yamada, M. Miyao and K. Hamaya: NPG ASIA MATERIALS **4** (2012) e9
[53]　Y. Ando, K. Hamaya, K. Kasahara, Y. Kishi, K. Ueda, K. Sawano, T. Sadoh and M. Miyao: Appl. Phys. Lett. **94** (2009) 182105
[54]　Y. Fujita, S. Yamada, Y. Ando, K. Sawano, H. Itoh, M. Miyao and K. Hamaya: J. Appl. Phys. **113** (2009) 013916
[55]　A. Kawaharazuka, M. Ramsteiner, J. Herfort, H. P. Schonherr, H. Kostial and K. H. Ploog: Appl. Phys. Lett. **85** (2004) 3492
[56]　J. Herfort, H. P. Schonherr and K. H. Ploog: Appl. Phys. Lett. **83** (2003) 3912
[57]　T. Sadoh, M. Kumano, R. Kizuka, K. Ueda, A. Kenjo and M. Miyao: Appl. Phys. Lett. **89** (2006) 182511
[58]　Y. Maeda, T. Jonishi, K. Narumi, Y. Ando, K. Ueda, M. Kumano, T. Sadoh and M. Miyao: Appl. Phys. Lett. **91** (2007) 171910
[59]　K. Hamaya, K. Ueda, Y. Kishi, Y. Ando, T. Sadoh and M. Miyao: Appl. Phys. Lett. **93** (2008) 132117
[60]　K. Uchida, S. Takahashi, K. Harii, J. Ieda, W. Koshibae, K. Ando, S. Maekawa and E. Saitoh: Nature **455** (2008) 778
[61]　K. Uchida, H. Adachi, T. An, T. Ota, M. Toda, B. Hillebrands, S. Maekawa and E. Saitoh: Nature Mater. **10** (2011) 737
[62]　Y. Tserkovnyak, A. Brataas and G. E. W. Bauer: Phys. Rev. Lett. **88** (2002) 117601
[63]　Y. Ando, K. Ichiba, S. Yamada, E. Shikoh, T. Shinjo, K. Hamaya and M. Shiraishi: Phys. Rev. B **88** (2013) 140406 (R)

事項索引

ア

IR（赤外）吸収スペクトル 132, 209
RCA 洗浄法 118
RF イオン源 116
RoHS 指令 17
アイランド 122
アクセプタ 180
 ——準位 181
アークチャンバー 129
アークプラズマ法 245
アーク熔融 263
 ——法 239
アスプネスの式 200
圧力係数 264
アドミッタンス軌跡 286
アニール 132
 赤外線ランプ—— 135
 ポスト—— 28, 139
アモルファス 12
 ——化 69
 ——構造 155
 近赤外域——系半導体材料 101
アラインドスペクトル 163
アルカリ金属（1族）シリサイド 5
アルカリ土類金属（2族）シリサイド 5, 18
アルカリ土類金属ダイシリサイド 262
アルコキシド 246
アルミニウム添加 25
アンダーソン（Anderson）機構 8

イ

1 軸配向 159
1 次のデバイ関数 176
1 次ラウエゾーン 148
1 族（アルカリ金属）シリサイド 5
1.5 μm 帯 LED 32
I 型クラスレート 236
Yee アルゴリズム 293
イオンアシストエッチング 296
イオン価数 183
イオン化不純物散乱 183
イオン交換法 59
イオン注入 129
 ——法 267
 3 重—— 137
イオン電流 129
イオンビーム 116
 ——合成法 23, 25, 128, 211
 ——法 115
 ——スパッタ蒸着法 115
 ——スパッタ成長法 113
 ——スパッタ成膜 23
 集束—— 146
異常ホール効果 309
位相定数 200
移動度の温度特性 138
異方性 21
 ——磁気抵抗効果 309
 光学—— 192
 成長—— 40
双極子モーメントの—— 26
インクルージョン 45
インコネル 284
インコングルーエント 37
因子群解析 207

エ

A2 構造 230
A_g モード 209
A-type 整合 161
a 軸伸長 205
A バンド 18, 31, 135, 211
f 電子系 15
$L2_1$ 規則格子 168
STM-変調分光法 126
X 線回折 154, 268
 ——法 28
 粉末——法 246
X 線極点図測定 78
X 線トポグラフ 44
液晶プロジェクタ 289
エッチピット 44
エッチング速度 42, 297
エネルギー損失因子 165
エネルギーギャップ 242
エネルギー阻止能 165
エネルギーバンド 3
エネルギー分散型 X 線分光法 151
エネルギー分裂 4
エネルギー変換材料 243
エピタキシャル関係 124, 144, 149
エピタキシャル軸 173
エピタキシャル成長 104, 123, 146, 255
 固相—— 125
 超高密度—— 123
 反応性—— 69, 70, 253
 反応性——法 271
 分子線—— 77, 253
 ヘテロ—— 29
エピタキシャルドメイン 69, 259
エピタキシャルバリアント 72
エピタキシャル膜 71
 マルチバリアント—— 80
エピ面関係 27
エリプソメトリー 256
エレクトロルミネッセンス

25, 129, 269
塩化鉄　87
　　第2——　129

オ
オクテット則　262
オーバーグロース　27, 89
オーミック電極　257
音響フォノン　182
　　——散乱　182

カ
開口形成　123
介在物　13
回転双晶　42
回復速度　139
外部モード　207
外部量子効率　105, 270
界面欠陥　211
界面構造　144
化学気相成長　180
　　——法　84
　　有機金属——法　23
化学気相輸送法　48, 187
化学的純度　62
化学的な効果　175
化学量論組成比　180
拡散係数　123, 139
　　格子——　279
　　相互——　50, 51
　　粒界——　279
拡散経路　170
拡散伝導　305
拡散の活性化エネルギー
　　51
拡散反応　251
カーケンダールボイド
　　50, 53
加工誤差　299
籠状骨格構造　239
価数制御陰イオン交換精製
　　法　64
ガス供給量比　89
ガスハイドレート　236
活性化率　182
活性層　269
過渡解　293

過飽和溶液　37
カラム法　60
カルノー効率　214
環境低負荷　18
環境負荷　291
　　低——　2
間接吸収端　257
間接遷移　188
　　——型半導体　189, 241, 277
　　——プロセス　26
間接半導体　6
間接バンド間再結合発光
　　26
間接励起子発光　204
完全吸収体　286, 287
完全フォトニックバンド
　　ギャップ　295

キ
90°秩序ドメイン　21
90°方位バリアント　147
機械研磨　255
貴金属　1
基準振動　210
気相法　47
基板損傷　139
逆位相振動　210
ギャップエネルギーの温度
　　依存性　192
ギャップ - 中間ギャップ比
　　293
キャリアガス　86
キャリア寿命時間　279
キャリア濃度　44
　　残留——　101
キャリア補償効果　45
キャリア密度　264
　　——制御　277
吸光度　209
吸収スペクトル　187, 285
　　IR——　132, 209
　　光——　188, 198
吸収ピーク　209
吸収率　282, 283
吸着度合い　60
吸着量　60

キュリー温度　227
キュリー - ワイス（Curie - Weiss）則　14
共役反転パターン　301
狭ギャップ　34
　　——半導体　22, 33, 263, 266
強磁性　127
　　——シリサイド　227
　　——層間結合　110
　　——体/半導体ヘテロ構造　109
シリサイド——体　303
反——結合　34
非磁性金属/——金属接合　311
弱い——結合　34
狭バンド　217
局在準位　184
局在スピン　15
局所化した伝導電子　184
局所的な分極　183
極点図形測定　159
巨大磁気抵抗素子　304
キルヒホッフの法則　286
近赤外域アモルファス系
　　半導体材料　101
近赤外受光特性　101
金属 - Kondo（近藤）絶縁体転移　34
金属元素　1
　　生体為害性——　17
金属・絶縁体遷移　12
金属ハロゲン化物　49

ク
空孔　12
空乏層　107
屈曲部　300
屈折率　194, 282, 290
　　——差　290
　　——の周期的構造　290
複素——　192
クヌーセンセル（K - cell）
　　268
クラスター　262
クラスレート　236

事項索引　315

Ⅰ型―― 236
Ⅱ型―― 237
Ⅲ型―― 237
シリコン―― 8
超伝導 14 族―― 237
クラマース-クローニッヒ
　(Kramers-Kronig)変換
　193
グロー放電質量分析法　63
グロー放電プラズマ法
　115

ケ

傾斜角　171
ケイ素化合物　1
ゲスト原子　240, 241
欠陥　135, 144, 270, 290
　――抑制　141
　界面――　211
　格子――　57
　構造――　57, 63
　照射――　120
　積層――　211
　線――　300
　深い――準位　32
結晶学的サイト　241
結晶学的面および方位関係
　29
結晶性　163
　――の回復　132
結晶損傷　25
結晶の乱れ　173
結晶場分裂　13
結晶粒界　151
結晶粒径　80, 81, 83
原子間隔　175
原子間力顕微鏡像　72
原子吸光分析法　62
原子の蒸気圧　52
原子変位　175
　静的――　177
原子密度　175
検出器の開口角　164
元素分析　165

コ

Conwell-Weisskopf の式

183
Kondo（近藤）効果　15
Kondo（近藤）絶縁体　15, 33, 170
金属-――転移　34
広域 X 線吸収微細構造
　100
高エネルギー注入　134
高温用電極材料　1
光学アドミッタンス　283
光学異方性　192
高角散乱環状暗視野像
　151
光学特性　21, 129
後期遷移金属　13
高コントラストフォトニック結晶　33
格子拡散係数　279
格子欠陥　57
格子振動　134, 207
格子整合ひずみ　89
格子定数　195
格子ひずみ　144, 184, 196, 207
格子不整合率　22, 175, 271
格子変形　201, 210
格子ミスマッチ　162
光子密度　276
高周波マグネトロンスパッタリング法　259
高周波誘導加熱　65
高純度結晶成長　128
高純度原料　45
高純度素材　57
高真空蒸着法　23
構造欠陥　57, 63
構造乱れ　175
高速イオン　163
光電応答　18
光電変換材料　105
高分解能断面透過型電子顕微鏡像　229
後方散乱電子　145
後方散乱角　165
後方散乱断面積　164
高密度注入　129

高融点金属　2
向流クロマトグラフィー
　59
呼吸モード（全体対称振動）
　209
極薄 Si 酸化膜技術　121, 122
固相エピタキシー　23
固相エピタキシャル成長
　125
固相反応　85, 238
　――合成　247
　――法　89, 92
固有発光　135
固溶度　139
固溶限　182

サ

3～10 族（遷移金属）シリサイド　8
3 元系ホイスラー合金
　168, 232
3 次元可変領域ホッピング伝導　243
3 次微分形　200
3 重イオン注入　137
Ⅲ型クラストレート　237
Sanderson の指標　3
再構成表面　72
歳差運動　309
再スパッタリング　104
最大変換効率　214
サイト選択置換則　234
サイレント（静音）モード
　207
サファイア基板　155
サーモリフレクタンス
　199
酸化雰囲気中の加熱・熔融
　58
酸化膜の脱離　122
散乱因子　184
散乱ベクトル　81
散乱要因の重ね合わせ
　182
残留キャリア濃度　101
残留抵抗比 RRR　63, 64

316　事項索引

残留ひずみ　201

シ

11 族シリサイド　15
13 族シリサイド　15
14 族化合物　236
CaF$_2$ 構造　21
C バンド　31, 135
Shiraki 法　118
Si 集積化プロセス　141
磁化曲線　127
磁化ダイナミクス　311
磁化反転　306
時間領域有限差分法　293
磁気感受率　14
磁気光学効果　33
磁気中性線放電プラズマ反応性イオンエッチング装置　296
磁気特性　232
軸傾斜　163
軸チャネリング現象　171
軸チャネリング測定　171
資源寿命　291
磁性原子　15
質量分離　116, 130
島状結晶　91
射影飛程　130
ジャスト基板　84
斜方晶　iii, 17, 197, 207, 253
　底心──　19
集束イオンビーム　146
周波数応答　293
受光素子　18
　光伝導型──　34
受光特性　257
　近赤外──　101
ジュール発熱　213
準安定相　264
昇華熱　113
蒸気圧　85
　原子の──　52
常磁性　127
　超──　127
照射イオン量　164
照射欠陥　120

照射増殖拡散　140
消衰係数　194
少数キャリア拡散長　257, 276, 279
少数キャリア寿命　259
晶帯軸　148, 171
蒸着原子の表面拡散寿命　123
小ポーラロン　184
　──伝導　184, 222
　──モデル　219
消滅則　21
初期ヘテロ界面　169
シリコンオプトエレクトロニクス　301
シリコンクラスレート　8
シリコン表面状態　27
シリサイド化反応　69, 120, 132
シリサイド強磁性体　303
シリサイド系半導体　iii
試料振動型磁力計　231
真空熔解　59
真性半導体　12
振動子強度　30
振動モード　207
ジントル(Zintl)相　7, 262
振幅定数　200

ス

Stranski‐Krastanov 型　92
ステンレス　284
ストリーク　74, 269
　──パターン　233
スパークプラズマ焼結法　245
スパッター源　129
スパッタ収率　113
スパッタ成膜　23
スパッタ法　267
　DC2 極──　115
　DC3 極──　115
　DC4 極──　115
　高周波マグネトロン──　259
　電子サイクロトロン共鳴

　　──　115
スパッタ粒子　115
スパッタリング現象　113
スパッタリング法　102
　対向ターゲット式──　103
　マグネトロン──　103, 115, 284
スピン　303
　──蓄積　305, 306
　──注入　22, 311
　──分極局所密度近似　14
　──偏極　22
　──偏極電流　305
　──偏極率　227, 304
　──揺動効果　15
　局在──　15
　熱や音響による──注入　311
スピントロニクス　178, 303

セ

静音(サイレント)モード　207
制限視野電子線回折　100, 145
正孔移動度　138
整合性　141
生成のエンタルピー　54
精製方法　58
生体為害性金属元素　17
成長異方性　40
成長温度　38, 69
静的原子変位　177
性能指数　215
　電気的──　215
　無次元──　215, 224, 248, 264
正方晶　21, 248
整流性　257
赤外活性モード　207
赤外(IR)吸収スペクトル　132, 209
赤外線集光加熱　65
赤外線フィルタ　286

事項索引　317

赤外線ランプアニール 135
積層欠陥 211
　──層 31
ゼーベック係数 213, 215, 248
ゼーベック効果 213
狭いギャップ 8
セルフリフトオフ法 298
遷移金属シリサイド 17, 248
前期遷移金属 13
前駆体 54
線欠陥 300
全体対称振動(呼吸モード) 209
選択比 298

ソ

層間磁気結合 34
双極子遷移 254
双極子モーメント 210, 212
　──の異方性 26
相互拡散 34, 69, 120, 169
　──係数 50
　──定数 51
走査型電子顕微鏡 91, 144, 247
　──写真 247
走査型トンネル顕微鏡 122
走査透過型電子顕微鏡 144
双晶 41, 42
　回転── 42
相転移 264
　──温度 39
促進効果 120
阻止断面積 166

タ

第一原理計算 203, 240, 253
ダイオード特性 99
耐高温酸化性 1
耐高温酸化用コーティング

材料 1
対向ターゲット式スパッタリング法 103
耐酸化 245
　──保護被膜 252
対照反射面 159
非── 159
耐食性 289
体積弾性率 264
体積熱膨張係数 264
堆積レート 69
第2塩化鉄 129
耐熱衝撃特性 182
耐熱性 245, 289
大ポーラロン 184
ダイマー列 75
太陽電池 2, 274, 282
　──材料 243
　──特性 254
帯熔融精製法 58
ターゲット 96, 113
多段カラム陰イオン交換精製法 66
縦射影分散 130
種結晶 39, 78
ダブルヘテロ構造 28, 268
単位胞 19
ダングリングボンド 123
単結晶試料の光伝導特性 188
断面高分解能透過型電子顕微鏡 122

チ

地殻存在率 262
置換型固溶体 265
チムニー 12
　──ラダー構造 12
チャネリング 130, 163
　──測定 171
　──ディップ曲線 172
　──パラメータ 175
　──半値角 173
　──現象 152
軸──現象 171
軸──測定 171

中間生成物 88
注入速度 139
注入損傷 132, 135, 139
注入電流 269
注入の効果 113
注入量 130
超高真空 77
超高密度エピタキシャル成長 123
長周期構造 30
超常磁性 127
超伝導14族クラスレート 237
超伝導物質 237
超伝導量子干渉素子 127
直接遷移エネルギー 203
直接遷移化 30, 203
直接遷移型半導体 276

テ

DC2極スパッタ法 115
DC3極スパッタ法 115
DC4極スパッタ法 115
DO_3 規則格子 166, 173
DO_3 規則構造 33, 227
Dライン発光 30
TEモード 292
TMモード 292
低温分子線エピタキシー法 228
低環境負荷 2
抵抗率 63
底心斜方晶 19
低放射損失 291
低融点金属 38
鉄イオン源 129
鉄カルボニル 86
鉄シリサイド iii, 297
　──の伝導機構 182
デバイ温度 176
デバイ長 183
デバイモデル 176
デュオプラズマトロンイオン源 116
転位 57, 149
　ループ状── 31, 135
電解精製 58

318　事項索引

添加元素　32
電気陰性度　3
電気化学ポテンシャル　306
電気抵抗率　239, 242, 264
電気的性能指数　215
電気伝導性　245
電気伝導特性　180
電気伝導度の温度依存性　243
電気伝導率　248
電気特性　129
電子供与的　4
電子顕微鏡観察　173
　透過型――　44
電子-格子相互作用　182
電子サイクロトロン共鳴スパッタ法　115
電子-正孔対　31
電子線回折　173
　制限視野――　100
　ナノビーム――パターン　229
　反射高速――　268
電子線後方散乱回折　145
電子線誘起電流法　257
電子のエネルギー準位　4
電子の格子散乱　63
電磁波の閉じ込め効果　290
電子ビーム　65
電磁モード　292
伝導型制御　25, 181
伝導機構　222
　バリアブルレンジホッピング（variable-range hopping）――　12, 185
伝導特性　138
　単結晶試料の光――　188
電場変調反射　199
テンプレート基板　39
テンプレート成長法　27
テンプレート層　27
電流電圧特性　257

ト

統一原子質量単位　116
透過型電子顕微鏡　144
　――観察　44
　高分解能断面――像　229
　走査――　144
　平面――暗視野像　74
　平面――回折像　74
透過率　187
動径構造関数　107
動力学的因子　164
特異点　200
　ファン・ホーベ（Van Hove）――　199, 200
特性X線強度　152
特性行列　283
ドナー　180
　――準位　182
トムソン効果　213
ドメイン　69, 70
　――構造　162
　エピタキシャル――　69, 259
　90°秩序――　21
ドロップレット　94
　――フィルター　94
トンネル確率　304
トンネル磁気抵抗素子　304

ナ

7×7構造　118
内部モード　207
ナノ開口　123
ナノ結晶　21, 32, 134, 211
ナノ構造　121
ナノドット　51, 121
　半球状――　125
　フラット――　125
ナノ微結晶　96, 99, 100
ナノビーム電子線回折パターン　229
ナノロッド　48
ナノワイヤ　48
波打った結合　21

ニ

2結晶回折法　156
2次イオン質量分析　132
2次元核生成と成長　27
2次電子　145
2族（アルカリ土類金属）シリサイド　5
2端子磁気抵抗測定　309
2フォノン（音子）吸収　212
II型クラストレート　237
2アルカリ土類金属　5

ネ

熱起電力　214
熱CVD合成　85
熱処理　132
熱振動振幅　176
熱電係数　182
熱電素子　17
熱伝導率　215, 248
熱電特性　248, 264
熱電能　213
熱電発電素子　226, 282
熱電変換材料　2, 237, 245
熱電変換素子材料　243
ネットワーク　262
熱反応堆積法　47, 188
熱輻射　286
　――赤外線源　286
熱膨張係数　52
　体積――　264
熱や音響によるスピン注入　311

ハ

パイエルス（Peierls）機構　8
配向関係　119
配向面　162
排他性　210
薄膜　135
　――成長機構　92
パターンの充填率　293
波長選択制　286
バックグラウンドドープ

事項索引　319

26
発光強度　196, 269
発光再結合　270
　　非——　270
発光スペクトル　18, 30
発光増強　32
発光素子　18, 282
発光ダイオード　267
発光特性　129, 135
バッファー層　48, 96
ハーフメタル　232, 304
　　——材料　304
バリアブルレンジホッピング（variable‐range hopping）伝導機構　12, 185
バリアント　97
　　エピタキシャル——　72
　　90°方位——　147
　　方位——　146
　　マルチ——　259
バルク結晶　37
バルク体　38
パルスレーザー堆積法　23, 93
ハロゲン化物　48
　　金属——　49
半球状ナノドット　125
反強磁性結合　34
半金属　1
反射高速電子線回折　268
　　——像　74
　　——パターン　228
反射スペクトル　187
反射率　187, 283
　　——スペクトル　199
　　変調——　199
　　変調——スペクトル　199
反対称振動　207
半値全幅　107
反転対称性　210
半導体‐金属遷移　217
半導体材料　237
　　近赤外域アモルファス系——　101

バンドギャップ　21, 290
　　完全フォトニック——　295
　　フォトニック——　289
バンド構造　253
　　——の変化　182
　　ひずみと——変化　203
バンドの折り返し　30
反応ガス分圧　296
反応性イオンエッチング　296
磁気中性線放電プラズマ——装置　296
反応性エピタキシャル成長　69, 70, 254
反応性エピタキシャル法　78, 271
反応性蒸着エピタキシャル法　23

ヒ

B20型　14
B20構造　22, 34
B‐type整合　161
Bバンド　31
pn接合　277
p型中性領域　275
ピエゾリフレクタンス　199
光エレクトロニクス　128
　　——材料　18
　　——デバイス用材料　2
光回路　290
光キャリア注入　34
光吸収係数　242, 254, 276
光吸収スペクトル　188, 198
光吸収端　25
光共振器　290
光制御磁気抵抗素子　34
光通信波長　267
　　——帯　290
光伝導型受光素子　34
光伝導度減衰法　259
光導波路　290
光物性　129
光変調　33

非局在的　8
非局所3端子法　305, 309
非局所電圧　306
非局所4端子法　305, 306
微傾斜基板　72, 83
微細加工プロセス　296
非磁性金属／強磁性金属接合　311
ひずみ格子　30
　　——バンドエンジニアリング　30
ひずみコントラスト　149
ひずみとバンド構造変化　203
非対照反射面　159
非対称面　78
比抵抗　215
非発光再結合　270
　　——過程　135
　　——中心　151
非輻射再結合　211
表面エネルギー　89
表面析出物　135
表面偏析　140
ピンホール　96

フ

Brooks‐Herringの式　183
Frank‐van der Merve型　92
ファセット　149
　　——面　40, 91
ファン・ホーベ(Van Hove)特異点　199, 200
フェルミ(Fermi)準位　5, 304
フェロセン　87
フォトダイオード　105
フォトニック結晶　33, 194, 197, 289
　　高コントラスト——　33
フォトニックバンドギャップ　289
　　完全——　295
フォトリソグラフィー

320　事項索引

108
フォトリフレクタンス　195, 199
フォトルミネッセンス　25, 135, 151, 195
フォトレフクタンス　26
フォノン散乱　138
フォノンの吸収　26, 188, 212
フォノンの平均エネルギー　191
フォノンの放出　25, 188, 212
　――や吸収プロセス　26
フォノン物性　21, 134, 206
深い欠陥準位　32
深い準位　4
深さ分布　163
不活性ガス融解赤外線吸収法　63
不規則構造　230
輻射エミッター　194
複素屈折率　194
不純物散乱　63
　イオン化――　183
不純物除去効果　57
不純物添加　141, 181
不純物伝導　222, 223
不純物ドーピング　277
付着率　50
フッ素ラジカル　297
物理的スパッタ　298
物理的純度　63
物理的不純物　57
負の磁気抵抗効果　185
プラズマ損傷　98, 104
ブラッグ則　166
ブラッグ反射　154
フラットナノドット　125
ブリルアンゾーン　30
フルエンス　118
フレネル損失　301
ブロッホ（Bloch）の定理　292
ブロードニング定数　200

分極テンソル　207
分光光度計　256
分子線エピタキシー法　47, 75
　低温――　228
分子線エピタキシャル成長　77, 254
分子線エピタキシャル法　23, 47, 75, 267
粉末X線回折法　246
粉末試料　156
粉末冶金的手法　250
分離方法　58

ヘ

平均阻止能　166
平均表面粗さ　92
平均フォノンエネルギー　192
平衡状態図　21
平面透過型電子顕微鏡暗視野像　74
平面透過型電子顕微鏡回折像　74
平面波展開　292
ヘテロエピ成長　291
ヘテロエピタキシャル成長　29
ヘテロ界面の熱的安定性　169
ヘテロ接合　22
　――界面　229
　――ダイオード　105
ペルチェ係数　214
ペルチェ効果　213
変形ポテンシャル　182, 264
偏光反射測定　192
偏光ラマン測定　209
変調反射率　199
　――スペクトル　199
変調分光法　198
　STM-――　126

ホ

Volmer-Weber型　92
ホイスラー（Heusler）

合金　33, 166, 227
　3元系――　168, 232
方位バリアント　146
　90°――　147
放射損失　291
　低――　291
飽和磁化　231
保磁力　231
ポストアニール　28, 139
ホスト原子　241
母体金属イオン種　63
ホットプレス法　245
ホッピング・エネルギー　219, 221
ホッピング伝導　185, 223
　3次元可変領域――　243
ポーラロン　184
　――移動度　219
　――伝導　219
　小――　184
　小――伝導　184, 222
　小――モデル　219
　大――　184
ホール係数　264

マ

マイグレーション　76
マクスウェル方程式　291
マグネシア基板　89
マグネトロンスパッタリング法　103, 115, 284
　高周波　259
マスター方程式　292
マティーセンの法則　63, 183
マルチバリアント　259
　――エピタキシャル膜　80

ミ

未会合結晶　91
ミキサーセトラー　59
ミラー指数　41

ム

無極性光学フォノン　183

事項索引　321

——散乱　183
無次元性能指数　215, 224, 248, 264

メ

メカニカルアロイ法　245
メサ型ダイオード　108
メスバウアー分光スペクトル　229

モ

モット-ハバード（Mott-Hubbard）機構　8
モノシラン　85
モフォロジー　27, 50

ヤ

ヤン-テラー（Jahn-Teller）効果　21, 197, 207
ヤン-テラー（Jahn-Teller）機構　8

ユ

有機金属化学気相成長法　23
有効質量　279
優先成長方位　41
誘電関数　200
　——の3次微分形　199
誘電スペクトル　199

誘電率の微分　199
誘導結合プラズマ質量分析法　62
誘導結合プラズマ発光分光分析法　62

ヨ

溶液温度差法　38
溶液成長法　37
溶媒抽出法　59
溶融粒　94
溶離曲線　64
横磁気光学カー（Kerr）効果　33
弱い強磁性結合　34

ラ

ラウエ観察　41
ラザフォード後方散乱分光法　132, 163
ラダー　12
　チムニー——構造　12
ラマン活性モード　207
ラマン散乱　207
ランダムスペクトル　163

リ

リーク電流　99
立方晶　263
粒界拡散係数　279

硫化鉄　129
量子効率　260, 267
　外部——　105, 270

ル

ループ状転位　31, 135

レ

0次ラウエゾーン　148
励起子結合エネルギー　191
励起子バンド　189
レーザーアブレーション法　93
連続液液抽出　59

ロ

ロッキングカーブ測定　158
ロッキングカーブ半価幅　158
ロックインアンプ方式　260
六方晶　248
ローレンツMR　309
ローレンツ関数形　135

ワ

ワイヤグリッド偏光子　288

英語索引

A
absorbance 209
atomic raw 171

B
Bragg rule 166

C
clathrate 236
counter phase motion 210

E
e-waste 17
electric figure of merit 215
electroluminescence 269
electron beam induced current 257
electron cyclotron resonance 115
electroreflectance 199

F
factor group analysis method 207
figure of merit 215
finite difference time domain 293

G
giant magneto resistance 304

H
high vacuum vapor deposition 23

I
infrared active mode 207
ion beam sputter deposition 23, 115
ion beam synthesis 23

K
K-cell 268
kinetic factor 164

L
light emitting diode 267

M
metal organic chemical vapor deposition 23
molecular beam epitaxy 23
MultiDiFlux 170

N
negative magneto-resistance 185
neutral loop discharge 296

P
peltier coefficient 214
perfect photonic band gap 295
photonic band gap 289
photonic crystal 289
photoreflectance 199
piezoreflectance 199
pulsed laser deposition 23

R
Raman active mode 207
reactive deposition epitaxy 23
reflection high energy electron diffraction 268

S
scanning electron microscope 91, 247
scacnning tunneling microscope 122
Seebeck coefficient 213
semiconducting silicide iii
solid phase epitaxy 23
sputter-deposition 23

T
thermoelectric power 213
thermoelectromotive force 214
thermoreflectance 199
transmission electron microscope 279
tunnel magneto resistance 304

V
variable-range hopping 185, 243

X
X-ray diffraction 268

略語索引

A
AFM 72, 92, 137
ALCHEMI 法 152

B
BSE 145

C
CMP 255
CVD 84
CVT 180, 187
——結晶 40

D
DOS 239

E
EBIC 257
EBSD 145
ECR 115
EDS 151
EL 269
ER 199
EXAFS 100

F
FDTD 293
FIB 146
FOLZ 148
FWHM 158

G
G.B. 151
GMR 304

H
HAADF 151

I
IBS 23
IBSD 23, 115
IR 132

L
LED 18, 267

M
MBE 23, 120, 228, 271, 277
MOCVD 23

N
NLD 296
NMR 185

P
PD 18
PL 135, 140, 151
PLD 23
PR 26, 199

R
RBS 132, 163
RDE 23, 120
RED 140
RHEED 122, 228, 268

S
SAD 145
SE 145
SEM 91, 144, 247
SIMNRA 166
SIMS 132
SPD 23
SPE 23
SRIM 114, 130
STEM 144
STM 122, 124
——-EFMS 126

T
TEM 44, 98, 119, 122, 144, 229, 279,
TMR 304

V
VRH 185, 243
VSM 231

X
XRD 154, 246, 268, 271

Z
ZOLZ 148
ZT 215, 224

物質索引

α
α‐FeSi$_2$　21
α‐ThSi$_2$型構造　264

β
β‐FeSi$_2$　iii, 17, 19, 69
　──結晶　129
　──粒　95
　──ナノ結晶　31
　──ナノドット　125

γ
γ‐FeSi$_2$　21

ε
ε‐FeSi　22
　安定相──　15

A
ArF エキシマレーザー　96

B
BaSi$_2$　3, 70, 253

C
Ca$_2$Si　3, 54
CaF$_2$構造　21
CaSi$_2$　54
Co$_2$FeSi　311
Co/NH$_3$ガス　296
Co系のホイスラー合金　233
CrCl$_2$　54
CrSi$_2$　48
　──ナノデンドライト　55
　──ナノワイヤバンドル　55

F
Fe$_2$Si$_3$　13
Fe$_3$Si　33, 227, 297
　強磁性──　109, 125
Fe(C$_5$H$_5$)$_2$　87
FeCl$_2$　87
Fe(CO)$_5$　86
FeGe　34
FeSi　34, 170, 297
FeSi$_2$　3, 100
　アモルファス──　100
Fe 空孔　181
Fe 原子空孔　21
Fe 未結合手　32

G
Ga フラックス法　239

M
Mg$_2$Si　3, 53
Mg$_2$Si$_{1-x}$Ge$_x$　53
MnCl$_2$　54
　──‐Si パウダー　54
MnSi$_{1.7}$　52
MnSi$_{1.75-x}$　38
MoSi$_2$　1, 248

N
Na　245
　──‐Si 融液　252
NaSi　246, 249
NbSi$_2$　248

R
Ru$_2$Si$_3$　3, 13
RuSi　14
RuSi$_2$　13, 14

S
SF$_6$系ガス　296
Si(111)表面　118
Si$_{0.7}$Ge$_{0.3}$層　271
Si$_{46}$ネットワーク　8
SiC　159
SiH$_4$　85, 86
SiO ガス　28
Si 空孔　25, 28, 181
Si クラスレート　236
Si 原子拡散　27
Si 骨格　238
Si ナノワイヤ　54
Si 抜け　28
Si ネットワーク　263
Sr$_2$Si　3, 54
SrSi$_2$　263
　──型構造　263

ア
アモルファス FeSi$_2$　100
安定相 ε‐FeSi　15

カ
過剰 Fe　25

キ
強磁性 Fe$_3$Si　109, 125

コ
高純度 Fe　118

シ
自然酸化物 SiO$_2$　28

編著者略歴

前田 佳均
まえ だ よし ひと

　1959年生．1982年 京都大学工学部卒．1984年 京都大学大学院工学研究科修了．同年，株式会社日立製作所入社．1995年 大阪府立大学総合科学部講師，1996年 助教授，1999～2000年 英国サリー大学客員研究員．2003年 京都大学大学院エネルギー科学研究科助教授，2007年 准教授，2012年 九州工業大学大学院情報工学研究院教授．現在に至る．

　専門分野：半導体物性工学，ナノ構造光物性．
　所属学会：応用物理学会，日本物理学会，日本金属学会，日本真空学会，応用物理学会シリサイド系半導体と関連物質研究会委員長（初代）．
　博士（工学）（東京大学）．

シリサイド系半導体の科学と技術
― 資源・環境時代の新しい半導体と関連物質 ―

2014年 9 月 25 日　　第 1 版 1 刷発行

検印省略	編著者	前田 佳均
	発行者	吉野 和浩
定価はカバーに表示してあります．	発行所	☎102-0081東京都千代田区四番町8-1 電話　（03）3262-9166〜9 株式会社　裳 華 房
	印刷所	中央印刷株式会社
	製本所	牧製本印刷株式会社

社団法人
自然科学書協会会員

JCOPY 〈(社)出版者著作権管理機構 委託出版物〉
本書の無断複写は著作権法上での例外を除き禁じられています．複写される場合は，そのつど事前に，(社)出版者著作権管理機構（電話03-3513-6969, FAX03-3513-6979, e-mail:info@jcopy.or.jp）の許諾を得てください．

ISBN 978-4-7853-2920-4

ⓒ応用物理学会シリサイド系半導体と関連物質研究会，2014
Printed in Japan

裳華房の物性物理学分野等の書籍

物性論（改訂版）－固体を中心とした－ 　　黒沢達美 著　　　本体2800円＋税	工科系 物性工学 　　武藤準一郎 著　　本体2300円＋税
固体物理学 －工学のために－ 　　岡崎 誠 著　　　本体3200円＋税	電子伝導の物理 　　田沼静一 著　　　本体2700円＋税

◆ 裳華房テキストシリーズ - 物理学 ◆

	物性物理学 　　永田一清 著　　　本体3600円＋税
工科系のための 現代物理学 　　原・岡崎 共著　　本体2100円＋税	固体物理学 　　鹿児島誠一 著　　本体2400円＋税

◆ フィジックスライブラリー ◆

	結晶成長 　　齋藤幸夫 著　　　本体2400円＋税
物性物理学 　　塚田 捷 著　　　本体3100円＋税	物理学史 　　小山慶太 著　　　本体2500円＋税

◆ 新教科書シリーズ ◆

	薄膜材料入門 　　伊藤昭夫 編著　　本体4300円＋税
表面分析入門 　　吉原・吉武 共著　本体2200円＋税	入門 転位論 　　加藤雅治 著　　　本体2800円＋税

◆ 物性科学入門シリーズ ◆

	超伝導入門 　　青木秀夫 著　　　本体3300円＋税
物質構造と誘電体入門 　　高重正明 著　　　本体3500円＋税	磁性入門 　　上田和夫 著　　　本体2700円＋税
液晶・高分子入門 　　竹添・渡辺 共著　本体3500円＋税	（以下続刊）

◆ 物理科学選書 ◆

Ｘ線結晶解析 　　桜井敏雄 著　　　本体8000円＋税	配位子場理論とその応用 　　上村・菅野・田辺 共著　本体6800円＋税

◆ 応用物理学選書 ◆

	Ｘ線結晶解析の手引き 　　桜井敏雄 著　　　本体5400円＋税
結晶成長 　　大川章哉 著　　　本体5400円＋税	マイクロ加工の物理と応用 　　吉田善一 著　　　本体4200円＋税

◆ 物性科学選書 ◆

	化合物磁性 －遍歴電子系 　　安達健五 著　　　本体6500円＋税
強誘電体と構造相転移 　　中村輝太郎 編著　本体6000円＋税	物性科学入門 　　近角聰信 著　　　本体5100円＋税
電気伝導性酸化物（改訂版） 　　津田惟雄 ほか共著　本体7500円＋税	低次元導体（改訂改題） 　　鹿児島誠一 編著　本体5400円＋税
化合物磁性 －局在スピン系 　　安達健五 著　　　本体5600円＋税	

裳華房ホームページ　http://www.shokabo.co.jp/　　2014年9月現在